海关商品归类系列丛书

# 数控金属切削机床及零部件归类手册

SHUKONG JINSHU QIEXIAO JICHUANG JI LINGBUJIAN GUILEI SHOUCE

上海海关◎编著

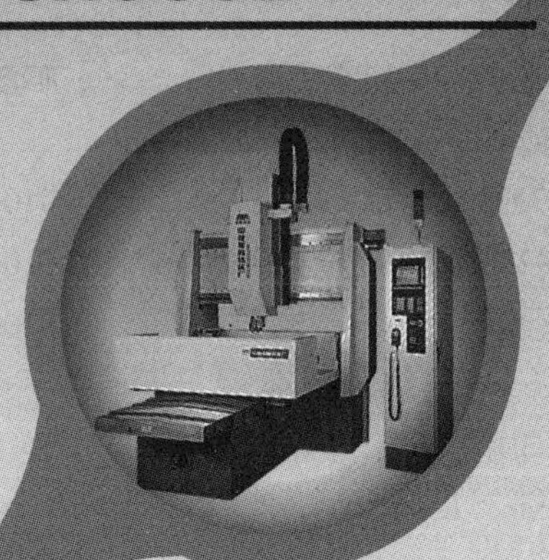

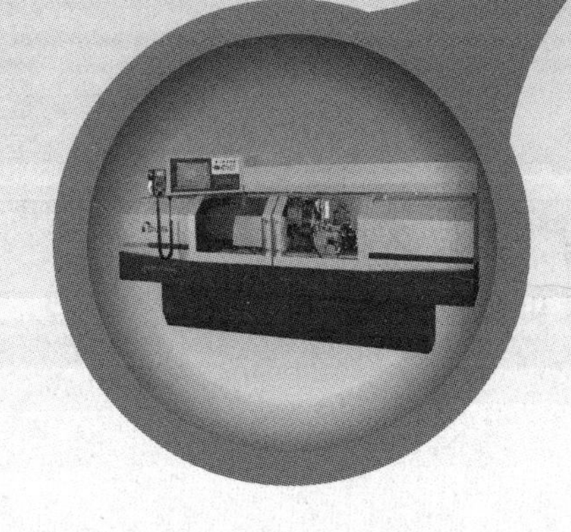

中国海关出版社

**图书在版编目（CIP）数据**

数控金属切削机床及零部件归类手册/上海海关编著.
—北京：中国海关出版社，2014.6
ISBN 978-7-5175-0028-5

Ⅰ.①数… Ⅱ.①上… Ⅲ.①数控机床—车床—金属切削—分类—手册 ②数控机床—车床—金属切削—机床零部件—分类—手册 Ⅳ.①TG519.1-62

中国版本图书馆CIP数据核字（2014）第120386号

**数控金属切削机床及零部件归类手册**

**SHUKONG JINSHU QIEXIAO JICHUANG JI LINGBUJIAN GUILEI SHOUCE**

---

作　　者：上海海关
责任编辑：黄华莉
出版发行：中国海关出版社
社　　址：北京市朝阳区东四环南路甲1号　　邮政编码：100023
网　　址：www.hgcbs.com.cn；www.hgbookvip.com
编 辑 部：01065194242-7531（电话）　　01065194231（传真）
发 行 部：01065194221/4238/4246（电话）　　01065194233（传真）
社办书店：01065195616（电话）　　01065195127（传真）
http://store.hgbookvip.com（网址）
印　　刷：北京京都六环印刷厂　　经　　销：新华书店
开　　本：889mm×1194mm　1/16
印　　张：18.25　　字　　数：300千字
版　　次：2014年6月第1版
印　　次：2014年6月第1次印刷
书　　号：ISBN 978-7-5175-0028-5
定　　价：160.00元

---

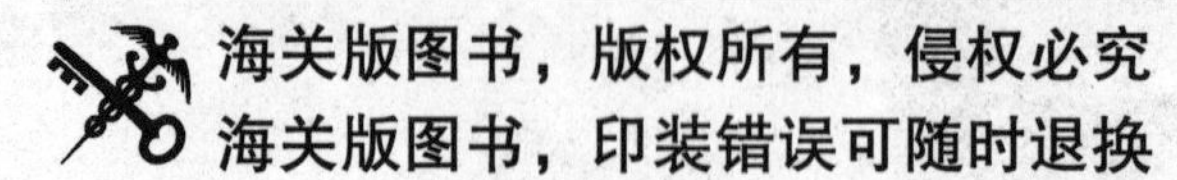

# 前　言

机床，又称为“母机”，是制造机器和机械的机器。机床的发展水平是衡量一个国家装备制造业水平的重要标尺。由于机床零部件结构复杂，种类繁多，要做到正确归类很不容易，所以企业和社会各界均迫切需要一部完整、系统的机床及零部件归类手册。

为统一归类标准、促进贸易便利化，海关总署关税征管司组织安排上海归类分中心编写了《数控金属切削机床及零部件归类手册》。本手册收录了立式加工中心、卧式加工中心、龙门式加工中心、卧式数控车床、立式数控车床等五个型号的机床。既借鉴了海关专家对以往机床整机及零部件的归类成果，也充分吸收了国内机床生产厂家及研究机构的意见，采用实物图片和商品编码相对照的方式，将实际商品和商品编码结合，以便读者更直观、准确地理解掌握相关商品知识及归类。

参与本手册编写的人员有：王运革、储慧莉、李丰敏、吴晓静、陈雄杰、温朝柱、赵怡、林虹、钱天雄、沈炜、王霆轩、王倩、臧华、花绍峰、陈征科。

参与本手册审稿的人员有：孙群、康强、高瑞峰、郑巨刚、信燕、李志、黄晓芸、庞军、刘为民、崔小雷、李纯、陈健民、殷菲、李文厚、杜庆生、陈美荣、易志翔、李柏林、崔志强、董宗民、徐耀靖、杨博、孙蕾、张楠、宋慧玲、易志翔、刘笑笑、葛双庆、穆雪梅、郝彤、高媛。

杭州友佳精密机械有限公司为本手册绘制了零部件爆炸图，中国（上海）自由贸易试验区的国际机床展示交易中心也给予了支持，在此一并表示感谢。

手册所列的商品和商品归类仅供实际工作参考，有关商品归类以相关法律法规及规定为准。由于编者水平有限，手册中难免有不足和疏忽之处，欢迎读者批评指正。

编　者

2014 年 5 月

# 目　录

# 归类原则说明

## 一、数控金属切削机床及其零部件、附件的概念

数控金属切削机床是指，以数字方式控制，以切削加工为手段，主要用于加工金属工件，使之获得所要求的几何形状、尺寸精度和表面质量的机器（便携式除外）。

数控金属切削机床的零部件是指，组成金属切削机床的单个制件，它可以具有某种特定功能。

数控金属切削机床的附件是指，与机床连用的辅助装置。例如，用于改进机床，扩大其工作范围的可互换装置；用于提高精确度的装置；对机床主要功能起某种特定作用的装置。

## 二、数控金属切削机床整机及其零部件的归类原则

本书收录的机床共包括五个机型，分别为：立式加工中心、卧式加工中心、龙门式加工中心、卧式数控车床、立式数控车床。

整机归类税号如下：

立式加工中心，归入8457.1010；

卧式加工中心，归入8457.1020；

龙门式加工中心，归入8457.1030；

卧式数控车床，归入8458.1100；

立式数控车床，归入8458.9100。

零部件、附件归类原则如下：

（一）根据第十六类注释一、第八十四章注释及第八十五章注释

一规定，将不应归入税目 84.66 的零件排除。

主要排他条款如下：

1. 第三十九章的塑料或税目 40.10 的硫化橡胶制的传动带、输送带；除硬质橡胶以外的硫化橡胶制的机器、机械器具、电气器具或其他专门技术用途的物品（税目 40.16）。

例如：机床主轴头部件中的硫化橡胶制齿形同步带（外周长 85 厘米）皮带，应归入 4010.3500。

2. 第十五类注释二所规定的贱金属制通用零件（第十五类）及塑料制的类似品（第三十九章）。

例如：机床润滑系统中的钢铁铸造直角接头，应归入 7307.1900。

3. 第八十二章或第八十三章的物品。

例如：车床用可互换的车刀，应归入 8207.8090。

（二）根据第十六类注释二（一），应确定零件是否为第八十四章或第八十五章税目列名更具体商品，如为更具体列名商品则应归入该商品税号。

例如：机床主轴电机（三相交流，输出功率 7.5 千瓦），应归入 8501.5200。

（三）根据第十六类注释二（二），其他专用于或主要用于本书所涉五种类型/型号机床的零件，应归入 8466.93 项下。

例如：立式加工中心底座，应归入 8466.9390。

（四）不符合以上规定的其他零件应归入 84.87 或 85.48。

例如：立式加工中心工作台鞍座部件中的油封（硫化橡胶制金属加强），应归入 8487.9000。

（五）单独报验的机床工件夹具，按其具体列名归入 8466.2000。

例如：车床尾座单元中的顶尖，应归入 8466.2000。

## 三、常见数控金属切削机床零部件的归类

### （一）按材质归类的常见零部件举例

| 商品名称 | 材　质 | 税　号 |
|---|---|---|
| 风压软管 | 塑料制 | 3917.3900 |
| 齿形传动带 | 硫化橡胶制 | 4010.3500 |
| O 型环 | 硫化橡胶制 | 4016.9310 |
| 防撞块 | 硫化橡胶制 | 4016.9910 |
| 调整螺栓、螺母 | 钢铁制 | 7318.15002<br>7318.1600 |
| 机床用管子附件（如：接头、弯管、肘管、管套等） | 塑料制 | 3917.4000 |
| | 钢铁制 | 73.07 |
| | 铜制 | 74.12 |
| | 铝或铝合金制 | 76.09 |
| 机床用销、铆钉及类似品 | 钢铁制 | 73.18 |
| | 铝或铝合金制 | 76.16 |
| | 其他贱金属制 | 75.07、79.07、80.07 |
| 锁紧螺帽 | 钢铁制 | 7318.1600 |

### （二）在第八十四章、第八十五章具体列名的常见零部件举例

| 商品名称 | 规格、型号 | 税　号 |
|---|---|---|
| 滚动轴承 | 各种类型 | 84.82 |
| 冷却液及液压油用泵 | 各种类型 | 84.13 |
| 阀门 | 各种类型 | 84.81 |
| 滚珠螺杆副 | | 8483.4090 |
| 电动机 | 多种规格 | 85.01 |
| 变压器 | 多种规格 | 85.04 |
| 电磁继电器、开关 | 多种规格 | 85.36 |
| 数控装置 | | 85.37 |

## （三）归入8466.93项下的常见零部件举例

| 商品名称 | 规格、型号 | 税 号 |
| --- | --- | --- |
| 刀库及自动换刀装置 | 圆盘式、链式 | 8466.9310 |
| 加工中心立柱 |  | 8466.9390 |
| 加工中心底座部件 | 加工中心用 | 8466.9390 |
| 带夹持头的主轴 | 加工中心用 | 8466.9390 |
| 主轴头护罩 | 加工中心用、车床用 | 8466.9390 |
| Y轴后刮屑板 | 加工中心用 | 8466.9390 |
| 工作台 | 加工中心用 | 8466.9390 |
| 车床尾座 | 数控车床用 | 8466.9390 |

# 部分切削机床图示汇总

## 一、机床轴向

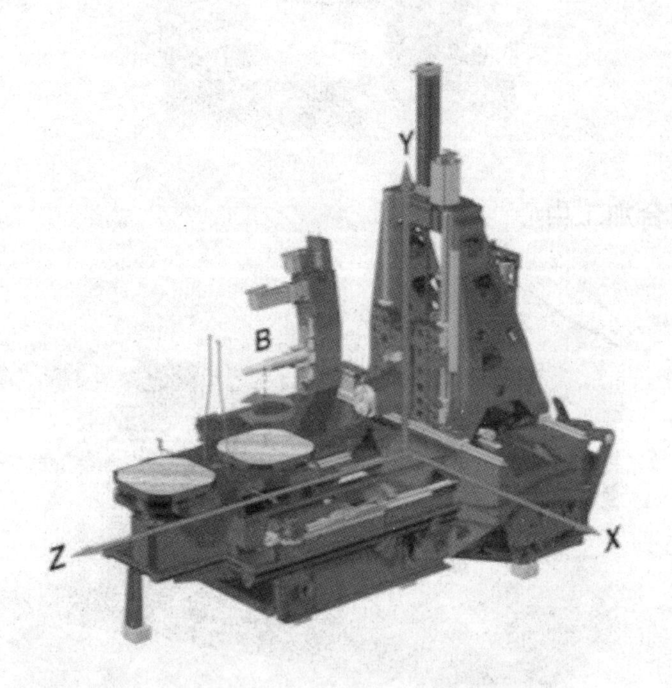


## 二、三维五轴控制激光切割机 TLM 系列（归入 84.56）

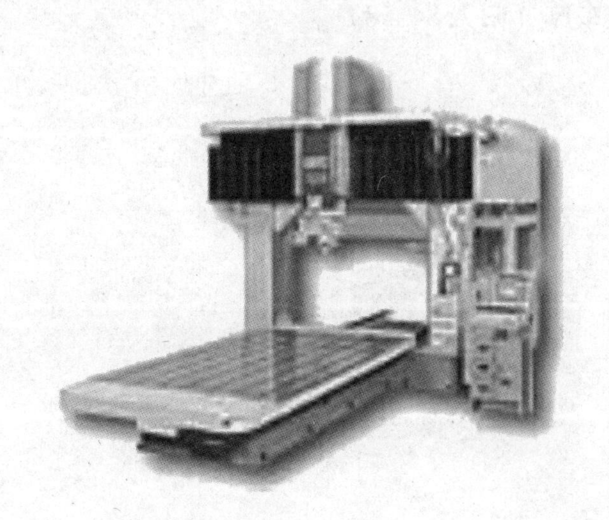

三、五轴铣削加工中心（归入84.57）

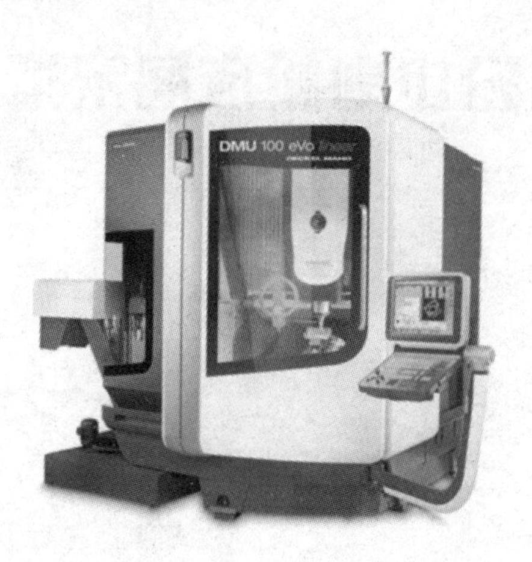


四、铣车复合加工中心

五、卧式数控车床（归入84.58）

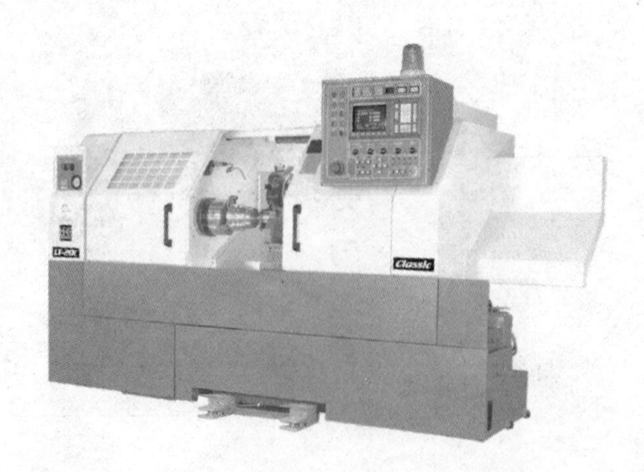

## 六、数控钻床（归入84.59）

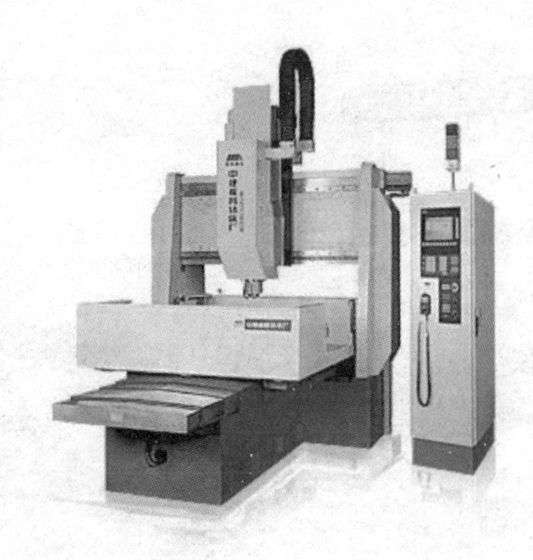

## 七、五轴铣床

## 八、大型曲轴磨床（归入84.60）

九、龙门刨床（归入 8461.9011）

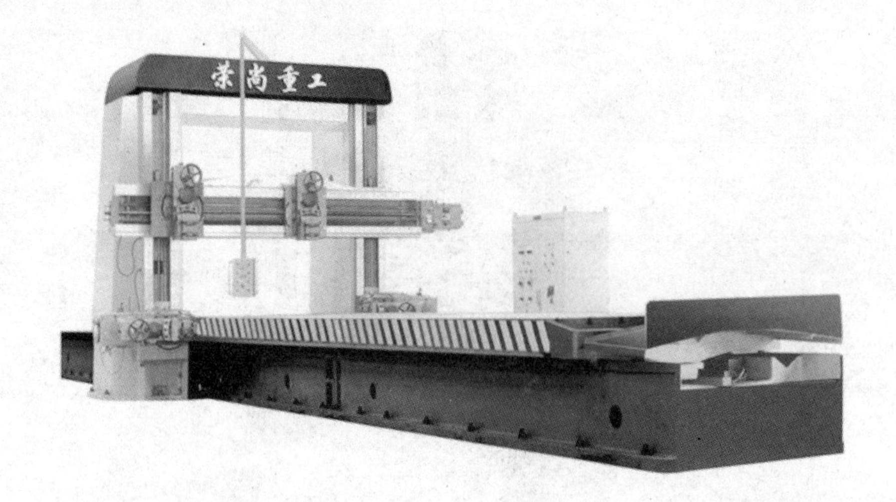


十、锯床（归入 8461.5000）

# 第一章　立式加工中心

DI–YI ZHANG LISHI JIAGONG ZHONGXIN

# 第一节　整机结构

立式加工中心是指主轴轴线与工作台垂直设置的加工中心（图示见图1-1）。其主要由主机结构、刀库系统、电气系统、防护系统、冷却系统、排屑系统、液压系统、气压系统、润滑系统等九个部分组成（见图1-2）。

在本书中，主机结构又进一步拆分为：底座部件、工作台鞍座部件、立柱部件、主轴头部件、主轴组件等部分。

电气系统又进一步拆分为：电机单元、电控单元、操作单元等三个部分。

防护系统又进一步拆分为：内防单元、外防护单元两个部分。

**图1-1　立式加工中心图示**

立式加工中心的整机零部件爆炸图见图1-3，整机零部件名称及归类见表1-1。

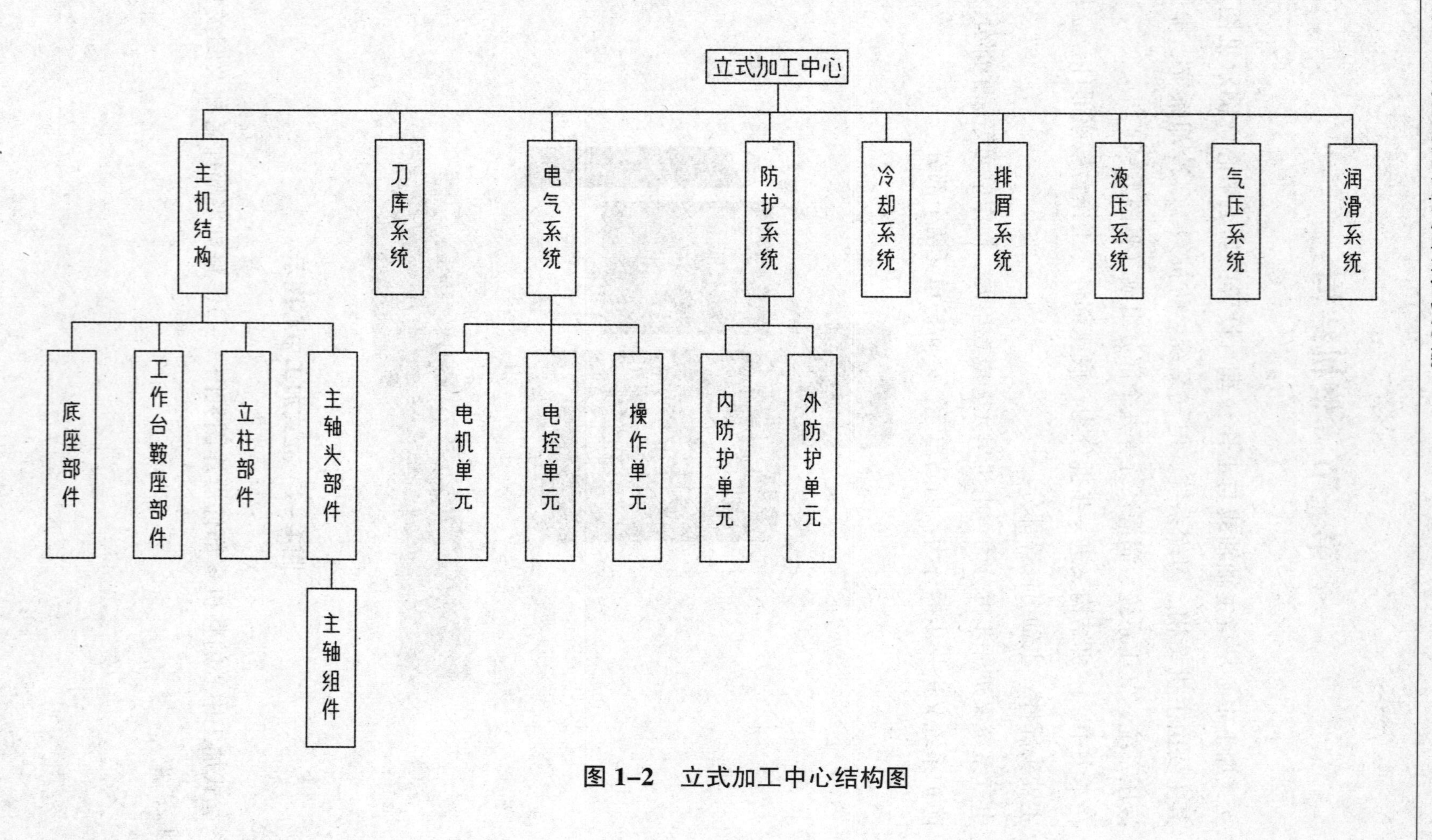


图 1-2 立式加工中心结构图

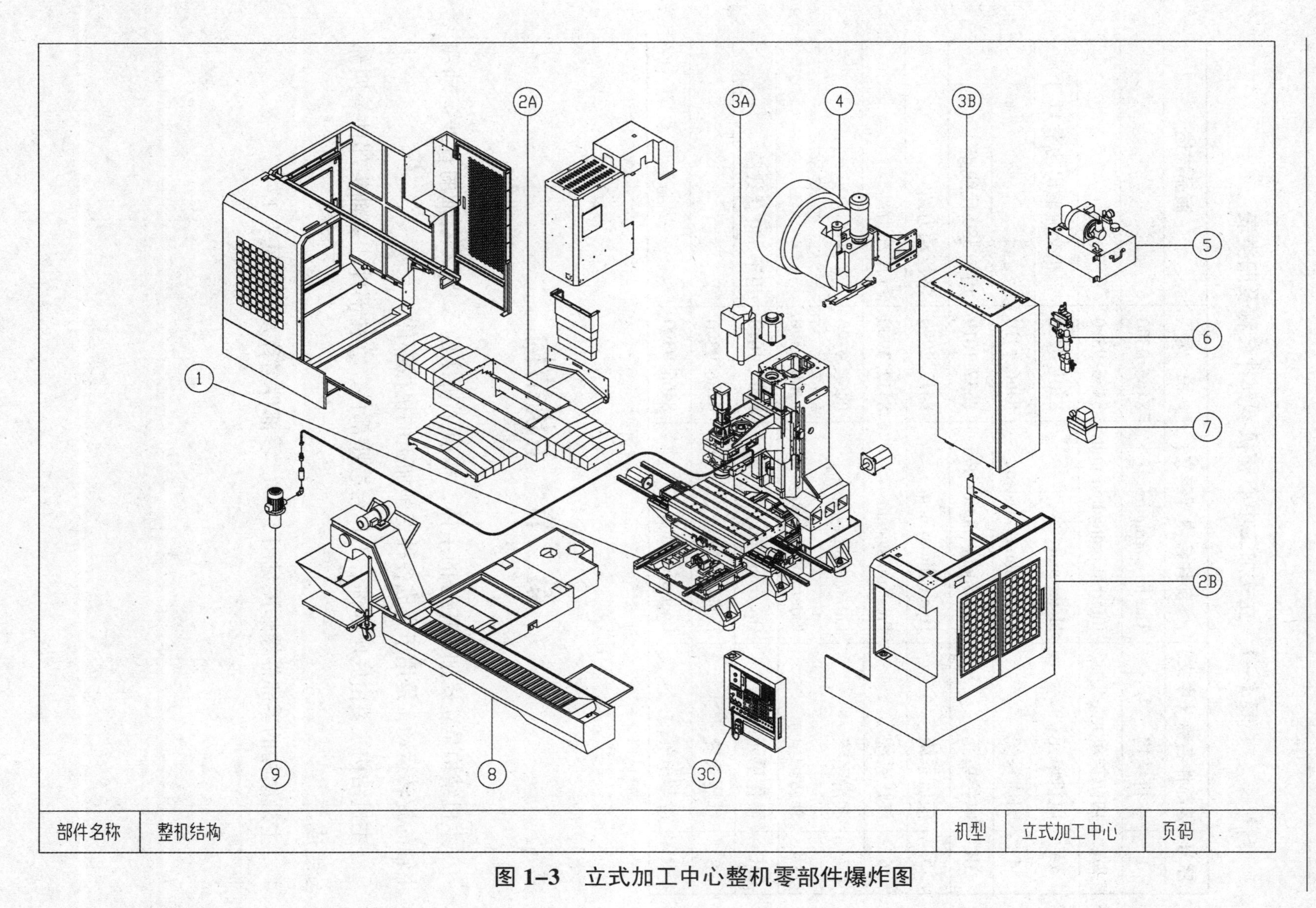


图 1-3　立式加工中心整机零部件爆炸图

**表1－1　立式加工中心整机零部件名称及归类表**

| 序号 | 零部件名称（中文） | 零部件名称（英文） | 税　号 | 商品描述 |
|---|---|---|---|---|
| 1 | 主机结构 | The host structure | 8466.9390 | |
| 2A | 内防护单元 | Internal protection unit | 8466.9390 | |
| 3A | 电机单元 | Motor unit | 8501.5200 | 三相交流输出功率11千瓦 |
| 4 | 刀库系统 | Knife library system | 8466.9310 | |
| 3B | 电控单元 | Electronic control unit | 8537.1019 | 用于380伏线路 |
| 5 | 液压系统 | Hydraulic system | 8412.2990 | 液压动力站 |
| 6 | 气压系统 | Pressure system | 8412.3900 | 气压动力站 |
| 7 | 润滑系统 | Lubricating system | 8466.9390 | |
| 2B | 外防护单元 | External protection unit | 8466.9390 | |
| 3C | 操作单元 | Operation unit | 8537.1019 | 用于380伏线路 |
| 8 | 排屑系统 | Drainage system | 8466.9390 | |
| 9 | 冷却系统 | Cooling system | 8466.9390 | |

## 第二节　主机结构

主机结构是立式加工中心的主体，构成了机床的X/Y/Z三轴的直线运动和主轴的旋转运动，是用于完成各种切削加工的机械部件。

主机结构主要由底座部件、工作台鞍座部件、立柱部件、主轴头部件等四部分组成。

主机结构的零部件爆炸图见图1－4，零部件名称及归类见表1－2。

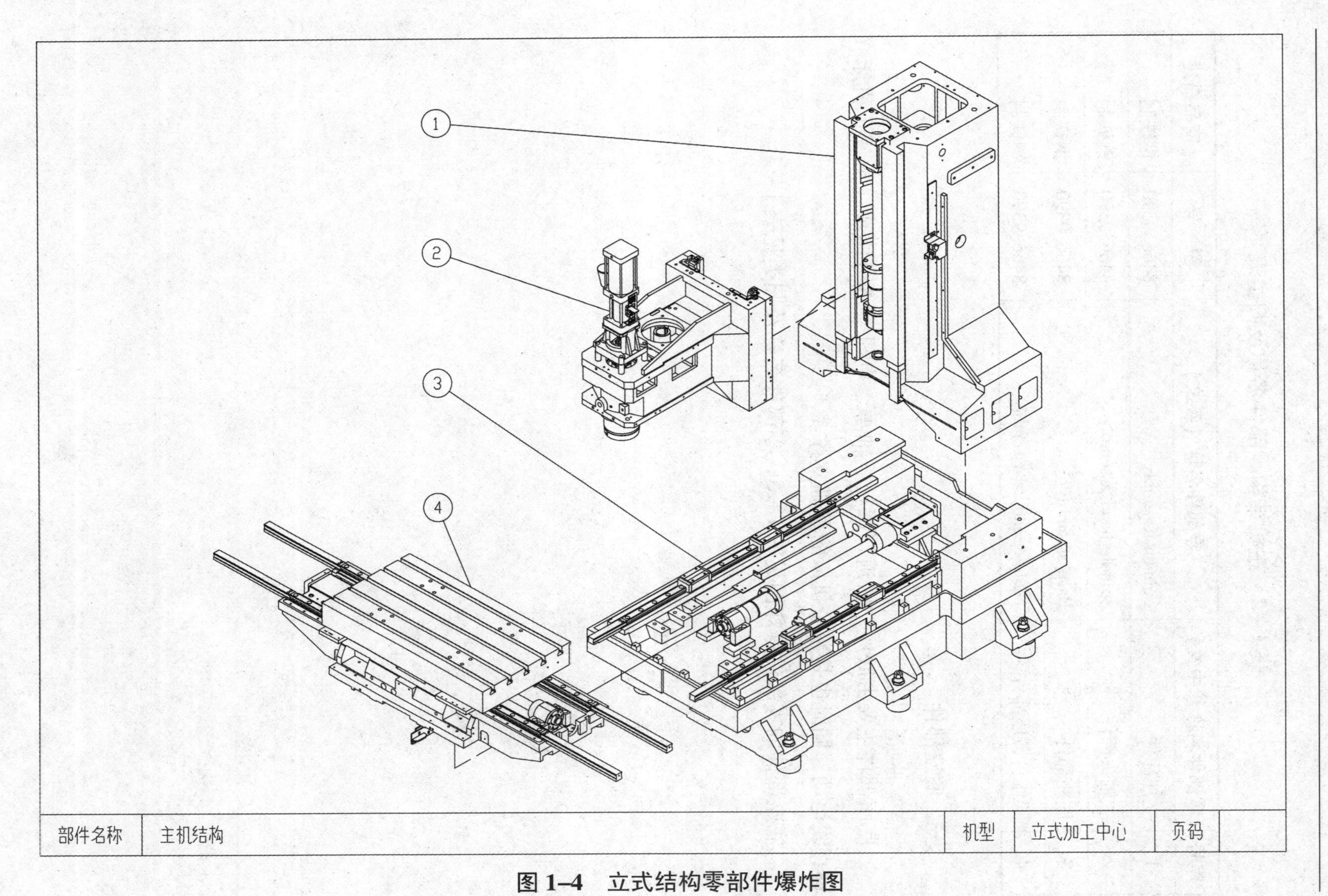


图 1-4　立式结构零部件爆炸图

**表1－2　主机结构零部件名称及归类表**

| 序号 | 零部件名称（中文） | 零部件名称（英文） | 税　号 | 商品描述 |
|---|---|---|---|---|
| 1 | 立柱部件 | Column assembly | 8466.9390 | 钢铁制 |
| 2 | 主轴头部件 | Spindle head assembly | 8466.9390 | 钢铁制 |
| 3 | 底座部件 | Base assembly | 8466.9390 | 钢铁制 |
| 4 | 工作台鞍座部件 | Table & saddle assembly | 8466.9390 | 钢铁制 |

## 一、底座部件

底座部件主要由底座、轨道、螺杆、轴承、电机等部分组成，形成了机床Y轴直线运动，同时也是整个机床的基础支撑。

底座部件的零部件爆炸图见图1－5，零部件名称及归类见表1－3。

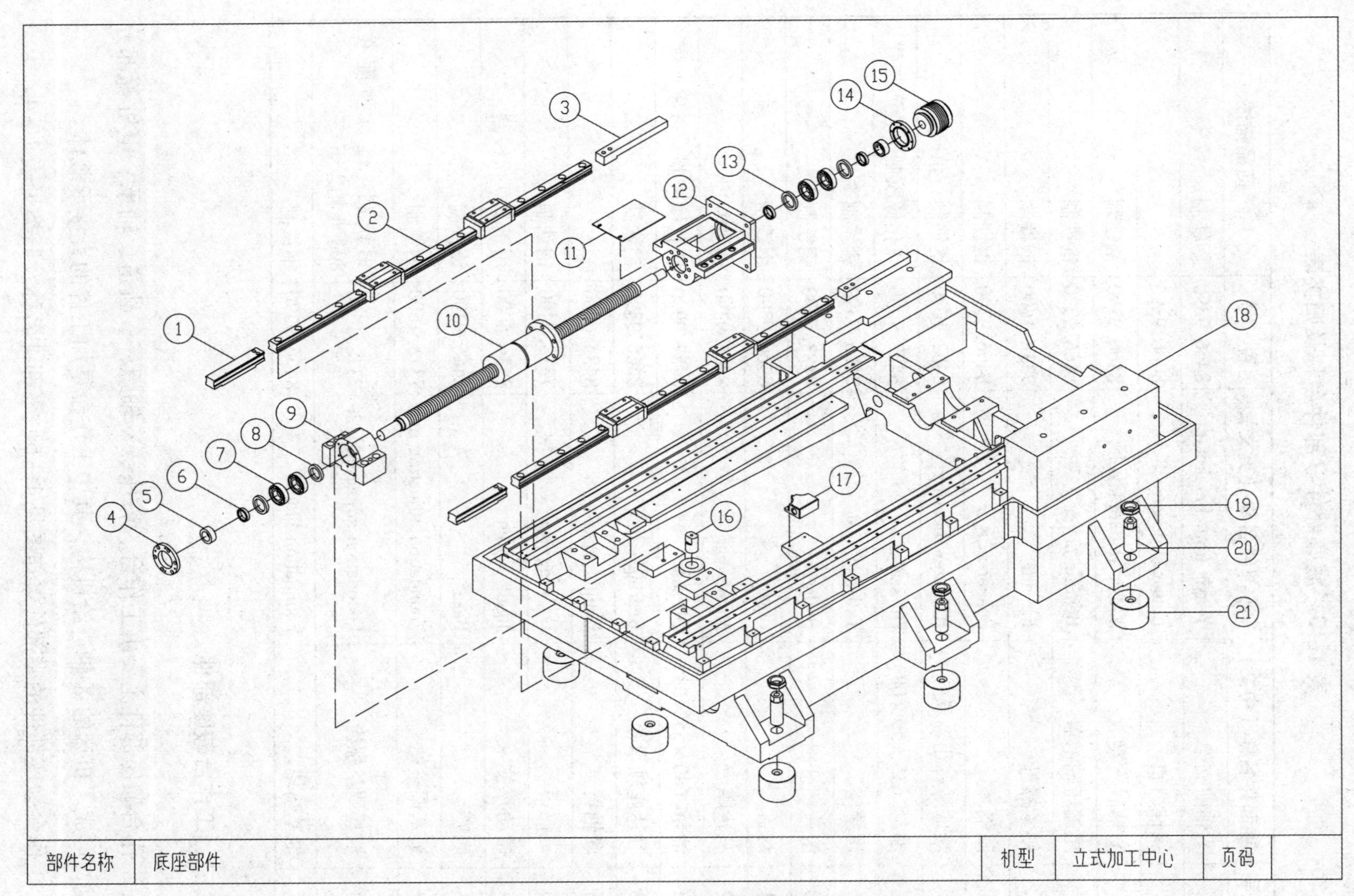


图 1-5 底座部件零部件爆炸图

**表1-3　底座部件零部件名称及归类表**

| 序号 | 零部件名称（中文） | 零部件名称（英文） | 税　号 | 商品描述 |
|---|---|---|---|---|
| 1 | Y轴前支架 | Y-axis front bracket | 8466.9390 | 钢铁制 |
| 2 | 线性滑轨 | Linear slideway | 8466.9390 | |
| 3 | Y轴后支架 | Y-axis rear bracket | 8466.9390 | 钢铁制 |
| 4 | 尾端座轴承盖 | Bearing cover | 8466.9390 | 钢铁制 |
| 5 | 锁紧螺母 | Fix nut | 7318.1600 | 钢铁制 |
| 6 | 间隔环 | Spacer ring | 8466.9390 | 钢铁制 |
| 7 | 滚珠螺杆用轴承 | Ballscrew bearing | 8482.1030 | 钢铁制，角接触 |
| 8 | 油封（35×50×08） | Oil seal | 8487.9000 | 硫化橡胶制，金属加强 |
| 9 | 尾端座 | Tail-end seat | 8466.9390 | 铸铁制 |
| 10 | 滚珠螺杆副 | Ballscrew | 8483.4090 | 钢铁制 |
| 11 | 封盖 | Cover | 8466.9390 | 钢铁制 |
| 12 | 马达座 | Motor seat | 8466.9390 | 铸铁制 |
| 13 | 油封（40×55×08） | Oil seal | 8487.9000 | 硫化橡胶制，金属加强 |
| 14 | 马达座轴承盖 | Bearing cover | 8466.9390 | 钢铁制 |
| 15 | 联轴器 | Coupling | 8483.6000 | |
| 16 | 定位销 | Locating pin | 7318.2400 | 钢铁制 |
| 17 | 微动开关 | Jiggle switch | 8536.5000 | 用于220伏线路 |
| 18 | 底座 | Base | 8466.9390 | 铸铁制 |
| 19 | 地基调整螺母 | Foundation adjusting nut | 7318.1600 | 钢铁制 |
| 20 | 地基调整螺栓 | Foundation adjusting bolt | 7318.1590 | 钢铁制，抗拉强度在800兆帕以下 |
| 21 | 地基垫块 | Foundation block | 8466.9390 | 钢铁制 |

## 二、工作台鞍座部件

工作台鞍座部件主要由工作台、鞍座、X轴螺杆、轨道、轴承、电机等部分组成，形成了机床的X轴进给机构，其中工作台是加工件的直接承载体。

工作台鞍座部件的零部件爆炸图见1-6，零部件名称及归类见表1-4。

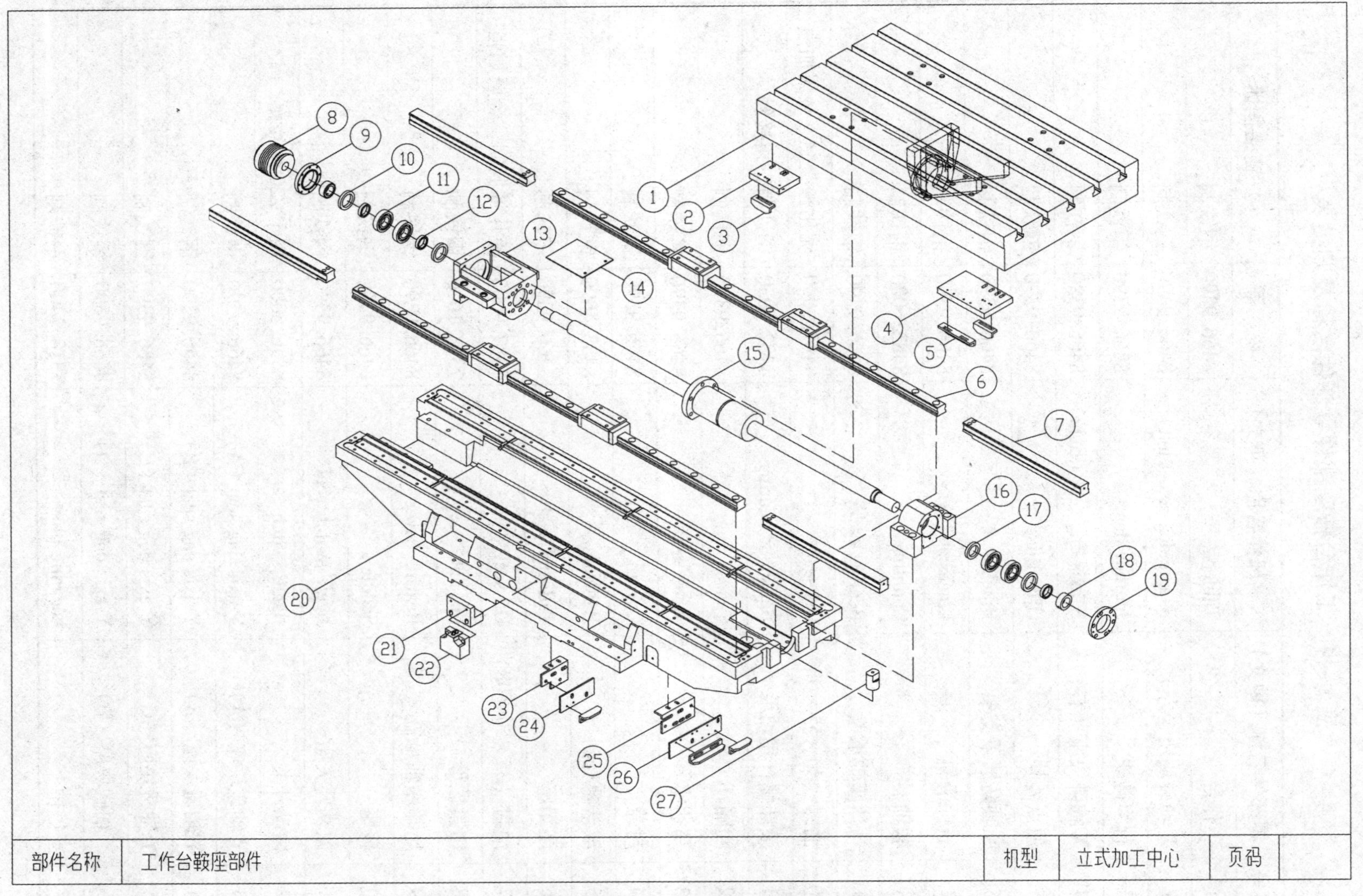


图1-6 工作台鞍座部件零部件爆炸图

## 表1-4　工作台鞍座部件零部件名称及归类表

| 序号 | 零部件名称（中文） | 零部件名称（英文） | 税　号 | 商品描述 |
| --- | --- | --- | --- | --- |
| 1 | 工作台 | Table | 8466.9390 | 钢铁制 |
| 2 | X轴碰块座（左） | X-axis dog seat（left） | 8466.9390 | 钢铁制 |
| 3 | 行程碰块 | Journey dog | 8466.9390 | 钢铁制 |
| 4 | X轴碰块座（右） | X-axis dog seat（right） | 8466.9390 | 钢铁制 |
| 5 | 原点碰块 | Origin dog | 8466.9390 | 钢铁制 |
| 6 | X轴防屑罩支架 | Bracket | 8466.9390 | 钢铁制 |
| 7 | 线性滑轨 | Linear slideway | 8466.9390 | 钢铁制 |
| 8 | 联轴器 | Coupling | 8483.6000 | 钢铁制 |
| 9 | 马达座轴承盖 | Bearing cover | 8466.9390 | 钢铁制 |
| 10 | 油封（40×55×08） | Oil seal | 8487.9000 | 硫化橡胶制，金属加强 |
| 11 | 滚珠螺杆用轴承 | Ballscrew bearing | 8482.1030 | 钢铁制，角接触 |
| 12 | 间隔环 | Spacer ring | 8466.9390 | 钢铁制 |
| 13 | 马达座 | Motor seat | 8466.9390 | 铸铁制 |
| 14 | 封盖 | Cover | 8466.9390 | 钢铁制 |
| 15 | 滚珠螺杆副 | Ballscrew | 8483.4090 | 钢铁制 |
| 16 | 尾端座 | Tail-end seat | 8466.9390 | 铸铁制 |
| 17 | 油封（35×50×08） | Oil seal | 8487.9000 | 硫化橡胶制，金属加强 |
| 18 | 锁紧螺母 | Fix nut | 7318.1600 | 钢铁制 |
| 19 | 尾端座轴承盖 | Bearing cover | 8466.9390 | 钢铁制 |
| 20 | 鞍座 | Saddle | 8466.9390 | 钢铁制 |
| 21 | 微动开关座 | Jiggle switch seat | 8466.9390 | 钢铁制 |
| 22 | 微动开关 | Jiggle switch | 8536.5000 | 用于220伏线路 |
| 23 | Y轴碰块座（A） | Y-axis dog seat（A） | 8466.9390 | 钢铁制 |
| 24 | Y轴碰块座（B） | Y-axis dog seat（B） | 8466.9390 | 钢铁制 |
| 25 | Y轴碰块座（C） | Y-axis dog seat（C） | 8466.9390 | 钢铁制 |
| 26 | Y轴碰块座（D） | Y-axis dog seat（D） | 8466.9390 | 钢铁制 |
| 27 | 定位销 | Locating pin | 7318.2400 | 钢铁制 |

### 三、立柱部件

立柱部件主要由立柱及轨道、螺杆、电机、轴承等组成，形成了机床的 Z 轴直线运动。

主柱部件的零部件爆炸图见图 1－7，名称及归类见表 1－5。

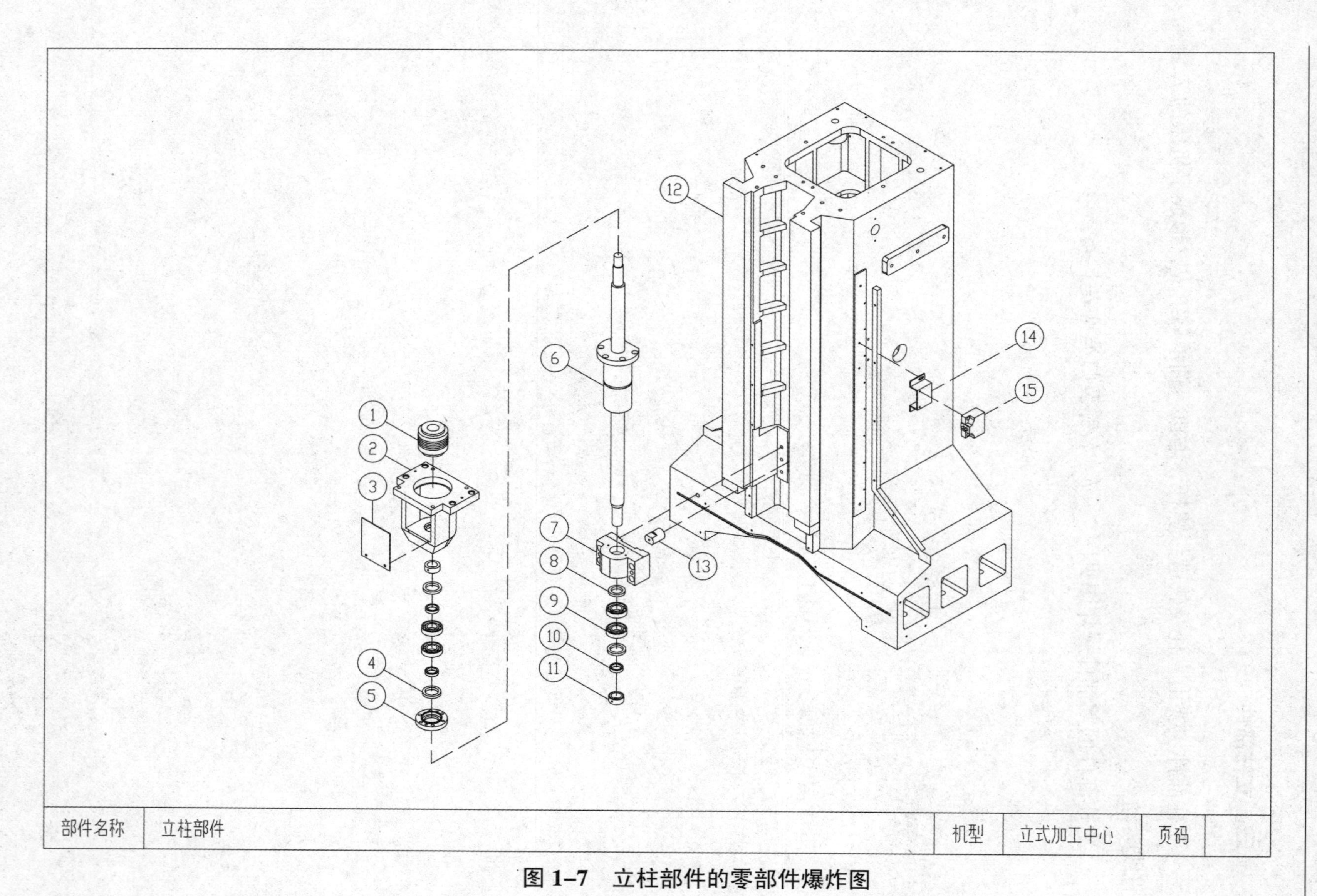


**图 1-7 立柱部件的零部件爆炸图**

表1－5　主柱部件零部件名称及归类表

| 序号 | 零部件名称（中文） | 零部件名称（英文） | 税　号 | 商品描述 |
|---|---|---|---|---|
| 1 | 联轴器 | Coupling | 8483.6000 | 钢铁制 |
| 2 | 电机座 | Motor seat | 8466.9390 | 铸铁制 |
| 3 | 封盖 | Cover | 8466.9390 | 钢铁制 |
| 4 | 油封（40×55×08） | Oil seal | 8487.9000 | 硫化橡胶制，金属加强 |
| 5 | 电机座轴承盖 | Bearing cover | 8466.9390 | 钢铁制 |
| 6 | 滚珠螺杆副 | Ballscrew | 8483.4090 | 钢铁制 |
| 7 | 尾端座 | Tail-end seat | 8466.9390 | 铸铁制 |
| 8 | 油封（35×50×08） | Oil seal | 8487.9000 | 硫化橡胶制，金属加强 |
| 9 | 滚珠螺杆用轴承 | Ballscrew bearing | 8482.1030 | 钢铁制，角接触 |
| 10 | 间隔环 | Spacer ring | 8466.9390 | 钢铁制 |
| 11 | 锁紧螺母 | Fix nut | 7318.1600 | 钢铁制 |
| 12 | 立柱 | Column | 8466.9390 | 铸铁制 |
| 13 | 定位销 | Locating pin | 7318.2400 | 钢铁制 |
| 14 | Z轴微动开关座 | Jiggle switch seat | 8466.9390 | 钢铁制 |
| 15 | 微动开关 | Jiggle switch | 8536.5000 | 用于220伏线路 |

## 四、主轴头部件

主轴头部件主要由主轴单元、打刀缸、主轴电机及主轴头等组成。其中，主轴单元完成了机床的主旋转运动。

主轴头部件的零部件爆炸图见图1－8，名称及归类见表1－6。

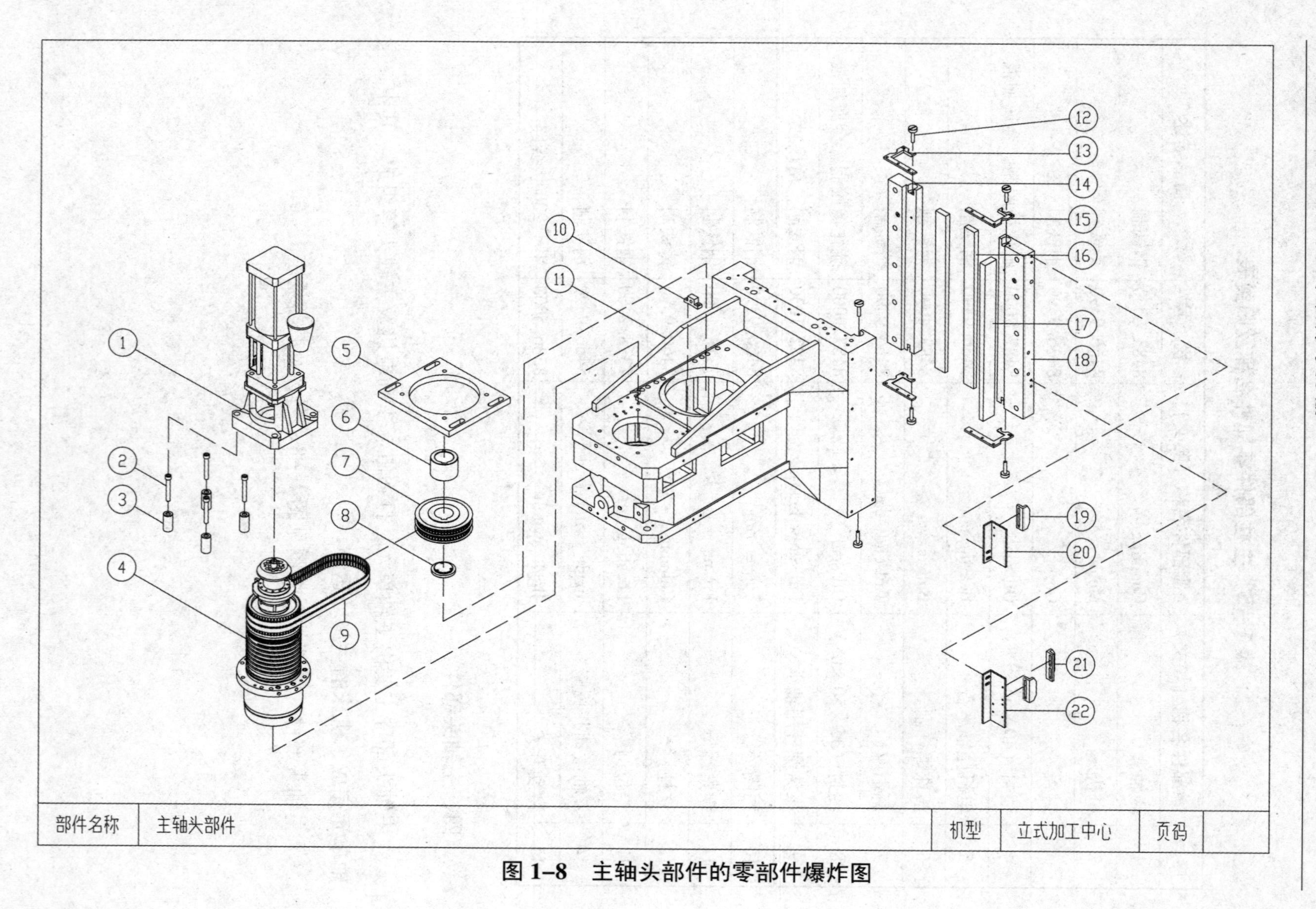


图 1-8 主轴头部件的零部件爆炸图

## 表1－6　主轴头部件零部件名称及归类表

| 序号 | 零部件名称（中文） | 零部件名称（英文） | 税　号 | 商品描述 |
|---|---|---|---|---|
| 1 | 打刀缸 | Knockout cylinder | 8412.2100 | 液压缸 |
| 2 | 支杆螺栓 | Bolt | 7318.1590 | 钢铁制，抗拉强度在800兆帕以下 |
| 3 | 间隔环 | Spacer ring | 8466.9390 | 钢铁制 |
| 4 | 主轴组件 | Spindle assembly | 8366.9390 | |
| 5 | 主轴马达调整板 | Spindle motor adjusting plate | 8466.9390 | 钢铁制 |
| 6 | 衬套 | Bushing | 8466.9390 | |
| 7 | 电机皮带轮 | Motor strap pulley | 8483.9000 | 钢铁制 |
| 8 | 轴端盖 | Shaft edn cap | 8466.9390 | 钢铁制 |
| 9 | 8YU齿形皮带 | 8YU gear-type belt | 4010.3500 | 硫化橡胶制，齿形同步带外周长85厘米 |
| 10 | 调整固定座 | Adjust fixed seat | 8466.9390 | 钢铁制 |
| 11 | 主轴头 | Spindle head | 8466.9390 | 铸铁制 |
| 12 | 崁条调整螺栓 | Gib adjust bolt | 7318.1590 | 钢铁制，抗拉强度在800兆帕以下 |
| 13 | 立柱轨道压板（左） | Clamping plate（left） | 8466.9390 | 钢铁制 |
| 14 | 头部导轨压板（左） | Clamping plate（left） | 8466.9390 | 钢铁制 |
| 15 | 立柱轨道压板（右） | Clamping plate（right） | 8466.9390 | 钢铁制 |
| 16 | 主轴头后嵌条 | Spindle head rear gib | 8466.9390 | 钢铁制 |
| 17 | 主轴头侧嵌条 | Spindle head side gib | 8466.9390 | 钢铁制 |
| 18 | 头部导轨压板（右） | Clamping plate（right） | 8466.9390 | 钢铁制 |
| 19 | X/Y轴碰块 | X,Y-axis dog | 8466.9390 | 钢铁制 |
| 20 | Z轴碰块座（上） | Z-axis dog seat（up） | 8466.9390 | 钢铁制 |
| 21 | Z轴碰块座 | Z-axis dog seat | 8466.9390 | 钢铁制 |
| 22 | Z轴碰块座（下） | Z-axis dog seat（down） | 8466.9390 | 钢铁制 |

## 五、主轴组件

主轴组件简称主轴，主轴夹持刀具作旋转用来切削工件材料，完成铣、钻、镗、铰等加工动作。依主轴大小、最高转速、夹持方式进行分类。主要由主轴心轴、轴承、主轴套筒及其他附件组成。

主轴组件的零部件爆炸图见图 1 - 9，零部件名称及归类见表 1 - 7。

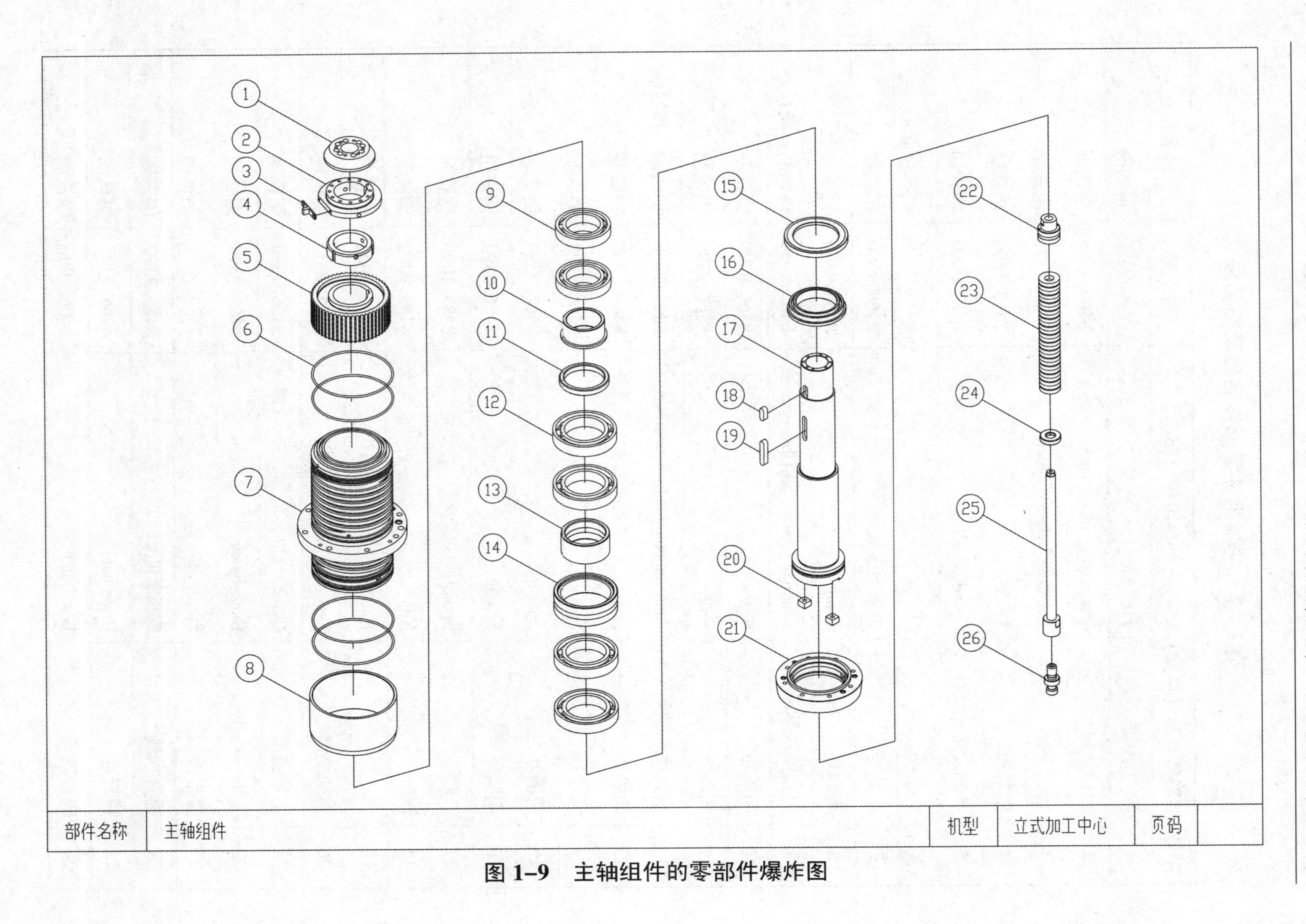


图 1–9 主轴组件的零部件爆炸图

## 表1-7 主轴组件零部件名称及归类表

| 序号 | 零部件名称（中文） | 零部件名称（英文） | 税　号 | 商品描述 |
|---|---|---|---|---|
| 1 | 固定块 | Fix block | 8466.9390 | 钢铁制 |
| 2 | 定位块座 | Positioning block seat | 8466.9390 | 钢铁制 |
| 3 | 定位块 | Locating balance block | 8466.9390 | 钢铁制 |
| 4 | 锁紧螺母 | Fix nut | 7318.1600 | 钢铁制 |
| 5 | 主轴皮带轮 | Spindle pulley | 8483.9000 | 钢铁制 |
| 6 | O 型环 | O-ring | 4016.9310 | 硫化橡胶制 |
| 7 | 主轴套筒 | Shaft Sleeve | 8466.9390 | 钢铁制 |
| 8 | 水套环 | Ring | 8466.9390 | 钢铁制 |
| 9 | 斜角滚珠轴承 | Angular contact ball bearing | 8482.1030 | 钢铁制，角接触 |
| 10 | 间隔环 | Spacer | 8466.9390 | 钢铁制 |
| 11 | 间隔环 | Spacer | 8466.9390 | 钢铁制 |
| 12 | 斜角滚珠轴承 | Angular contact ball bearing | 8482.1030 | 钢铁制，角接触 |
| 13 | 间隔环 | Spacer | 8466.9390 | 钢铁制 |
| 14 | 间隔环 | Spacer | 8466.9390 | 钢铁制 |
| 15 | 间隔环 | Spacer | 8466.9390 | 钢铁制 |
| 16 | 间隔环 | Spacer | 8466.9390 | 钢铁制 |
| 17 | 芯轴 | Spindle | 8483.1090 | 钢铁制 |
| 18 | 键 | Key | 8483.9000 | 钢铁制 |
| 19 | 键 | Key | 8483.9000 | 钢铁制 |
| 20 | 主轴端键 | Key of spindle | 8483.9000 | 钢铁制 |
| 21 | 主轴前端盖 | Cover | 8466.9390 | 钢铁制 |
| 22 | 主轴后挡块 | Back block | 8466.9390 | 钢铁制 |
| 23 | 碟形弹簧 | Spring disc | 7320.1090 | 钢铁制 |
| 24 | 弹簧挡块 | Spring block | 8466.9390 | 钢铁制 |
| 25 | 拉杆 | Draw bar | 8466.9390 | 钢铁制 |
| 26 | 四瓣爪 | Jaw collet | 8466.1000 | 钢铁制 |

## 第三节　刀库系统

刀库系统是完成机床自动换刀的部件，依据储刀库的形式可分为斗笠式刀库、圆盘式刀库（又称刀臂式刀库）、链条式刀库等。

刀库系统一般为整体采购。

刀库系统的零部件爆炸图见图 1－10，零部件名称及归类见表 1－8。

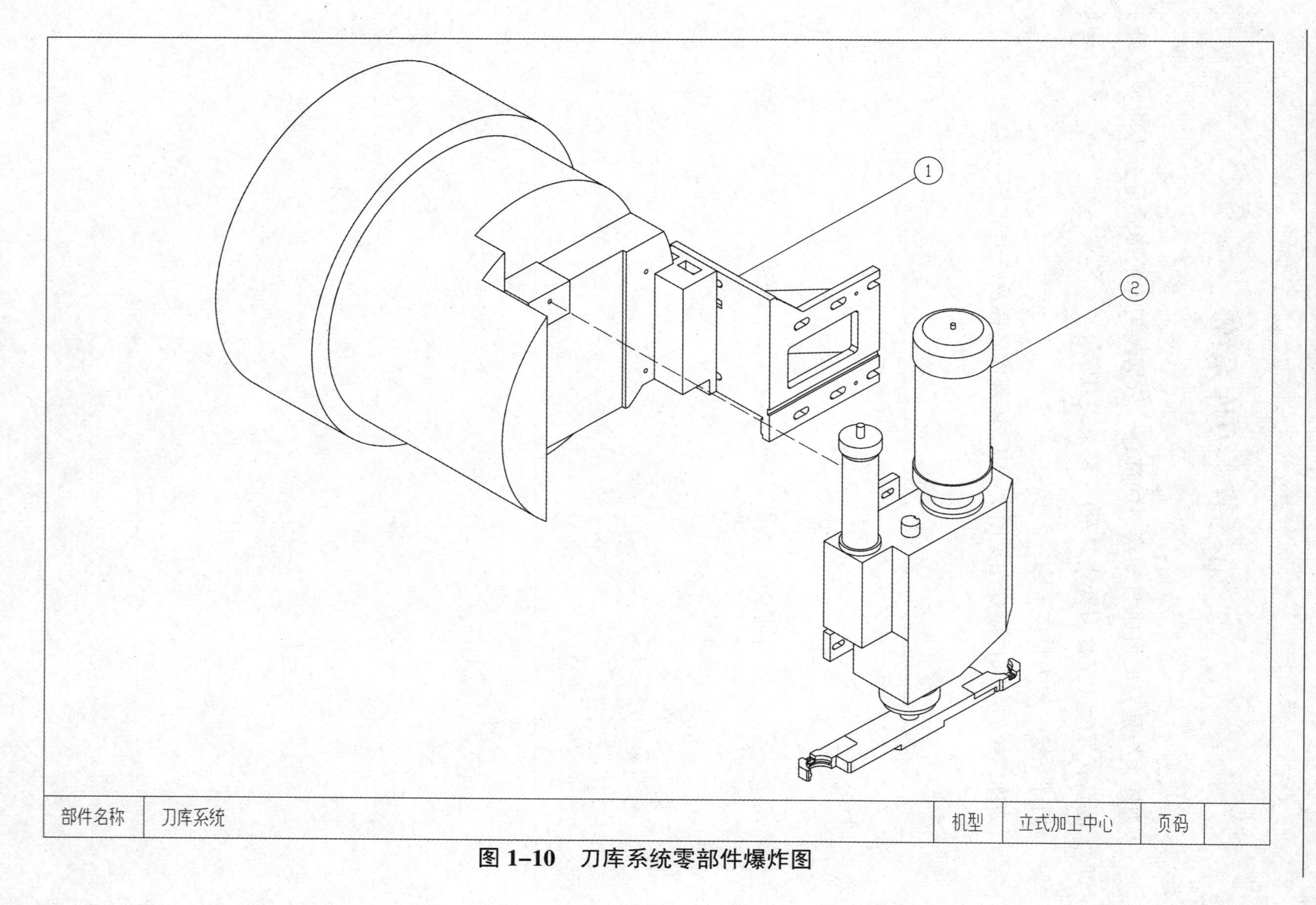


图 1-10　刀库系统零部件爆炸图

**表1-8　刀库系统零部件名称及归类表**

| 序号 | 零部件名称（中文） | 零部件名称（英文） | 税　号 | 商品描述 |
|---|---|---|---|---|
| 1 | 刀臂式刀库 | Tool magazine | 8466.9310 | 钢铁制 |
| 2 | 刀臂驱动机构 | Arm diriving unit | 8466.9310 | 钢铁制 |

## 第四节　电气系统

电气系统含数控系统、人机界面及电气控制元件，主要由操作单元、电控单元及电机单元组成。

电气系统的零部件爆炸图见图1-11，零部件名称及归类见表1-9。

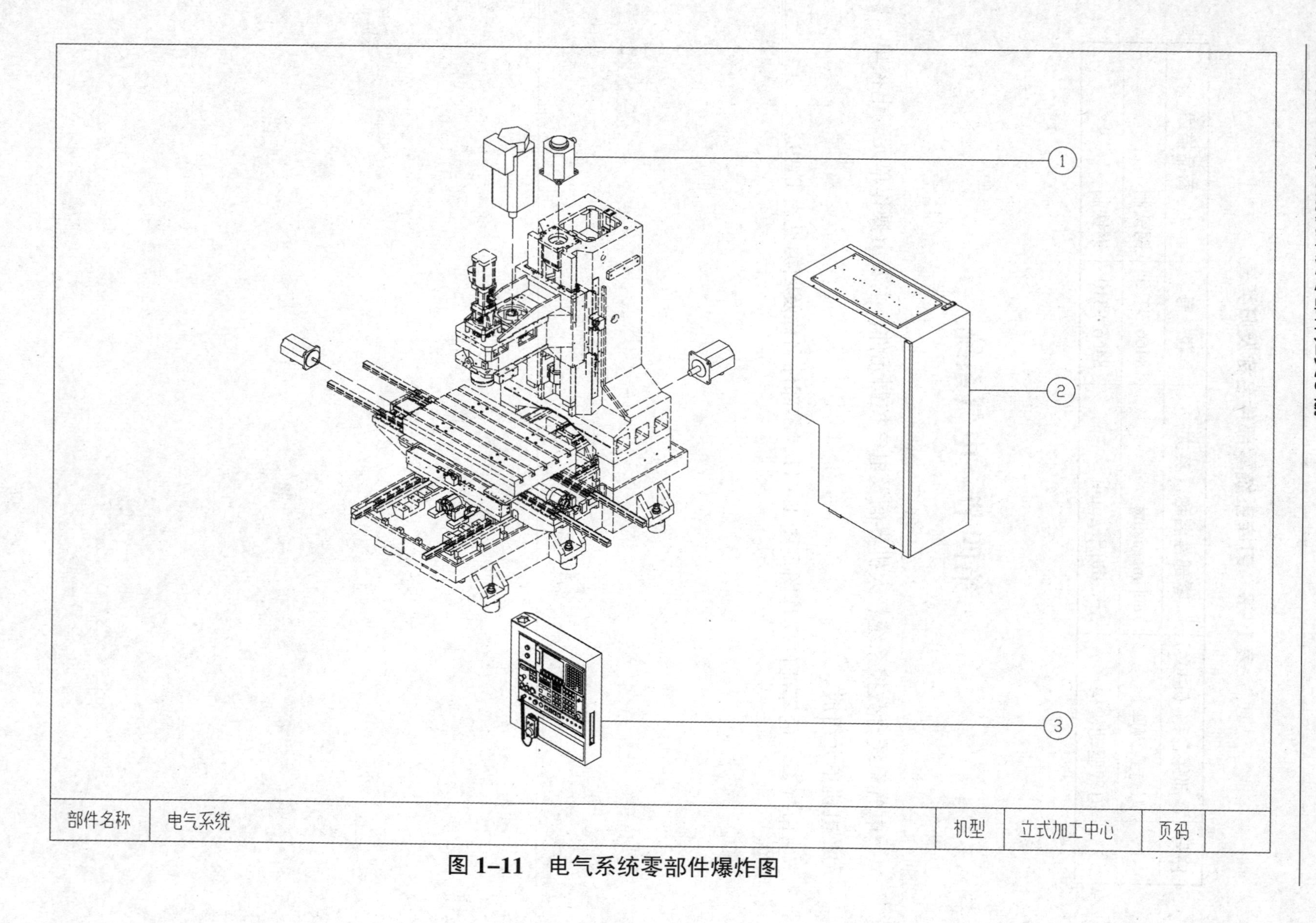


图 1-11 电气系统零部件爆炸图

表 1-9　电气系统零部件名称及归类表

| 序号 | 零部件名称（中文） | 零部件名称（英文） | 税　号 | 商品描述 |
|---|---|---|---|---|
| 1 | 电机单元 | Motor unit | 8501.5200 | 三相交流输出功率 11 千瓦 |
| 2 | 电控单元 | Electronic control unit | 8537.1019 | 用于 380 伏线路 |
| 3 | 操作单元 | Operation unit | 8537.1019 | |

## 一、电机单元

电机单元是机床的动力源，主要由主轴电机及伺服电机组成，主轴电机带动主轴作旋转运动，伺服电机带动三轴进给系统作直线运动。

电机单元的零部件爆炸图见图 1-12，零部件名称及归类见表 1-10。

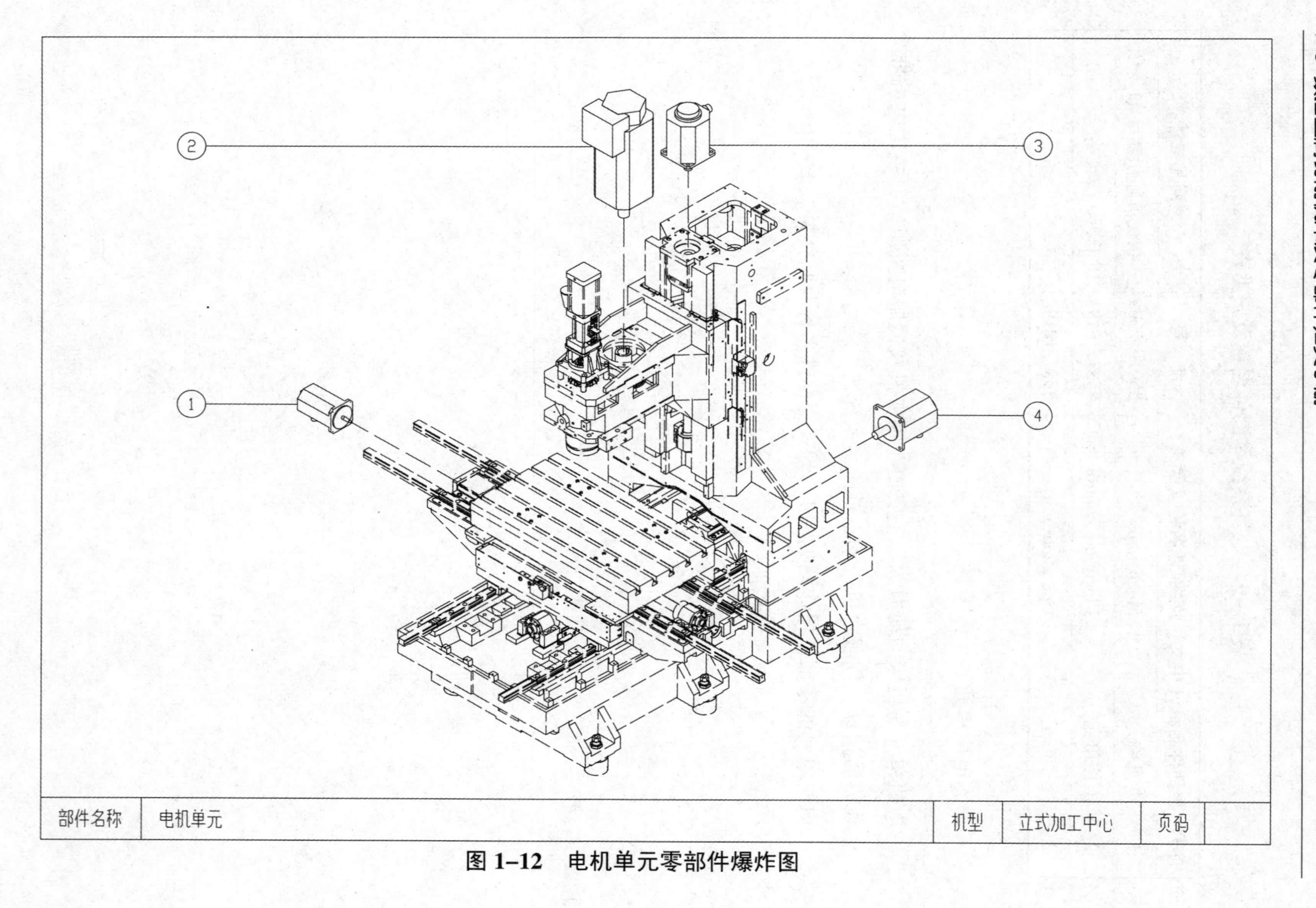


图 1-12　电机单元零部件爆炸图

**表1－10　电机单元零部件名称及归类表**

| 序号 | 零部件名称（中文） | 零部件名称（英文） | 税　号 | 商品描述 |
| --- | --- | --- | --- | --- |
| 1 | X 轴伺服电机 | X-axis sevor motor | 8501.5200 | 三相交流输出功率4千瓦 |
| 2 | 主轴电机 | Spindle motor | 8501.5200 | 三相交流输出功率7.5千瓦 |
| 3 | Z 轴伺服电机 | Z-axis sevor motor | 8501.5200 | 三相交流输出功率4千瓦 |
| 4 | Y 轴伺服电机 | Y-axis sevor motor | 8501.5200 | 三相交流输出功率4千瓦 |

## 二、电控单元

电控单元通过伺服系统及电气元件来执行操作单元发出的指令，完成机床的运动。其主要由电源模块、主轴/伺服模块、I/O 模块及各类电气元件组成。

电控单元的零部件爆炸图见图1－13，零部件名称及归类见表1－11。

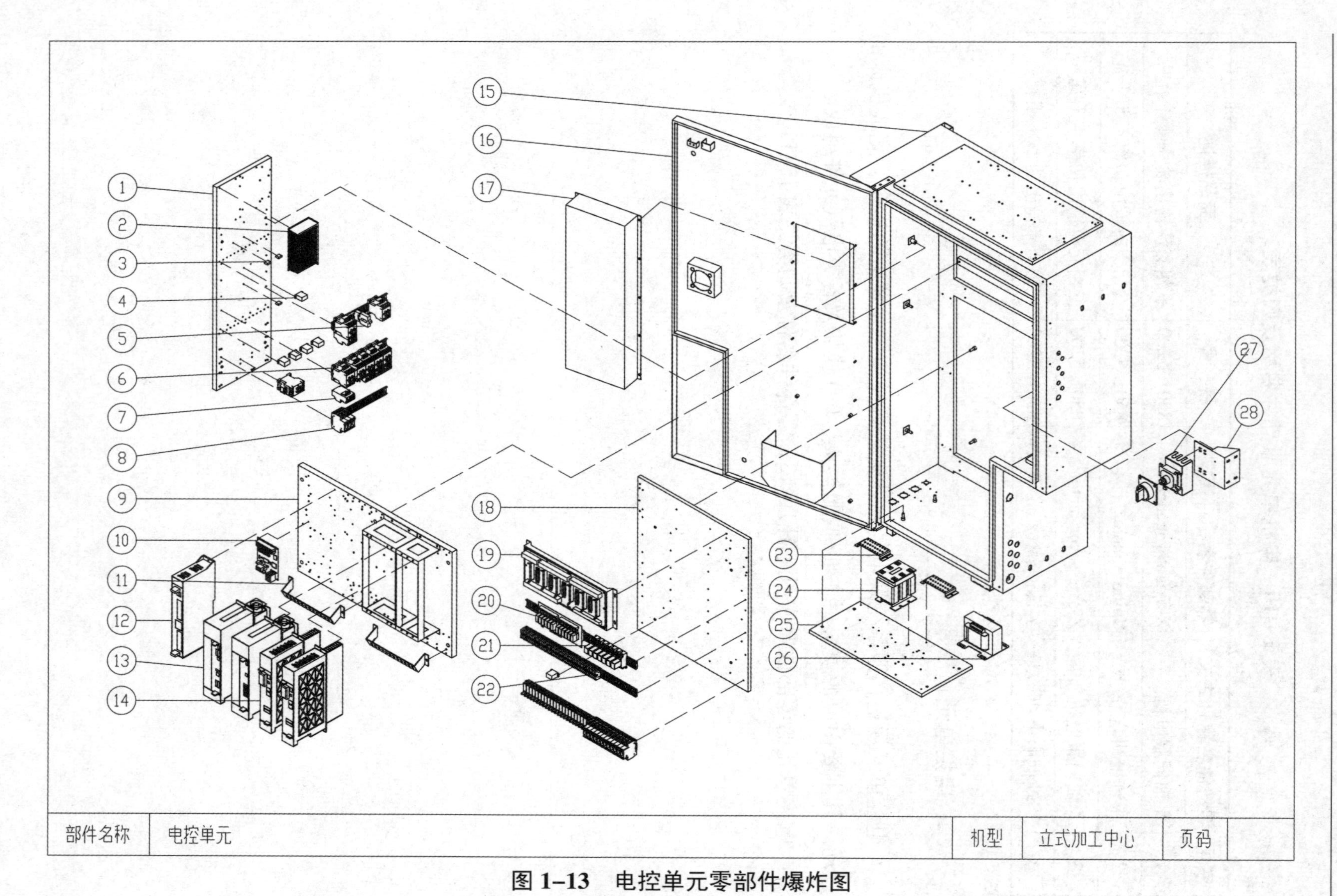


图 1–13 电控单元零部件爆炸图

## 表 1－11　电控单元的零部件名称及归类表

| 序号 | 零部件名称（中文） | 零部件名称（英文） | 税　号 | 商品描述 |
|---|---|---|---|---|
| 1 | 辅助配电板 | Board | 8538.1090 | |
| 2 | 电源供应器 | Power supply | 8504.4014 | 交流转化为直流 |
| 3 | 火花消除器 | Spark killler（SQ3-511W） | 8538.9000 | |
| 4 | 火花消除器 | Spark killler（SQ3-511W） | 8538.9000 | |
| 5 | 机械式互锁片 | Contactors interlock | 8538.9000 | |
| 6 | 电磁接触器 | Magnetic contactors | 8536.4900 | 用于 220 伏线路 |
| 7 | 热过载继电器 | Thermal overcurrent releas | 8536.4900 | 用于 220 伏线路 |
| 8 | 熔断器 | Continental fuse | 8536.1000 | 用于 220 伏线路 |
| 9 | 控制器配电板 | Board | 8538.1090 | 钢铁制 |
| 10 | I/O 卡 | I/O Module（48/64） | 8538.9000 | |
| 11 | 地线固定座 | Grounding seat | 8538.9000 | |
| 12 | I/O 卡 | I/O Module（96/128） | 8538.9000 | |
| 13 | 控制器（电源伺服放大器） | Controller（Amplifier） | 9032.8990 | |
| 14 | 控制器（轴伺服放大器） | Controller（Amplifier） | 9032.8990 | |
| 15 | 电气箱 | Electrical cabinet | 8538.1090 | 钢铁制 |
| 16 | 电气箱门 | Electrical cabinet door | 8538.1090 | 钢铁制 |
| 17 | 散热器 | Heat exchanger | 8538.9000 | 散热盘管加风扇 |
| 18 | I/O 基板 | I/O Panel | 8538.9000 | 钢铁制 |
| 19 | 面板转接板 | Turm panel | 8536.9090 | 用于 220 伏线路 |
| 20 | 继电器模组 | Relay unit | 8536.4900 | 用于 220 伏线路 |
| 21 | 中间继电器 | Relay | 8536.4900 | 用于 220 伏线路 |
| 22 | 端子台 | Terminal block | 8536.9019 | 用于 220 伏线路 |
| 23 | 控制器接地线架 | Cable bracket | 8538.9000 | 钢铁制 |
| 24 | 电抗 | Reactance | 8504.5000 | |
| 25 | 电气箱底板 | Plate | 8538.1090 | 钢铁制 |
| 26 | 变压器 | Transformer | 8504.3190 | 液体介质 |
| 27 | 无熔丝开关 | Three- pole breakers | 8536.5000 | 用于 220 伏线路 |
| 28 | 无熔丝开关固定架 | Bracket | 8538.9000 | 钢铁制 |

## 三、操作单元

操作单元主要由人机界面及数控系统（NC）组成，人机界面则由显示单元、操作面板、手轮等组成，用于人员对机床的操控。

操作单元的零部件爆炸图见图1－14，零部件名称及归类见表1－12。

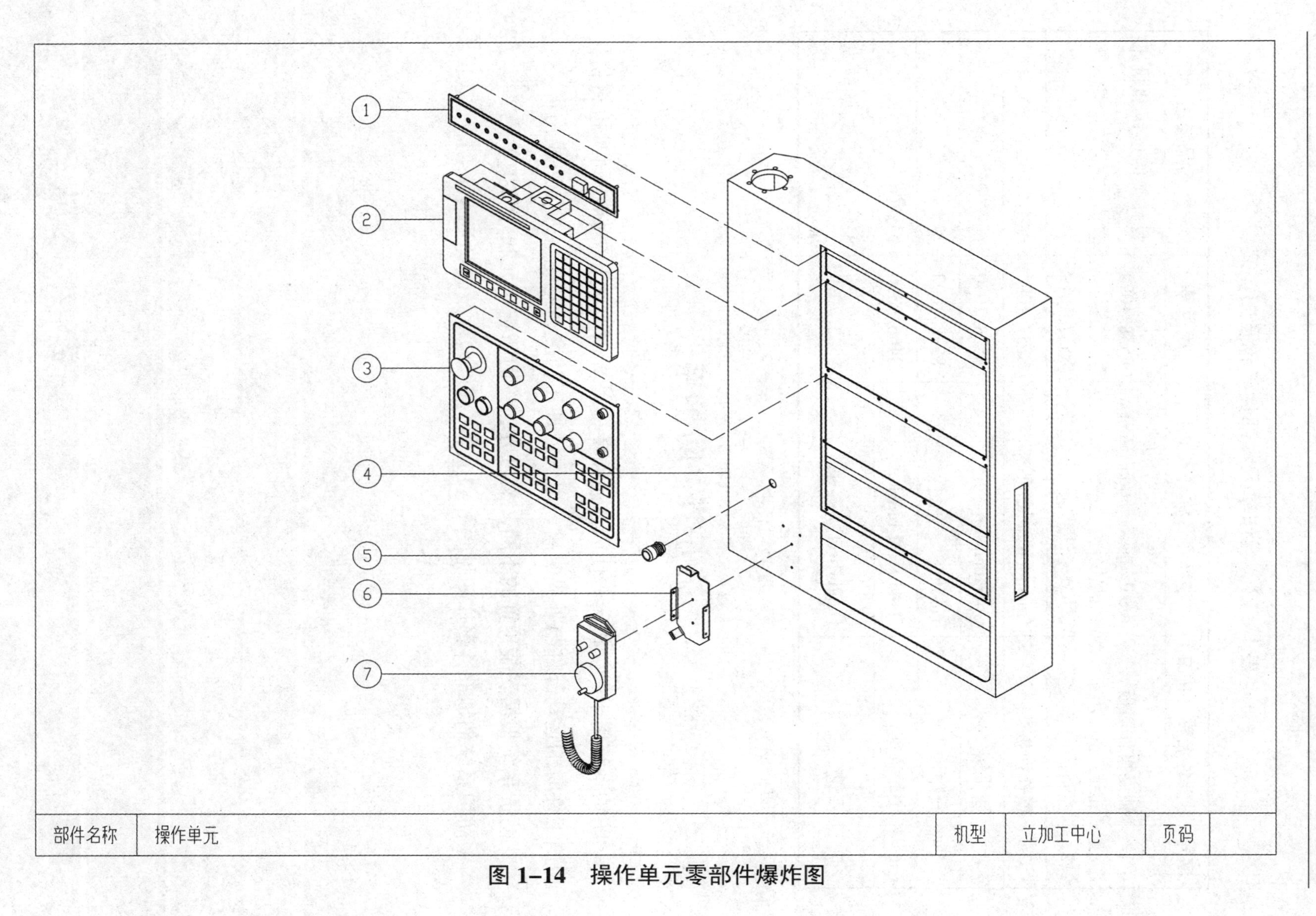


图 1-14　操作单元零部件爆炸图

表 1 –12　操作单元零部件名称及归类表

| 序号 | 零部件名称（中文） | 零部件名称（英文） | 税　号 | 商品描述 |
|---|---|---|---|---|
| 1 | 辅助操作面板 | Auxiliary operation panel | 8538. 1090 | 装有操作按钮和机床工作状态显示灯 |
| 2 | 控制器 | CNC | 8537. 1019 | |
| 3 | 操作面板 | Operation panel | 8537. 1090 | |
| 4 | 操作箱 | Operation box | 8538. 1090 | 钢铁制 |
| 5 | 直型接头 | Tie-in | 8538. 1090 | 塑料制 |
| 6 | 手轮支架 | Handwheel bracket | 8466. 9390 | 钢铁制 |
| 7 | 手轮 | Handwheel | 8543. 7099 | 又称“分离式脉波发生器” |

# 第五节　防护系统

防护系统用于保护机床，使床体表面免受外界的腐蚀和破坏；同时也将机床切割工件时的运动部件与外界隔离，以保证加工精度，避免对人员造成伤害。

防护系统根据安装位置的不同，又可分为：内防护单元和外防护单元。

防护系统的零部件爆炸图见图 1 – 15，零部件名称及归类见表 1 – 13。

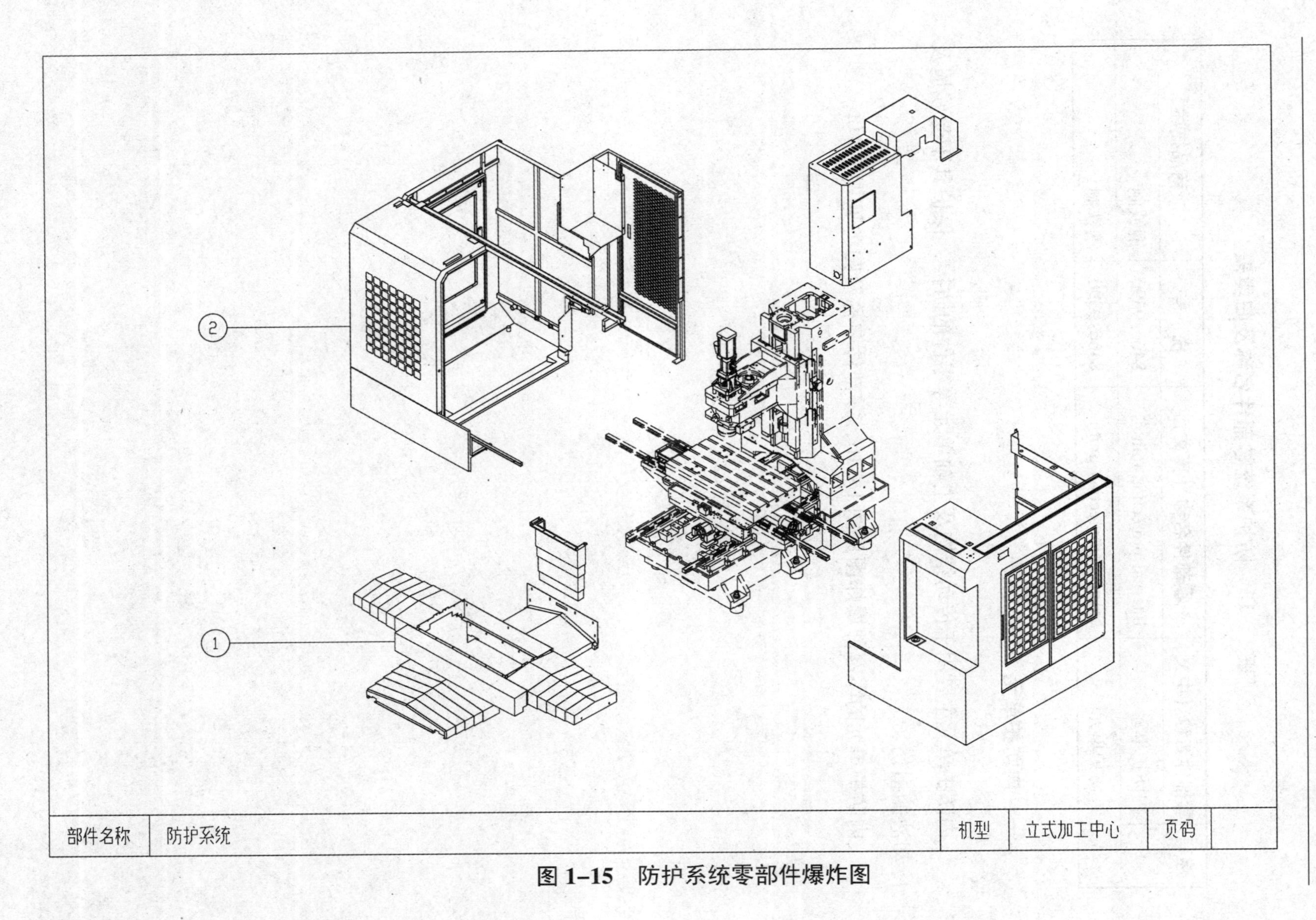


图 1-15　防护系统零部件爆炸图

表 1－13　防护系统零部件名称及归类表

| 序号 | 零部件名称（中文） | 零部件名称（英文） | 税　号 | 商品描述 |
|---|---|---|---|---|
| 1 | 内防护单元 | Internal protection unit | 8466.9390 | 钢铁制 |
| 2 | 外防护单元 | External protection unit | 8466.9390 | 钢铁制 |

## 一、内防护单元

内防护单元主要用于传动结构及主轴单元等零件的防护，保护其不受残屑及冷却液的损伤。

内防护单元的零部件爆炸图见图 1－16，零部件名称及归类见表 1－14。

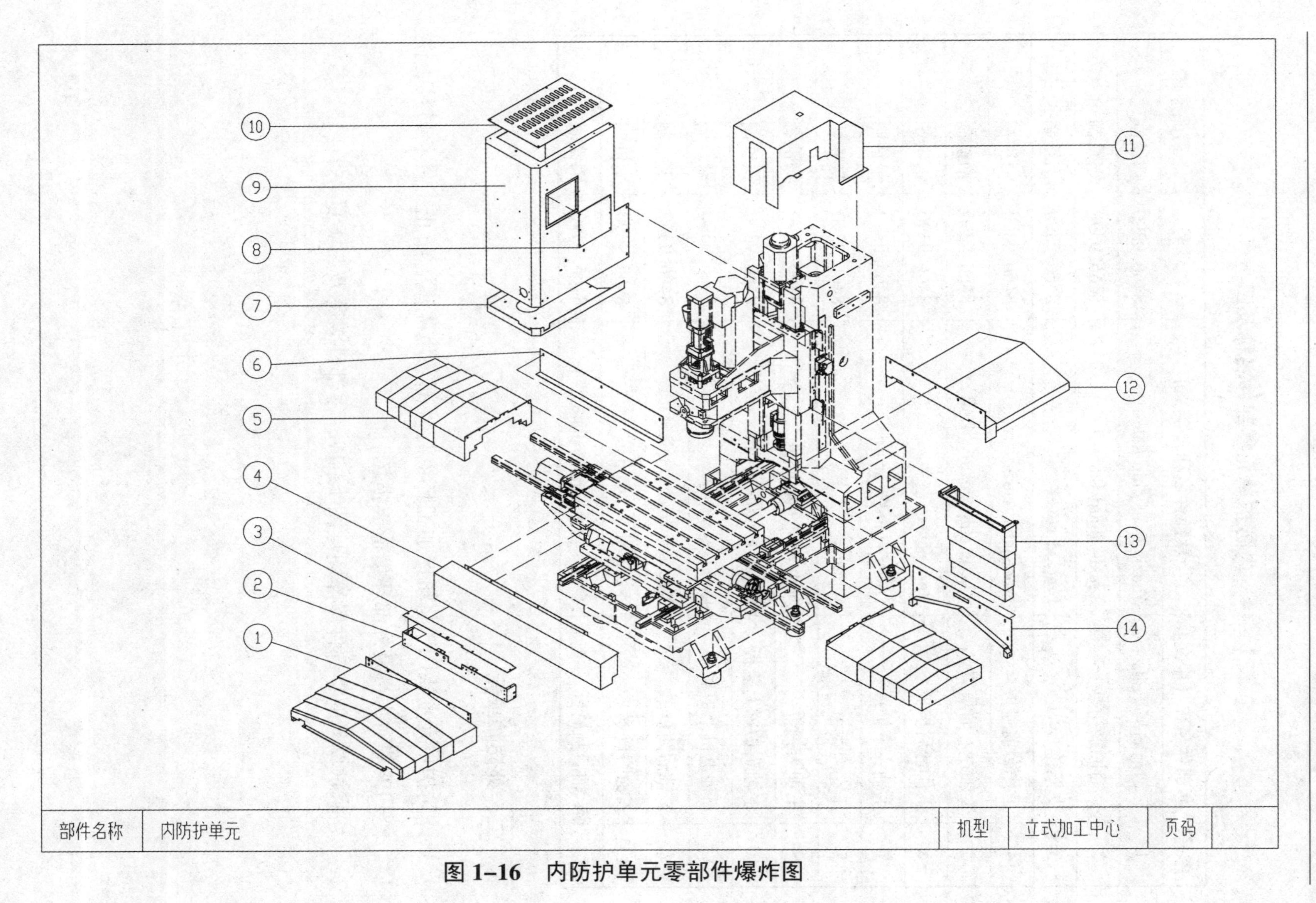


图 1-16　内防护单元零部件爆炸图

**表 1－14　内防护单元零部件名称及归类表**

| 序号 | 零部件名称（中文） | 零部件名称（英文） | 税　号 | 商品描述 |
|---|---|---|---|---|
| 1 | Y 轴前防屑罩组 | Y-axis front chip guard | 8466.9390 | 钢铁制 |
| 2 | Y 轴护罩托架 | Y-axis guard bracket | 8466.9390 | 钢铁制 |
| 3 | 支架盖 | Bracket cover | 8466.9390 | 钢铁制 |
| 4 | 工作台前盖板 | Front table cover | 8466.9390 | 钢铁制 |
| 5 | X 轴左右防屑罩 | X-axis chip guard（L/R） | 8466.9390 | 钢铁制 |
| 6 | 工作台后护板 | Rear cover | 8466.9390 | 钢铁制 |
| 7 | 主轴头下护罩 | Lower spindle guard | 8466.9390 | 钢铁制 |
| 8 | 压克力视窗 | Window | 8466.9390 | 带安装孔 |
| 9 | 主轴头护罩 | Spindle head guard | 8466.9390 | 钢铁制 |
| 10 | 主轴头护罩上盖板 | Upper spindle guard cover | 8466.9390 | 钢铁制 |
| 11 | Z 轴电机上护盖 | Cover | 8466.9390 | 钢铁制 |
| 12 | Y 轴后防屑罩 | Y-axis rear chip guard | 8466.9390 | 钢铁制 |
| 13 | Z 轴防屑罩 | Z-axis chip guard | 8466.9390 | 钢铁制 |
| 14 | Y 轴后刮屑板 | Y-axis rear scrape plate | 8466.9390 | 钢铁制 |

## 二、外防护单元

外防护单元主要用于将机床加工环境与外部环境隔离，防止工件、刀具、铁屑、冷却液等对人员及外部环境造成损坏。

外防护单元的零部件爆炸图见图 1－17，零部件名称及归类见表 1－15。

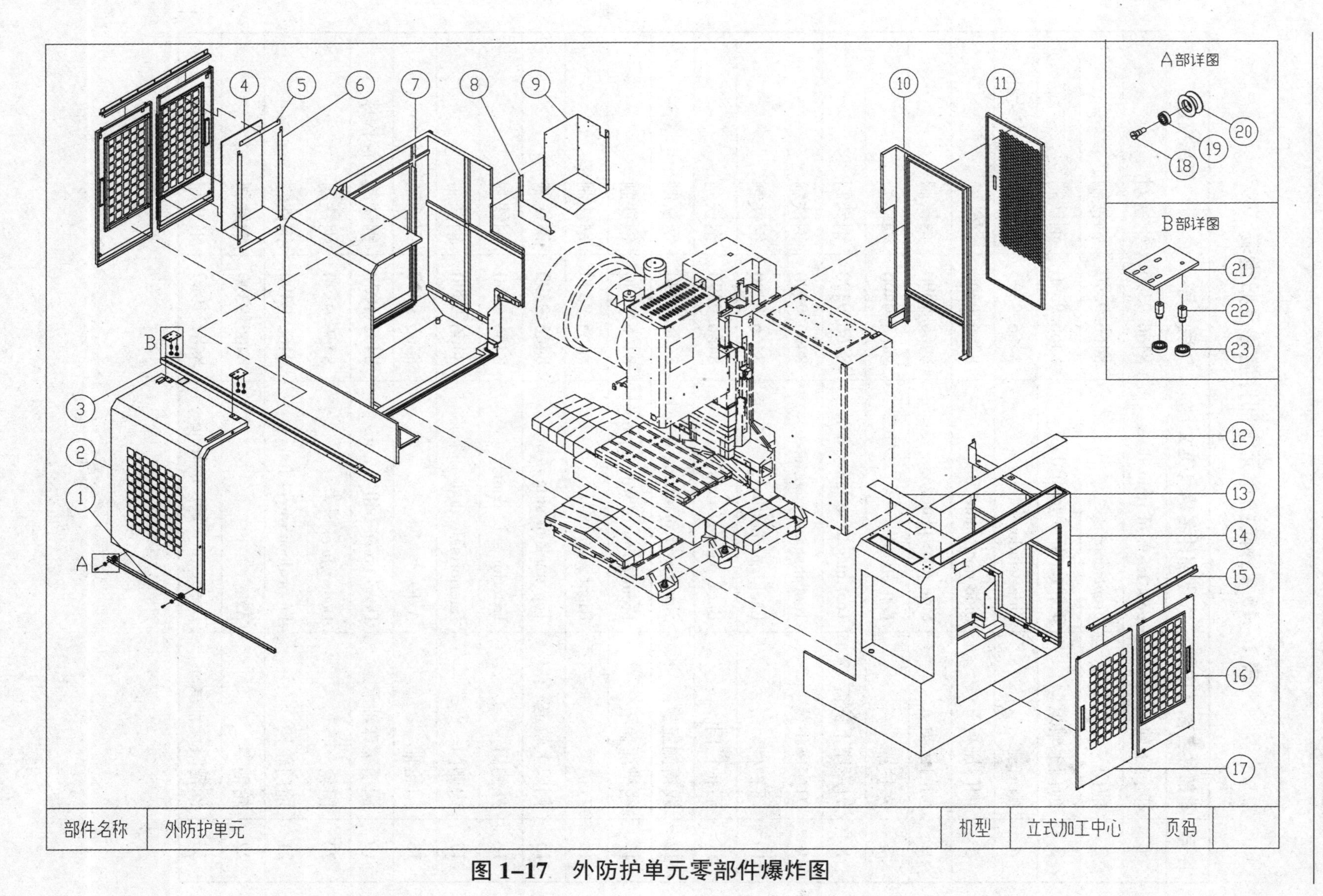


图 1-17　外防护单元零部件爆炸图

## 表1-15 外防护单元零部件名称及归类表

| 序号 | 零部件名称（中文） | 零部件名称（英文） | 税　号 | 商品描述 |
|---|---|---|---|---|
| 1 | 前门下轨道 | Foot track of front door | 8466.9390 | 钢铁制 |
| 2 | 前门 | Front door | 8466.9390 | 钢铁制 |
| 3 | 前门上轨道 | Top track of front door | 8466.9390 | 钢铁制 |
| 4 | 侧窗 | Side window | 8466.9390 | 压克力制带安装孔 |
| 5 | 侧门压板 B | Side door plate B | 8466.9390 | 钢铁制 |
| 6 | 侧门压板 A | Side door plate A | 8466.9390 | 钢铁制 |
| 7 | 左护罩 | Left guard | 8466.9390 | 钢铁制 |
| 8 | 刀库座下护盖 | Tool magazine lower cover | 8466.9390 | 钢铁制 |
| 9 | 刀库座护盖 | Tool magazine cover | 8466.9390 | 钢铁制 |
| 10 | 后护栏 | Back parapet | 8466.9390 | 钢铁制 |
| 11 | 后护栏门 | Back parapet door | 8466.9390 | 钢铁制 |
| 12 | 线槽侧盖板 | Side cover of wiring trough | 8466.9390 | 钢铁制 |
| 13 | 线槽前盖板 | Front cover of wiring trough | 8466.9390 | 钢铁制 |
| 14 | 右护罩 | Right guard | 8466.9390 | 钢铁制 |
| 15 | 侧门上轨道 | Top track of side door | 8466.9390 | 钢铁制 |
| 16 | 外侧门 | Exterior side door | 8466.9390 | 钢铁制 |
| 17 | 内侧门 | Interior side door | 8466.9390 | 钢铁制 |
| 18 | 门轮轴 | Axle | 8466.9390 | 钢铁制 |
| 19 | 深槽滚珠轴承 | Deep grove ball bearing | 8482.1020 | 钢铁制，深沟球 |
| 20 | 门轮 | Door wheel | 8466.9390 | 钢铁制 |
| 21 | 前门轮架 | Front door wheel frame | 8466.9390 | 钢铁制 |
| 22 | 轮轴 | Axle | 8466.9390 | 钢铁制 |
| 23 | 深槽滚珠轴承 | Deep grove ball bearing | 8482.1020 | 钢铁制，深沟球 |

# 第六节　冷却系统

冷却系统包括冷却泵浦及管路和控制阀，用于加工冷却及冲屑。

冷却系统的零部件爆炸图见图 1－18，零部件名称及归类见表 1－16。

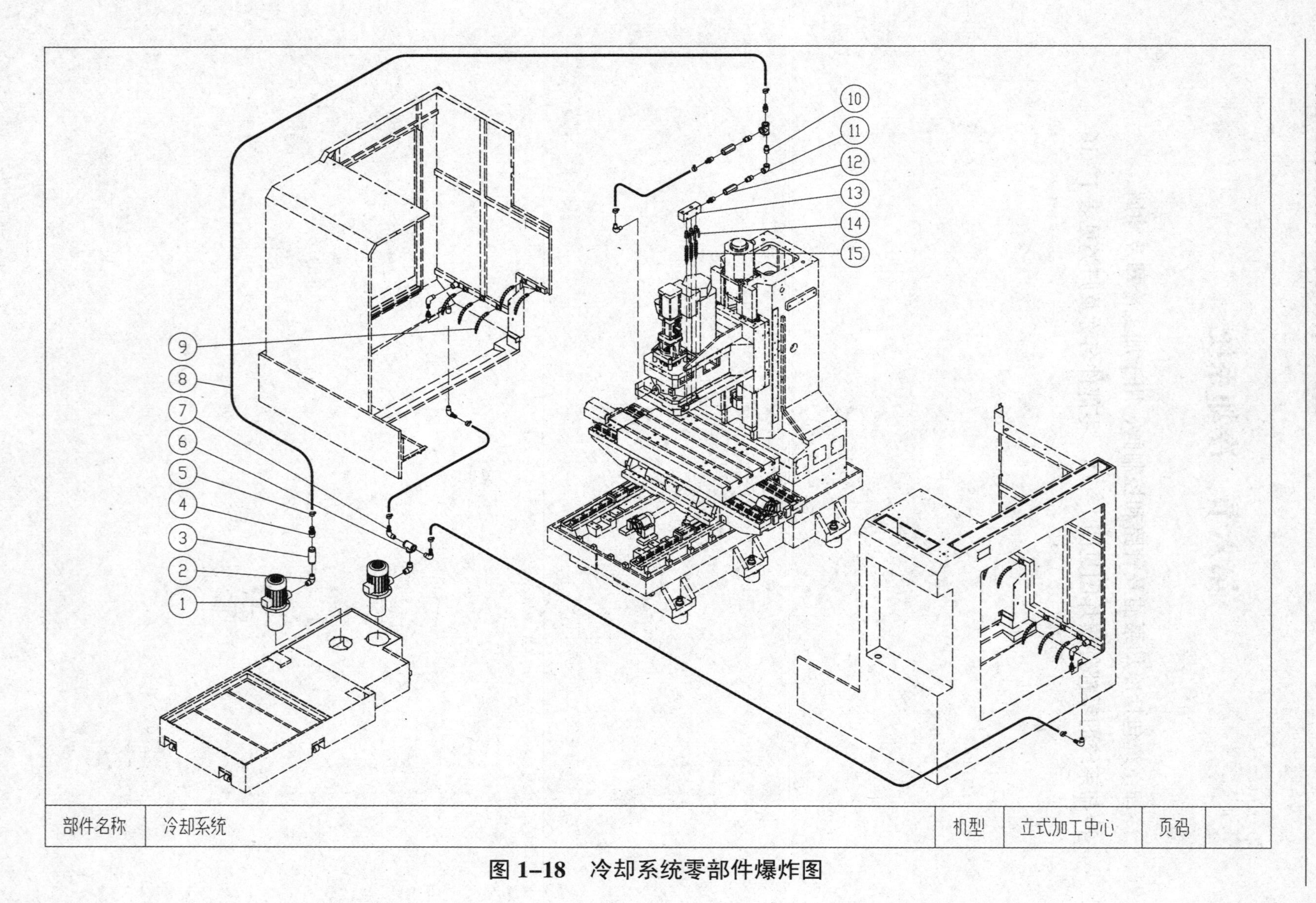


图 1-18 冷却系统零部件爆炸图

表 1-16　冷却系统零部件名称及归类表

| 序号 | 零部件名称（中文） | 零部件名称（英文） | 税　号 | 商品描述 |
|---|---|---|---|---|
| 1 | 高压泵 | High pressure pump | 8413.6021 | 电动齿轮泵 |
| 2 | L 型接头（PT×PT） | L-type adapter（PT×PT） | 7307.1900 | 钢铁铸造 |
| 3 | 方向止逆阀 | Check valve | 8481.3000 | |
| 4 | 直型接头（PT×PH） | Straight-type adapter（PT×PH） | 7307.1900 | 钢铁铸造 |
| 5 | 管束 | Hose clip | 7326.9010 | 钢铁制 |
| 6 | 耐油管 | Hose | 4009.3100 | 硫化橡胶管，内嵌纺织品加强，不带接头 |
| 7 | 三通（PT×PT×PT） | Three-way valve（PT×PT×PT） | 7307.1900 | 钢铁铸造 |
| 8 | L 型接头（PT×PH） | L-type adapter（PT×PH） | 7307.1900 | 钢铁铸造 |
| 9 | 扁嘴喷水管 | Flat nozzle | 8424.9090 | 橡胶制定长带接头 |
| 10 | 直型接头（PT×PT） | Straight-type adapter（PT×PT） | 7307.1900 | 钢铁铸造 |
| 11 | 内牙弯头（PT×PT） | Elbow joint（PT×PT） | 7307.1900 | 钢铁铸造 |
| 12 | 电磁阀 | Solenoid valve | 8481.8040 | |
| 13 | 分油块 | Distributor block | 8481.8040 | 阀门组 |
| 14 | 切削液开关控制阀 | Coolant valve | 8481.8040 | |
| 15 | 圆嘴喷水管 | Rounded nozzle | 8424.9090 | 橡胶制定长带接头 |

## 第七节　排屑系统

排屑系统包括水箱、积屑箱、排屑机、积屑车等，用于将加工残屑排到指定位置。

排屑系统的零部件爆炸图见图 1-19，零部件名称及归类见表 1-17。

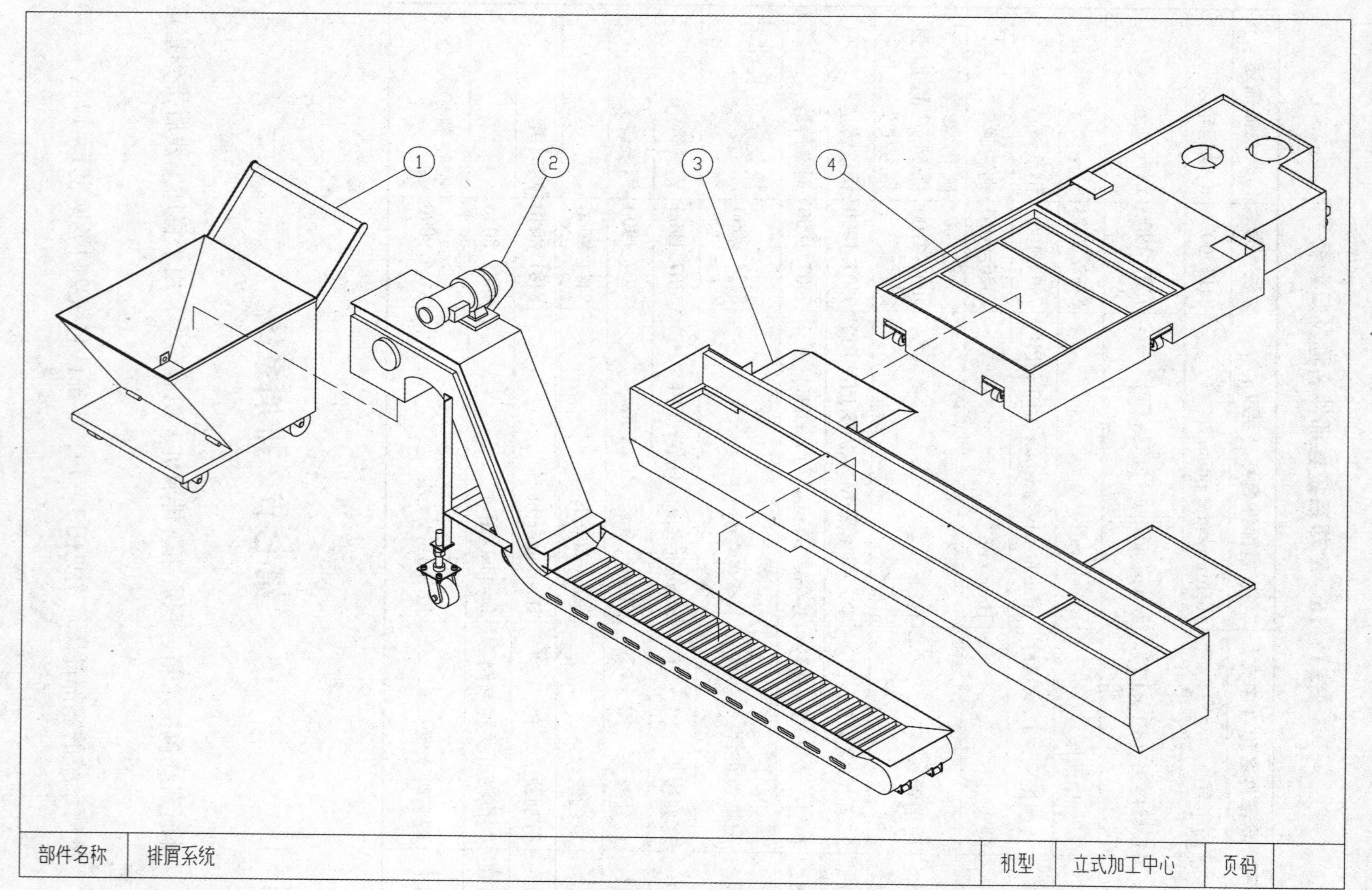


图 1–19　排屑系统零部件爆炸图

表 1－17　排屑系统零部件名称及归类表

| 序号 | 零部件名称（中文） | 零部件名称（英文） | 税　号 | 商品描述 |
|---|---|---|---|---|
| 1 | 积屑车 | Chip bucket | 8716.8000 | 钢铁制 |
| 2 | 排屑机 | Chip conveyor | 8428.3910 | 链板式 |
| 3 | 蓄屑箱 | Chip tank | 8466.9390 | 钢铁制 |
| 4 | 水箱 | Water tank | 8466.9390 | 钢铁制 |

## 第八节　液压系统

液压系统包括液压单元（含液压箱、马达、泵、电磁阀）及管路，是机床中部分组件的液压动力及控制部件。

液压系统的零部件爆炸图见图 1－20，零部件名称及归类见表 1－18。

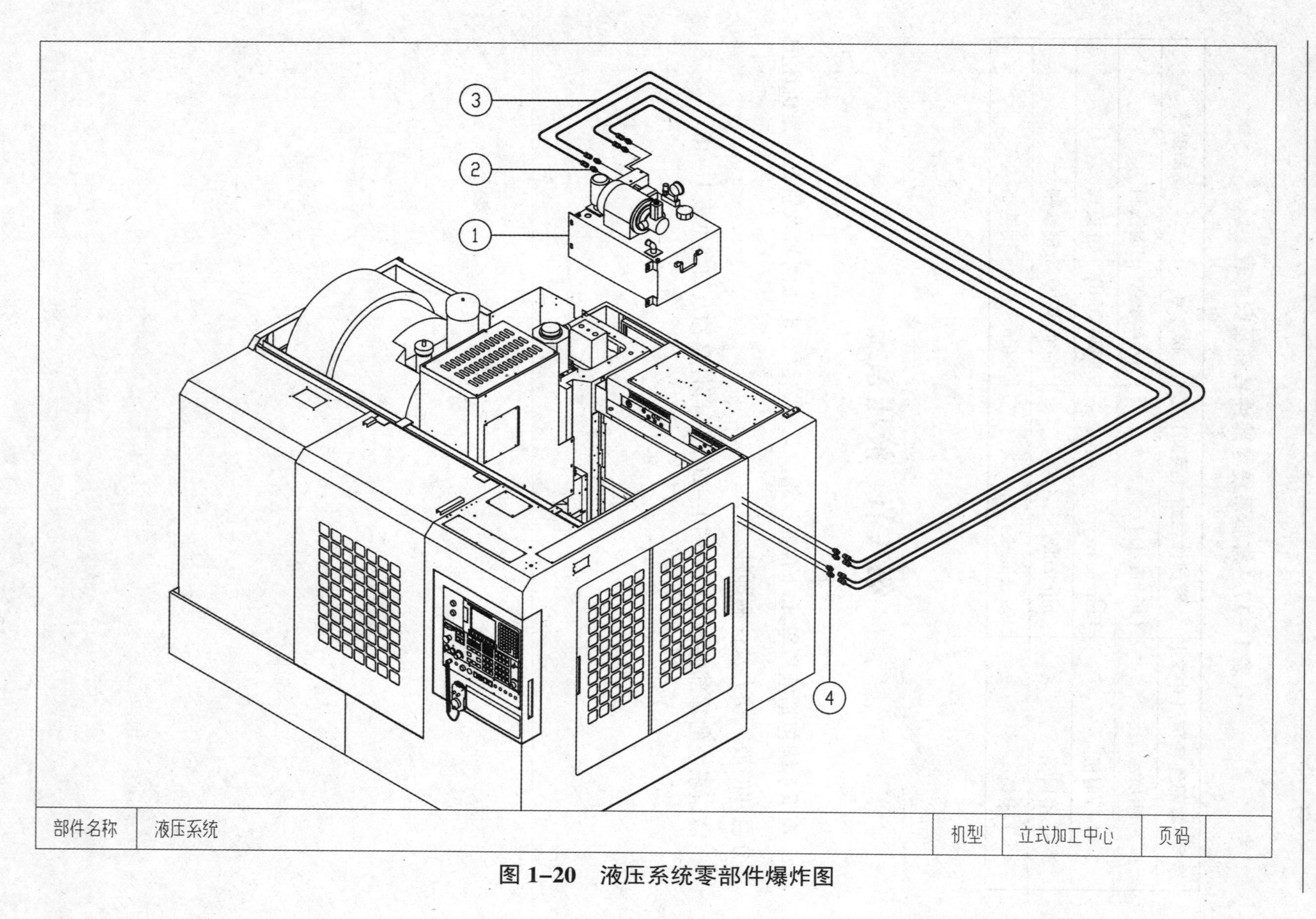


图 1-20 液压系统零部件爆炸图

表 1－18　液压系统零部件名称及归类表

| 序号 | 零部件名称（中文） | 零部件名称（英文） | 税　号 | 商品描述 |
|---|---|---|---|---|
| 1 | 液压单元 | Hydraulic unit | 8412.2990 | |
| 2 | 直型接头（PT×PS） | Adapter | 7307.1900 | 钢铁铸造 |
| 3 | 中压软管 | Hose | 4009.2200 | 硫化橡胶管，内嵌金属丝加强，带钢铁接头 |
| 4 | 隔板接头 | Adapter | 7307.1900 | 钢铁铸造 |

## 第九节　气压系统

气压系统包括三点组、电磁阀、气压缸、气压附件及管路等，用于部分组件的气压动力、吹气及控制。

气压系统的零部件爆炸图见图 1－21，零部件名称及归类见表 1－19。

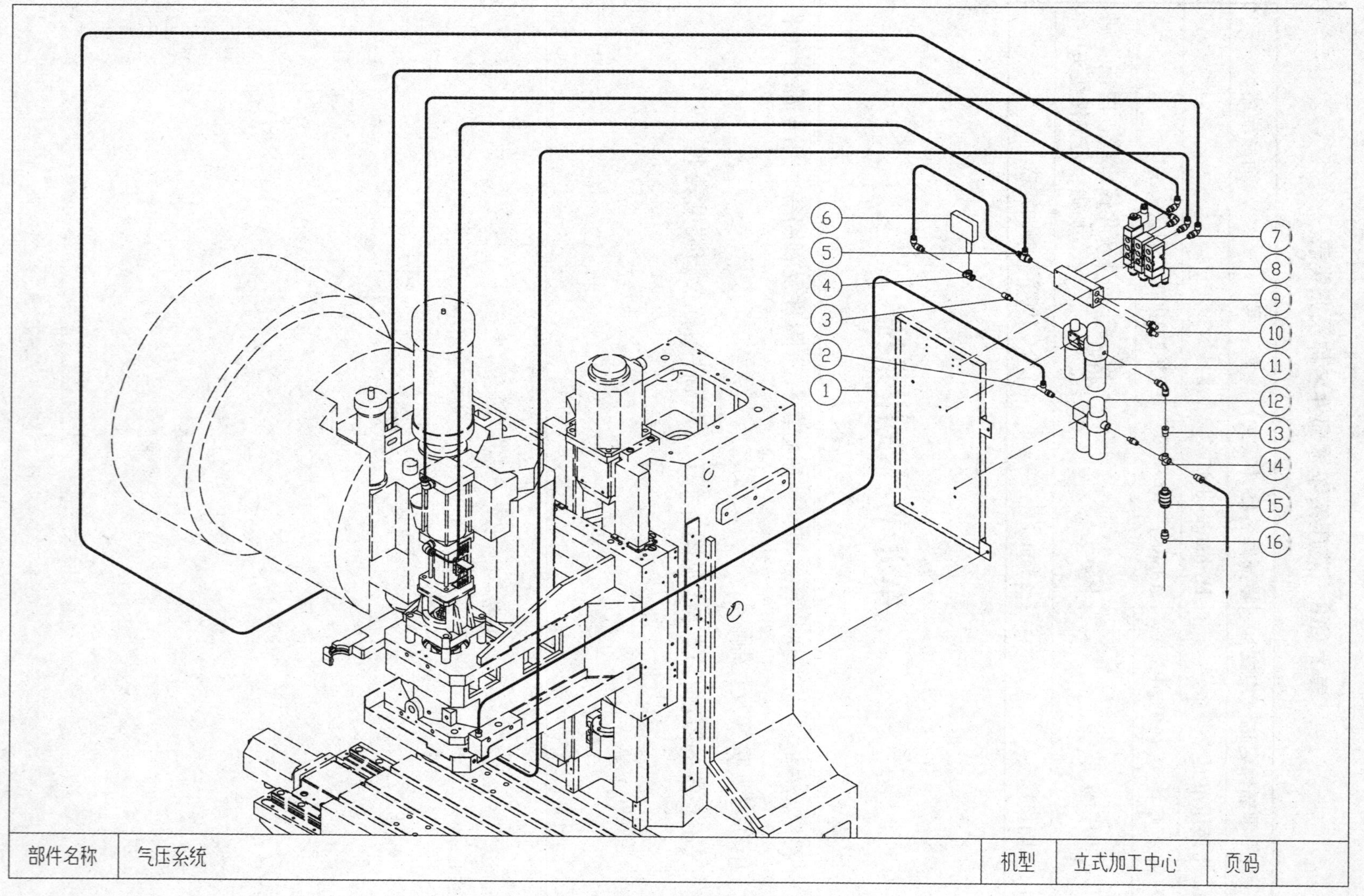


图 1–21　气压系统零部件爆炸图

表1-19　气压系统零部件名称及归类表

| 序号 | 零部件名称（中文） | 零部件名称（英文） | 税　号 | 商品描述 |
|---|---|---|---|---|
| 1 | 风压软管 | Pneumatic tube | 3917.3900 | 塑料制 |
| 2 | 固定节流接头 | Throttle adapter | 7307.1900 | 钢铁铸造 |
| 3 | 直型接头 | Straight adapter | 7307.1900 | 钢铁铸造 |
| 4 | 内牙三通 | 3-routeway inner tooth adapter | 7307.1900 | 钢铁铸造 |
| 5 | Y型快速接头 | Y-type quick adaper | 7307.1900 | 钢铁铸造 |
| 6 | 压力开关 | Pressure switch | 8536.5000 | |
| 7 | L型快速接头 | L-type quick adapter | 7307.1900 | 钢铁铸造 |
| 8 | 电磁阀 | Solenoid valve | 8481.2020 | |
| 9 | 电磁阀座 | Solenoid valve seat | 8481.9010 | 钢铁制 |
| 10 | 消音器 | Brass silencer | 8481.2020 | 消音节流阀，调整流量的同时降低声音 |
| 11 | 三点组合 | Filters Regulators Lubricators | 8466.9390 | |
| 12 | 二点式三点组合 | Filters Regulators Lubricators | 8466.9390 | |
| 13 | 省力接头 | Quick adaper | 7307.1900 | 钢铁铸造 |
| 14 | 内牙四通 | 4-routeway inner tooth adapter | 7307.1900 | 钢铁铸造 |
| 15 | 滑动开关 | Sliding swich | 8536.5000 | |
| 16 | 铁快速接头公头 | Iron quick adapter | 7307.1900 | 钢铁铸造 |

## 第十节　润滑系统

润滑系统包括润滑油泵、滤油器、分配器、管路等，用于传动部件、轨道的润滑。

润滑系统的零部件爆炸图见图1-22，零部件名称及归类见表1-20。

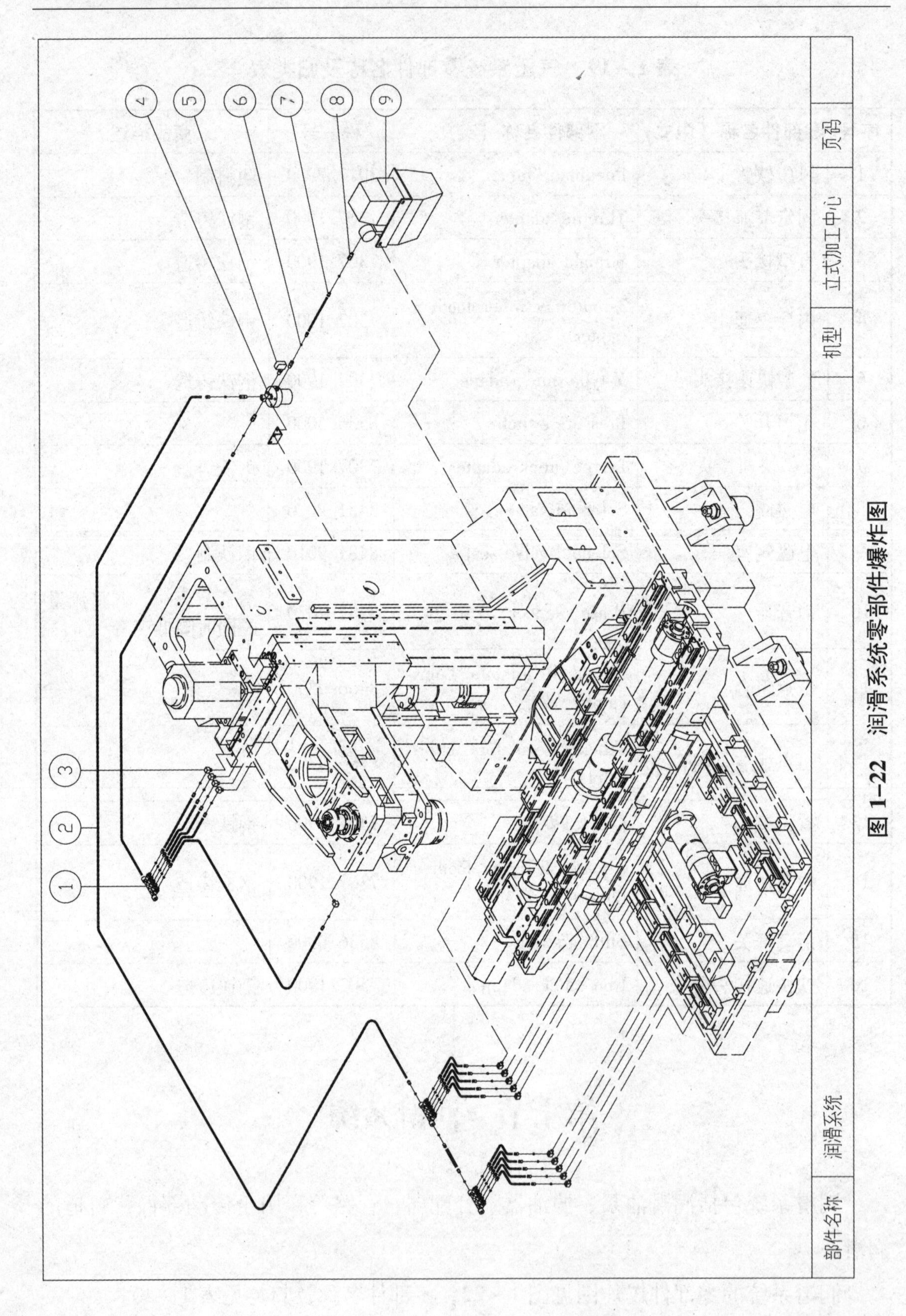


图 1-22 润滑系统零部件爆炸图

**表1－20　润滑系统零部件名称及归类表**

| 序号 | 零部件名称（中文） | 零部件名称（英文） | 税　号 | 商品描述 |
|---|---|---|---|---|
| 1 | 分配器 | Distributor | 8481. 8040 | 阀门组 |
| 2 | 软管 | Hose | 3917. 3900 | |
| 3 | 直角接头 | Right angle adapter | 7307. 1900 | 钢铁铸造 |
| 4 | 滤油器组 | Filter | 8421. 2990 | |
| 5 | 压力开关 | Pressure switch | 8536. 5000 | |
| 6 | 套管 | Thimble | 7307. 2200 | 不锈钢制 |
| 7 | 套管帽 | Thimble nut | 7307. 9900 | 钢铁制 |
| 8 | 内外牙直接头 | Right adapter | 7307. 1900 | 钢铁铸造 |
| 9 | 润滑油泵 | Cubage pump | 8413. 5031 | 液压柱塞泵、油箱、液位计的组合体 |

# 第二章 卧式加工中心

DI-ER ZHANG WOSHI JIAGONG ZHONGXIN

# 第一节　整机结构

卧式加工中心是指主轴轴线与工作台水平设置的加工中心（图示见图 2－1）。其主要由主机结构、刀库系统、电气系统、防护系统、冷却系统、排屑系统、液压系统、气压系统、润滑系统等九个部分组成（见图 2－2）。

在本书中，主机结构又进一步拆分为：底座部件、立柱部件、主轴头部件、主轴组件、托板交换部件、回转工作台部件等六个部分。

电气系统又进一步拆分为：电机单元、电控操作单元两个部分。

防护系统又进一步拆分为：内防护单元、外防护单元两个部分。

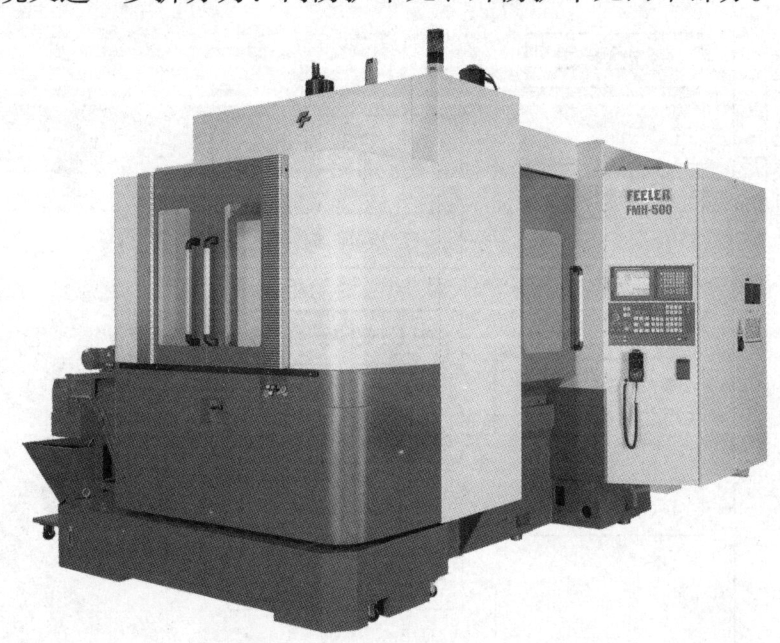


**图 2－1　卧式加工中心图示**

卧式加工中心的整机零部件爆炸图见图 2－3，整机零部件名称及归类见表 2－1。

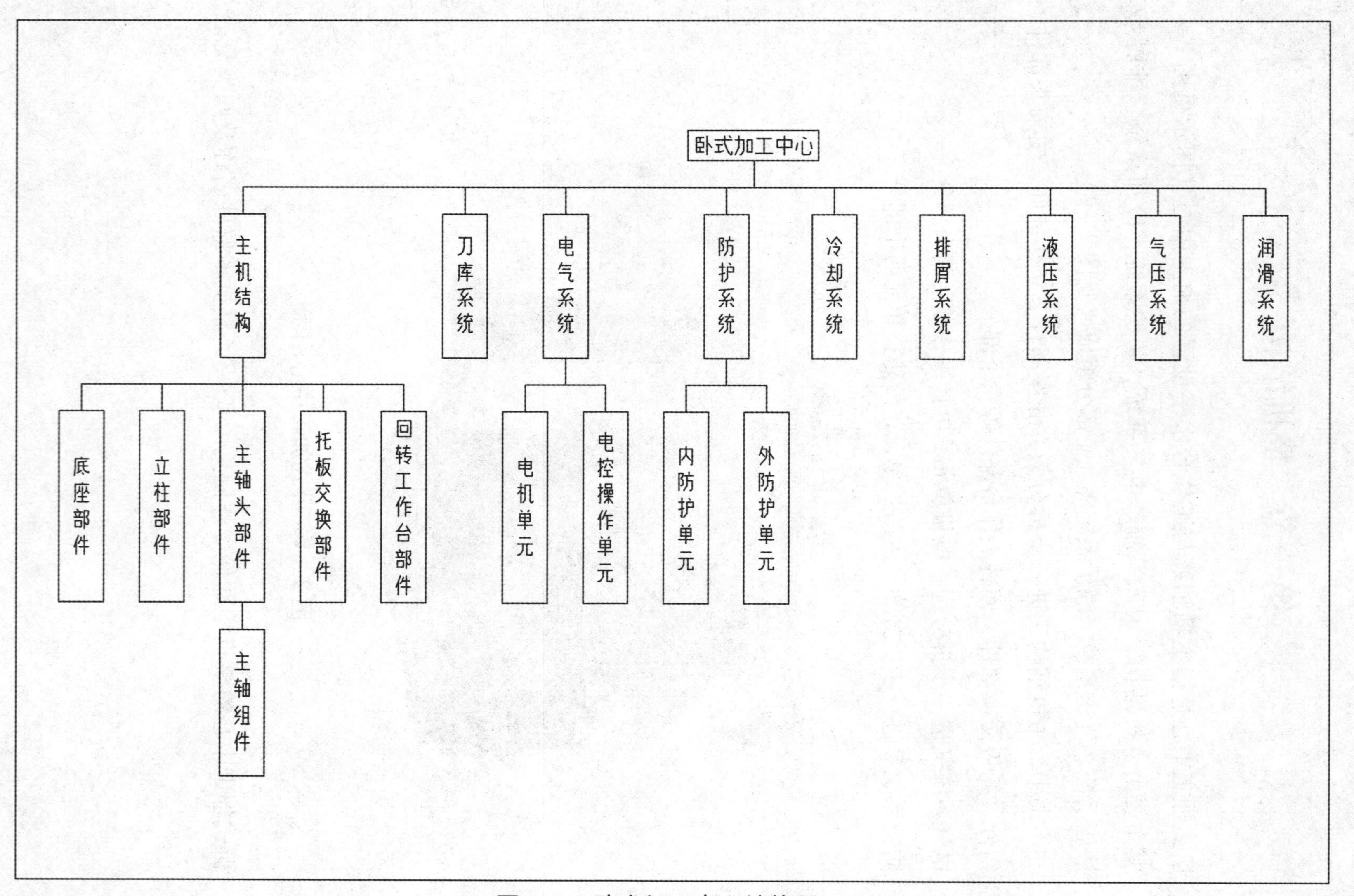


图 2–2　卧式加工中心结构图

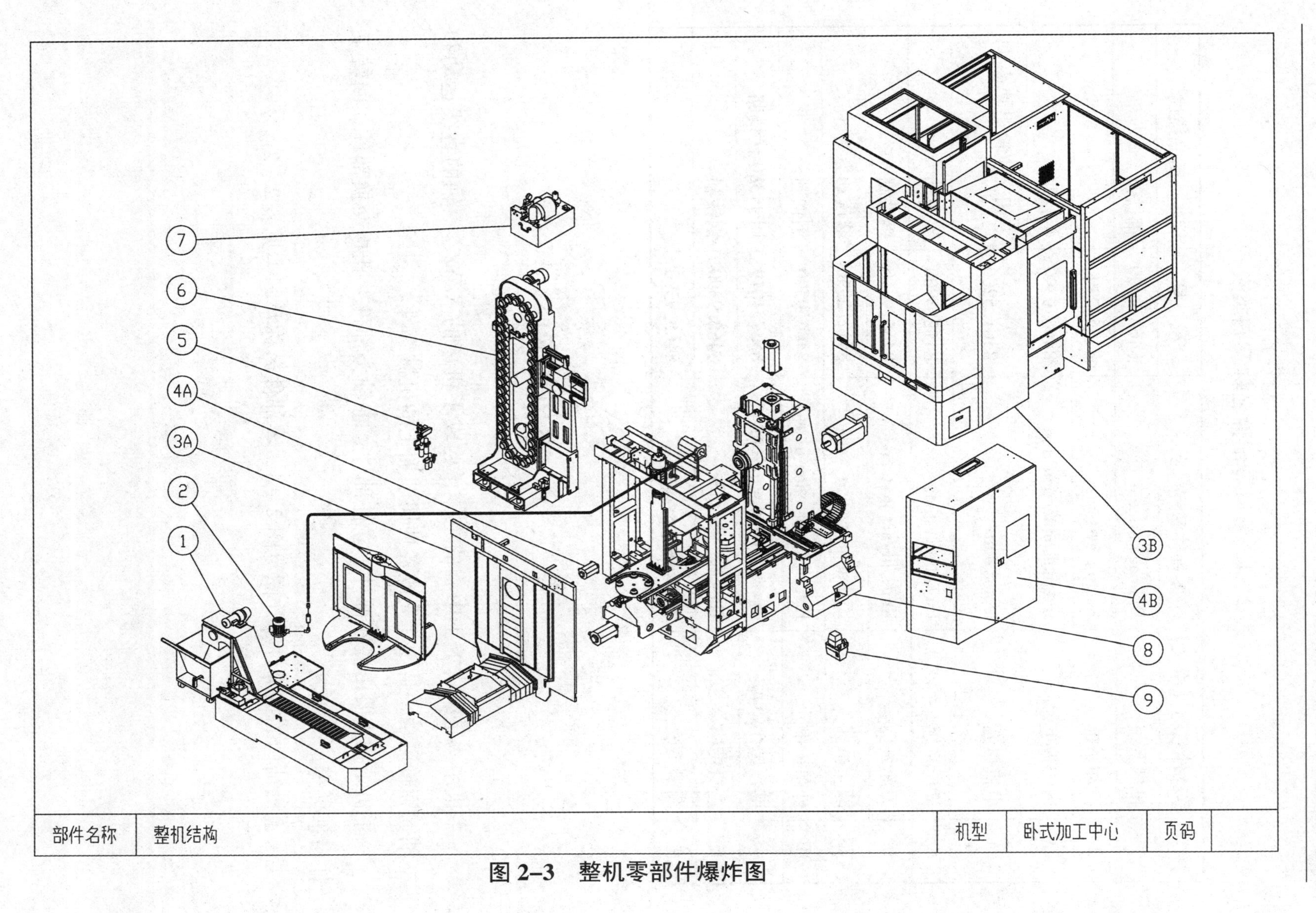


图 2–3　整机零部件爆炸图

表2-1　整机零部件名称及归类表

| 序号 | 零部件名称（中文） | 零部件名称（英文） | 税　号 | 商品描述 |
|---|---|---|---|---|
| 1 | 排屑系统 | Drainage system | 8466.9390 | 钢铁制 |
| 2 | 冷却系统 | Cooling system | 8466.9390 | |
| 3A | 内防护单元 | Internal protection unit | 8466.9390 | 钢铁制 |
| 4A | 电机单元 | Motor unit | 8501.5200 | 三相交流输出功率11千瓦 |
| 5 | 气压系统 | Pressure system | 8412.3900 | 气压动力站 |
| 6 | 刀库系统 | Knife library system | 8466.9310 | 钢铁制 |
| 7 | 液压系统 | Hydraulic system | 8412.2990 | 液压动力站 |
| 3B | 外防护单元 | External protection unit | 8466.9390 | 钢铁制 |
| 4B | 电控操作单元 | Operational control unit | 8537.1019 | 用于380伏线路 |
| 8 | 主机结构 | The host structure | 8466.9390 | 钢铁制 |
| 9 | 润滑系统 | Lubricating system | 8466.9390 | |

# 第二节　主机结构

主机结构是卧式加工中心的主体，构成了机床的X/Y/Z三轴的直线运动和主轴的旋转运动，是用于完成各种切削加工的机械部件。

主机结构主要由底座部件、立柱部件、主轴头部件、托板交换部件、回转工作台部件等部分组成。

主机结构的零部件爆炸图见图2-4，零部件名称及归类见表2-2。

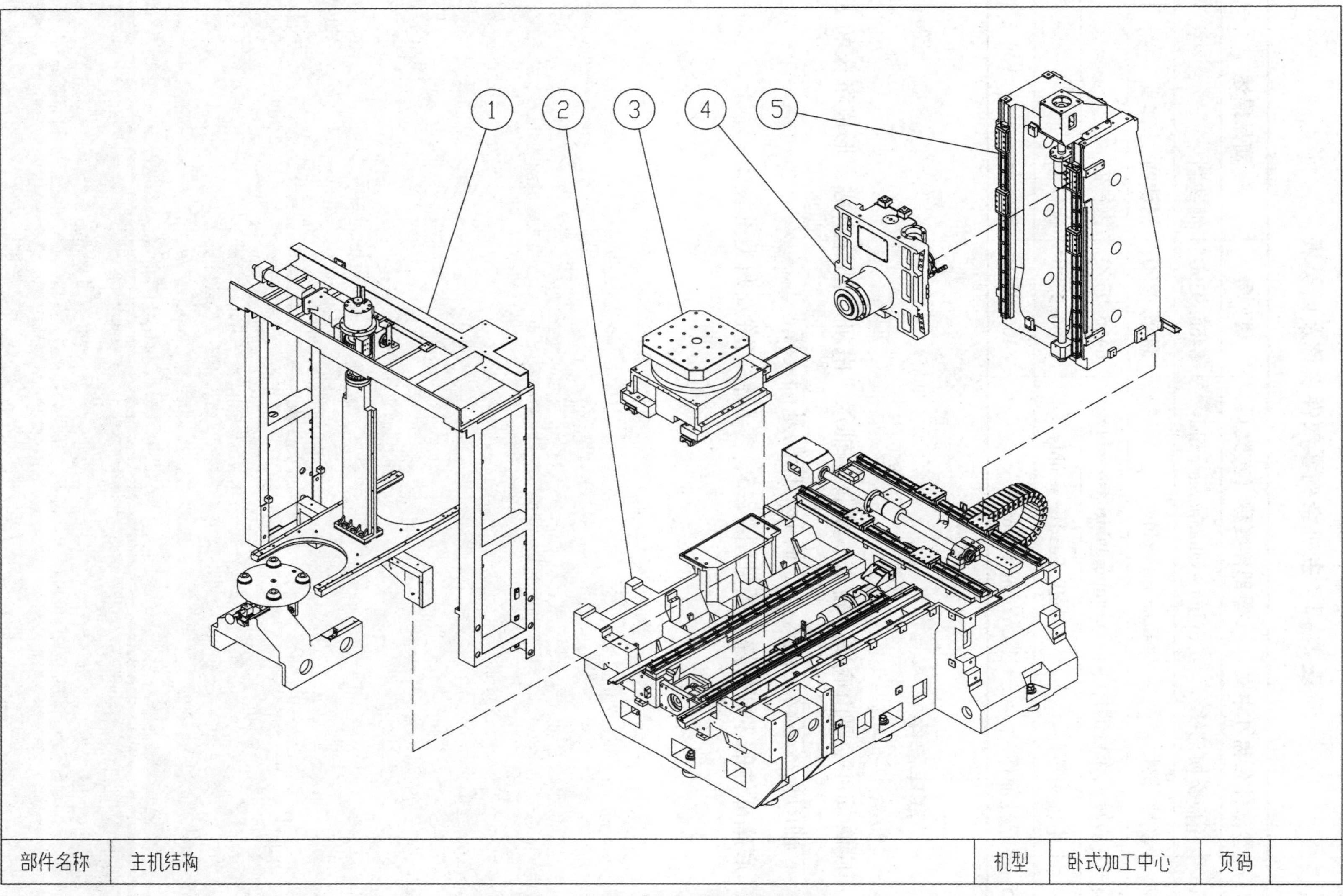


图 2-4 主机结构零部件爆炸图

表 2－2　主机结构零部件名称及归类表

| 序号 | 零部件名称（中文） | 零部件名称（英文） | 税　号 | 商品描述 |
| --- | --- | --- | --- | --- |
| 1 | 托板交换部件 | Splint exchange assembly | 8466.9390 | 钢铁制 |
| 2 | 底座部件 | Base assembly | 8466.9390 | 钢铁制 |
| 3 | 回转工作台部件 | Turnning table assembly | 8466.9390 | 钢铁制 |
| 4 | 主轴头部件 | Spindle head assembly | 8466.9390 | 钢铁制 |
| 5 | 立柱部件 | Column assembly | 8466.9390 | 钢铁制 |

## 一、底座部件

底座部件主要由底座、轨道、螺杆、轴承、电机等部分组成，形成机床的 X 轴、Z 轴的直线运动，同时也是整个机床的基础支撑。

底座部件的零部件爆炸图见图 2－5，零部件名称及归类见表 2－3。

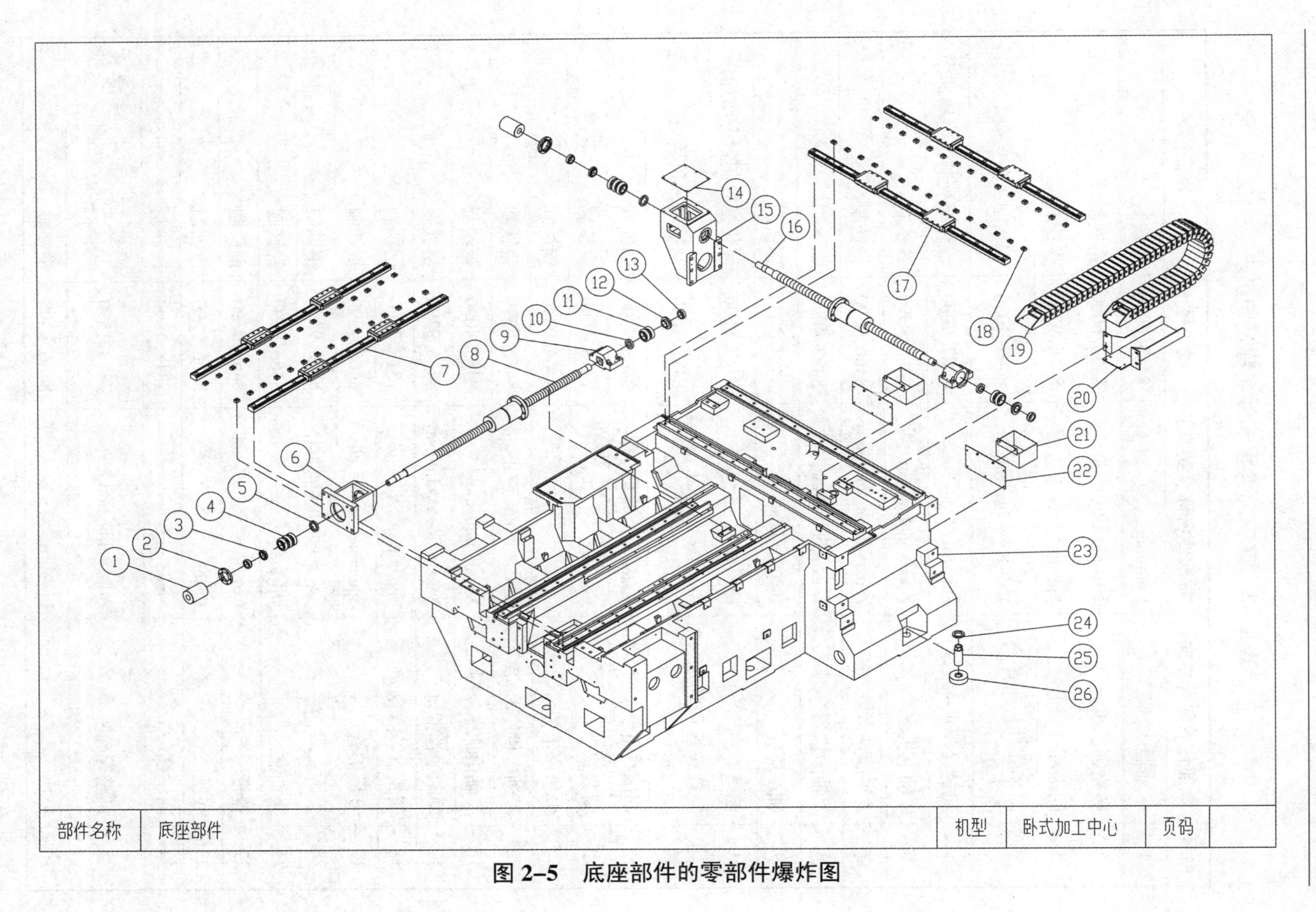


图 2–5 底座部件的零部件爆炸图

## 表2-3　底座部件零部件名称及归类表

| 序号 | 零部件名称（中文） | 零部件名称（英文） | 税　号 | 商品描述 |
|---|---|---|---|---|
| 1 | 联轴器 | Coupling | 8483.6000 | 钢铁制 |
| 2 | 螺帽轴承压盖 | Pushing cap | 8483.6000 | 钢铁制 |
| 3 | 间隔环（一） | Spacer | 8466.9390 | 钢铁制 |
| 4 | 滚珠螺杆用轴承（3个1组） | Ballscrew bearing | 8482.1030 | 钢铁制，角接触 |
| 5 | 油封（NOK-45629） | Oil seal | 8487.9000 | 硫化橡胶制，金属加强 |
| 6 | Z轴电机座 | Z-axis motor seat | 8466.9390 | 铸铁制 |
| 7 | Z轴线性滑轨 | Z-axis linear slideway | 8466.9390 | 钢铁制 |
| 8 | Z轴滚珠螺杆副 | Z-axis ballscrew | 8483.4090 | 钢铁制 |
| 9 | 轴承座 | Bearing seat | 8483.3000 | 钢铁制 |
| 10 | 油封 | Oil seal | 8487.9000 | 硫化橡胶制，金属加强 |
| 11 | 滚珠螺杆用轴承（2个1组） | Angular contact thrust bearing | 8482.1030 | 钢铁制，角接触 |
| 12 | 间隔环（二） | Spacer | 8466.9390 | 钢铁制 |
| 13 | 锁紧螺母 | Fix nut | 7318.1600 | 钢铁制 |
| 14 | 电机座上盖 |  | 8466.9390 | 钢铁制 |
| 15 | X轴电机座 | X-axis motor seat | 8466.9390 | 铸铁制 |
| 16 | X轴滚珠螺杆副 | X-axis ballscrew | 8483.4090 | 钢铁制 |
| 17 | X轴线性滑轨 | X-axis linear slideway | 8466.9390 | 钢铁制 |
| 18 | 斜销（X,Y,Z） | Taper pin（X,Y,Z） | 7318.2400 | 钢铁制 |
| 19 | 方形护管 | Squareness cable chain | 8466.9390 | 钢铁制 |
| 20 | 护管支架 | Cable chain bracket | 8466.9390 | 钢铁制 |
| 21 | 集油盒 | Oil tank | 8466.9390 | 钢铁制 |
| 22 | 盖板 | Cover | 8466.9390 | 钢铁制 |
| 23 | 底座 | Base | 8466.9390 | 铸铁制 |
| 24 | 固定螺母 | Fixed nut | 7318.1600 | 钢铁制 |
| 25 | 调整螺栓 | Adjustable bolt | 7318.1590 | 钢铁制，抗拉强度在800兆帕以下 |
| 26 | 垫块 | Levelling block | 8466.9390 | 钢铁制 |

## 二、立柱部件

立柱部件主要由立柱及轨道、螺杆、电机、轴承等组成，形成了机床的 Y 轴直线运动。

立柱部件的零部件爆炸图见图 2－6，零部件名称及归类见表 2－4。

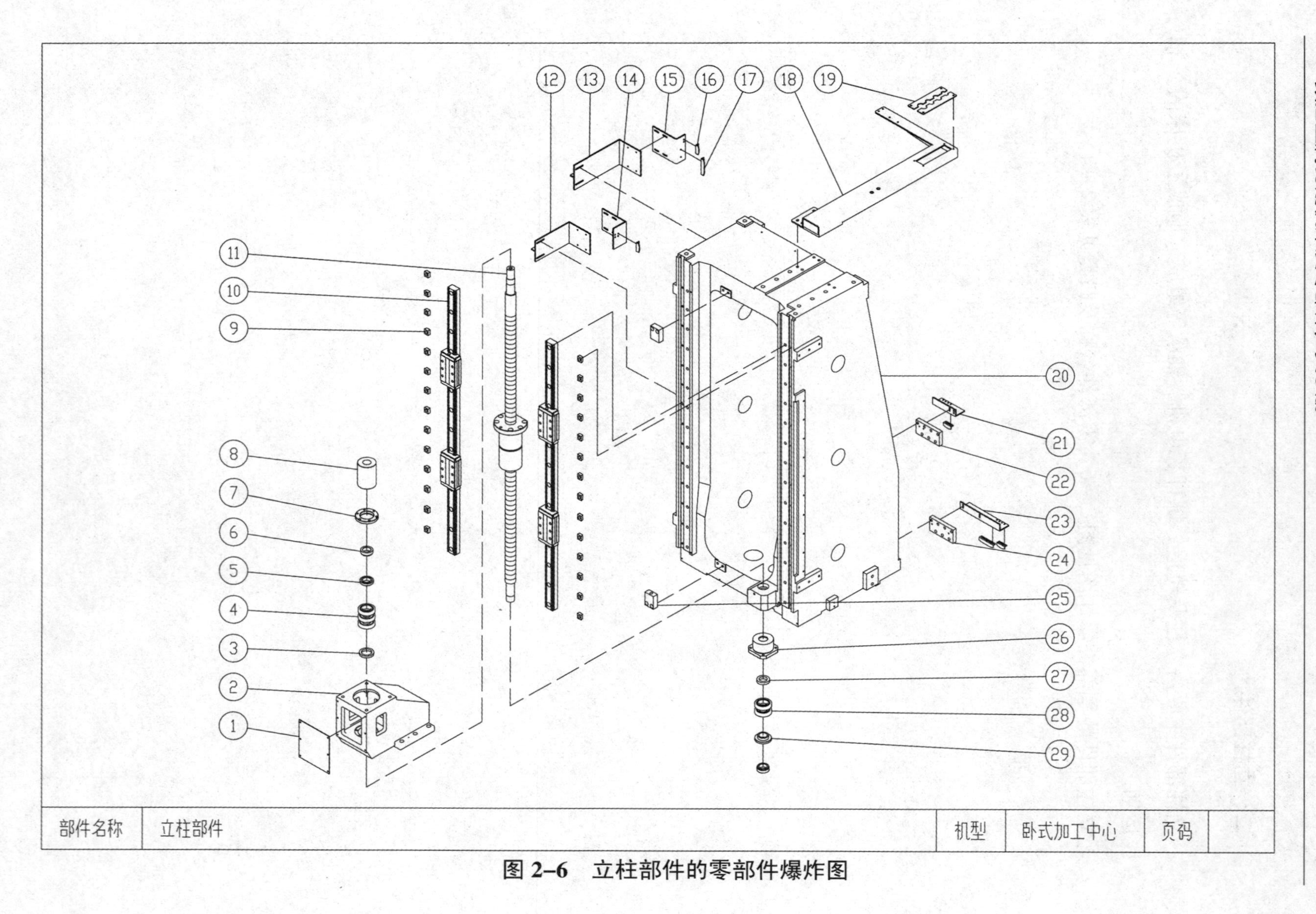


**图 2–6　立柱部件的零部件爆炸图**

**表 2-4　立柱部件零部件名称及归类表**

| 序号 | 零部件名称（中文） | 零部件名称（英文） | 税　号 | 商品描述 |
|---|---|---|---|---|
| 1 | 电机座上盖 | Upper cover | 8466.9390 | 钢铁制 |
| 2 | Y 轴马达座 | Y-axis motor seat | 8466.9390 | 铸铁制 |
| 3 | 油封（NOK-45629） | Oil seal | 8487.9000 | 硫化橡胶制，金属加强 |
| 4 | 滚珠螺杆用轴承 | Ballscrew bearing | 8482.1030 | 钢铁制、角接触 |
| 5 | 间隔环（一） | Spacer | 8466.9390 | 钢铁制 |
| 6 | 锁紧螺母 | Fix nut | 7318.1600 | 钢铁制 |
| 7 | 螺帽轴承压盖 | Pushing cap | 8466.9390 | 钢铁制 |
| 8 | 联轴器 | Coupilng | 8483.6000 | |
| 9 | 斜销（X,Y,Z） | Taper pin(X,Y,Z) | 7318.2400 | 钢铁制 |
| 10 | 线性滑轨 | Linear slideway | 8466.9390 | 钢铁制 |
| 11 | Y 轴滚珠螺杆副 | Y-axis ballscrew | 8483.4090 | 钢铁制 |
| 12 | Y 轴触块座（D） | Y-axis dog seat（D） | 8466.9390 | 钢铁制 |
| 13 | Y 轴触块座（A） | Y-axis dog seat（A） | 8466.9390 | 钢铁制 |
| 14 | Y 轴触块座（C） | Y-axis dog seat（C） | 8466.9390 | 钢铁制 |
| 15 | Y 轴触块座（B） | Y-axis dog seat（B） | 8466.9390 | 钢铁制 |
| 16 | 触块（X,Y,Z） | Y-axis dog（X,Y,Z） | 8466.9390 | 钢铁制 |
| 17 | 原点触块（X,Y,Z） | Origin dog（X,Y,Z） | 8466.9390 | 钢铁制 |
| 18 | 立柱管座 | Column pipe seat | 8466.9390 | 钢铁制 |
| 19 | 立柱管座盖 | Cover | 8466.9390 | 钢铁制 |
| 20 | 立柱 | Column | 8466.9390 | 铸铁制 |
| 21 | X 轴右触块座 | X-axis right dog seat | 8466.9390 | 钢铁制 |
| 22 | X 轴左滑轨压块 | X-axis leftpushing block | 8466.9390 | 钢铁制 |
| 23 | X 轴左触块座 | X-axis left dog seat | 8466.9390 | 钢铁制 |
| 24 | X 轴右滑轨压块 | X-axis right pushing block | 8466.9390 | 钢铁制 |
| 25 | 顶块 | Block | 8466.9390 | 钢铁制 |

表2－4 续

| 序号 | 零部件名称（中文） | 零部件名称（英文） | 税 号 | 商品描述 |
| --- | --- | --- | --- | --- |
| 26 | 轴承座 | Bearing seat | 8483.3000 | 钢铁制 |
| 27 | 油封 | Oil seal | 8487.9000 | 硫化橡胶制，金属加强 |
| 28 | 滚珠螺杆用轴承 | Angular contact thrust bearing | 8482.1030 | 钢铁制、角接触 |
| 29 | 间隔环（二） | Spacer | 8466.9390 | 钢铁制 |

## 三、主轴头部件

主轴头部件主要由主轴单元、打刀缸、主轴电机及主轴头等组成。其中，主轴单元完成了机床的主旋转运动。

主轴头部件的零部件爆炸图见图2－7，零部件名称及归类见表2－5。

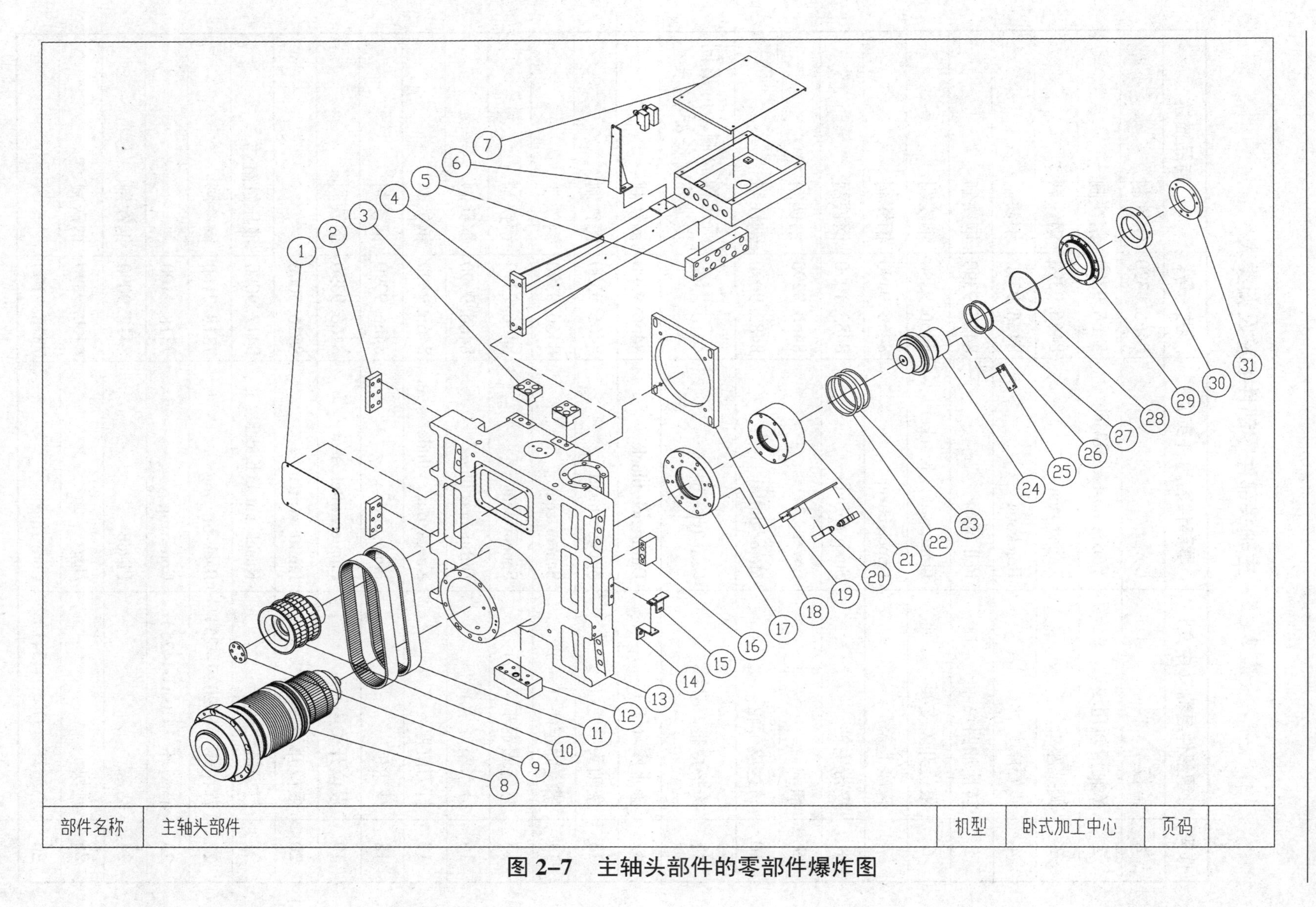


图 2-7　主轴头部件的零部件爆炸图

## 表 2-5 主轴头部件零部件名称及归类表

| 序号 | 零部件名称（中文） | 零部件名称（英文） | 税 号 | 商品描述 |
|---|---|---|---|---|
| 1 | 盖板 | Cover | 8466.9390 | 钢铁制 |
| 2 | Y 轴滑轨压块 | Y-axis pushing block | 8466.9390 | 钢铁制 |
| 3 | 调整座 | Adjust seat | 8466.9390 | 钢铁制 |
| 4 | 线管座 | Bracket | 8466.9390 | 钢铁制 |
| 5 | 转接油路块 | Foil block | 8466.9390 | 钢铁制 |
| 6 | 限位开关支架 | Limit switch bracket | 8466.9390 | 钢铁制 |
| 7 | 管座上盖 | Upper cover | 8466.9390 | 钢铁制 |
| 8 | 皮带主轴 | Strap spindle | 8483.1090 | 钢铁制 |
| 9 | 轴端盖 | Cover | 8466.9390 | 钢铁制 |
| 10 | 马达皮带轮 | Motor pulley | 8483.9000 | 钢铁制 |
| 11 | 齿形皮带 | Gear-type belt | 4010.3500 | 硫化橡胶制，齿形同步带外周长 85 厘米 |
| 12 | 分水座（下） | Diffluence block | 8466.9390 | 钢铁制 |
| 13 | 主轴头 | Spingle head | 8466.9390 | 铸铁制 |
| 14 | 感应固定座（一） | Sencor seat | 8466.9390 | 钢铁制 |
| 15 | 感应固定座（二） | Sencor seat | 8466.9390 | 钢铁制 |
| 16 | 分水座（后） | Diffluence block | 8466.9390 | 钢铁制 |
| 17 | 打刀缸座 | Knock out cylinder seat | 8466.9390 | 钢铁制 |
| 18 | 马达板 | Moto plate | 8466.9390 | 钢铁制 |
| 19 | 限位开关座 | Limite switch seat | 8466.9390 | 钢铁制 |
| 20 | 限位开关 | Limite switch | 8536.5000 | |
| 21 | 打刀缸 | Knock out cylinder | 8412.9090 | 液压缸缸体 |
| 22 | 背托环（S52029-425） | Back-up ring | 7318.2100 | 钢铁制 |
| 23 | 心型环（QUAD4425） | Core ring | 7318.2100 | |
| 24 | 活塞 | Piston | 8412.9090 | 钢铁制 |
| 25 | 碰块 | Dog | 8466.9390 | 钢铁制 |
| 26 | 心型环（QUAD4341） | Core ring | 7318.2100 | |

表2－5　续

| 序号 | 零部件名称（中文） | 零部件名称（英文） | 税　号 | 商品描述 |
|---|---|---|---|---|
| 27 | 背托环（S52028-341） | Back-up ring | 7318.2100 | 钢铁制 |
| 28 | O 型环（G125） | O-ring | 4016.9310 | 硫化橡胶制 |
| 29 | 打刀缸盖 | Cover | 8412.9090 | 钢铁制 |
| 30 | 油钢挡块 | Block | 8466.9390 | 钢铁制 |
| 31 | 油缸挡块压片 | Press board | 8466.9390 | 钢铁制 |

## 四、主轴组件

主轴组件简称主轴，主轴夹持刀具作旋转用来切削工件材料，完成铣、钻、镗、铰等加工动作。依主轴大小、最高转速、夹持方式进行分类。其主要由主轴心轴、轴承、主轴套筒及其他附件组成。

主轴组件的零部件爆炸图见图2－8，零部件名称及归类见表2－6。

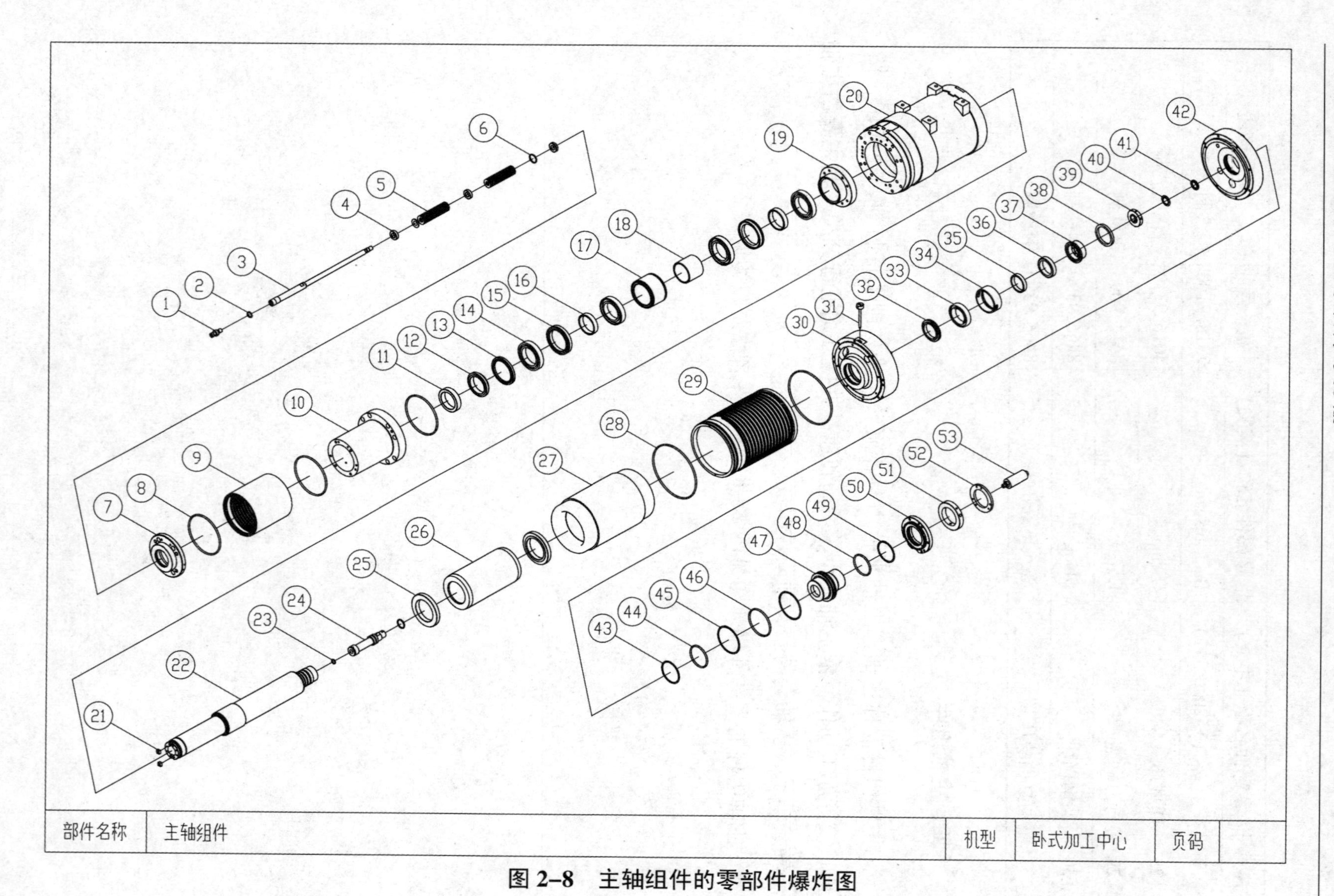


图 2-8　主轴组件的零部件爆炸图

**表2－6　主轴组件零部件名称及归类表**

| 序号 | 零部件名称（中文） | 零部件名称（英文） | 税　号 | 商品描述 |
| --- | --- | --- | --- | --- |
| 1 | 四瓣爪 | Jaw collet | 8466.9390 | 钢铁制 |
| 2 | O型环（P22） | O-ring | 4016.9310 | 硫化橡胶制 |
| 3 | 拉杆 | Draw bar | 8466.9390 | 钢铁制 |
| 4 | 盘形弹簧间隔环 | Spacer | 7318.2100 | 钢铁制 |
| 5 | 盘形弹簧 | Disk spring | 7320.2090 | 钢铁制 |
| 6 | O型环（P36） | O-ring | 4016.9310 | 硫化橡胶制 |
| 7 | 轴承前盖 | Cover | 8482.9900 | 用于滚动轴承 |
| 8 | O型环（G180） | O-ring | 4016.9310 | 硫化橡胶制 |
| 9 | 轴承冷却水套 | Water sleeve | 8466.9390 | 钢铁制 |
| 10 | 前轴承座 | Bearing seat | 8483.3000 | 钢铁制 |
| 11 | 锁紧螺帽 | Lock nut | 7318.1600 | 钢铁制 |
| 12 | 主轴间隔环（一） | Spacer | 8466.9390 | 钢铁制 |
| 13 | 主轴间隔环（二） | Spacer | 8466.9390 | 钢铁制 |
| 14 | 斜角滚珠轴承（4个1组） | Angular contact ball bearing | 8482.1030 | 钢铁制，角接触 |
| 15 | 主轴间隔环（三） | Spacer | 8466.9390 | 钢铁制 |
| 16 | 主轴间隔环（四） | Spacer | 8466.9390 | 钢铁制 |
| 17 | 主轴间隔环（五） | Spacer | 8466.9390 | 钢铁制 |
| 18 | 主轴间隔环（六） | Spacer | 8466.9390 | 钢铁制 |
| 19 | 轴承后盖 | Cover | 8482.9900 | 钢铁制 |
| 20 | 马达座 | Motor seat | 8503.0090 | 铸铁制 |
| 21 | 键 | Key | 8483.9000 | 钢铁制 |
| 22 | 芯轴 | Spindle | 8483.1090 | 钢铁制 |
| 23 | O型环（P18） | O-ring | 4016.9310 | 硫化橡胶制 |
| 24 | 连接杆 | Connection bar | 8466.9390 | 钢铁制 |
| 25 | 平衡块 | Balance block | 8466.9390 | 钢铁制 |
| 26 | 马达转子 | Motor rotor | 8503.0090 | |

表2－6　续

| 序号 | 零部件名称（中文） | 零部件名称（英文） | 税　号 | 商品描述 |
|---|---|---|---|---|
| 27 | 马达定子 | Motor stator | 8503.0090 | |
| 28 | O型环（G250） | O-ring | 4016.9310 | 硫化橡胶制 |
| 29 | 马达冷却水套 | Water sleeve | 8466.9390 | 钢铁制 |
| 30 | 后轴承座 | Bearing seat | 8483.3000 | 钢铁制 |
| 31 | 喷油管 | Spray oil pipe | 8424.9090 | 钢铁制 |
| 32 | 主轴间隔环（七） | Spacer | 8466.9390 | 钢铁制 |
| 33 | 斜角滚环轴承 | Angular contack bell bearing | 8482.1030 | 钢铁制 |
| 34 | 主轴间隔环（八） | Spacer | 8466.9390 | 钢铁制 |
| 35 | 主轴间隔环（九） | Spacer | 8466.9390 | 钢铁制 |
| 36 | 锁紧螺帽 | Lock nut | 7318.1600 | 钢铁制 |
| 37 | 感应器座 | Sensor seat | 8466.9390 | 钢铁制 |
| 38 | 主轴间隔环（十） | Spacer | 8466.9390 | 钢铁制 |
| 39 | 退刀环 | Ring | 7318.2100 | 钢铁制 |
| 40 | 梅花垫圈 | Sun washer | 7318.2100 | 钢铁制 |
| 41 | 固定螺帽 | Fix nut | 7318.1600 | 钢铁制 |
| 42 | 液压缸座 | Cylinder seat | 8412.9090 | 铸铁制 |
| 43 | 背托环（P95） | Back-up ring | 7318.2100 | 钢铁制 |
| 44 | O形环（P95） | O-ring | 4016.9310 | 硫化橡胶制 |
| 45 | 背托环（P120） | Back-up ring | 7318.2100 | 钢铁制 |
| 46 | O形环（P120） | O-ring | 4016.9310 | 硫化橡胶制 |
| 47 | 活塞 | Piston | 8412.9090 | 钢铁制 |
| 48 | O形环（P90） | O-ring | 4016.9310 | 硫化橡胶制 |
| 49 | 背托环（P90） | Back-up ring | 7318.2100 | 钢铁制 |
| 50 | 油缸盖 | Cylinder cover | 8412.9090 | 钢铁制 |
| 51 | 油缸压块 | Cylinder block | 8412.9090 | 钢铁制 |
| 52 | 压片 | Plate | 8412.9090 | 钢铁制 |
| 53 | 旋转接头 | Rotary connector | 8484.2000 | |

## 五、托板交换部件

托板交换部件又称 APC，用于将加工区及装件区的两个托板进行交换。托板交换部件的零部件爆炸图见图 2－9，零部件名称及归类见表 2－7。

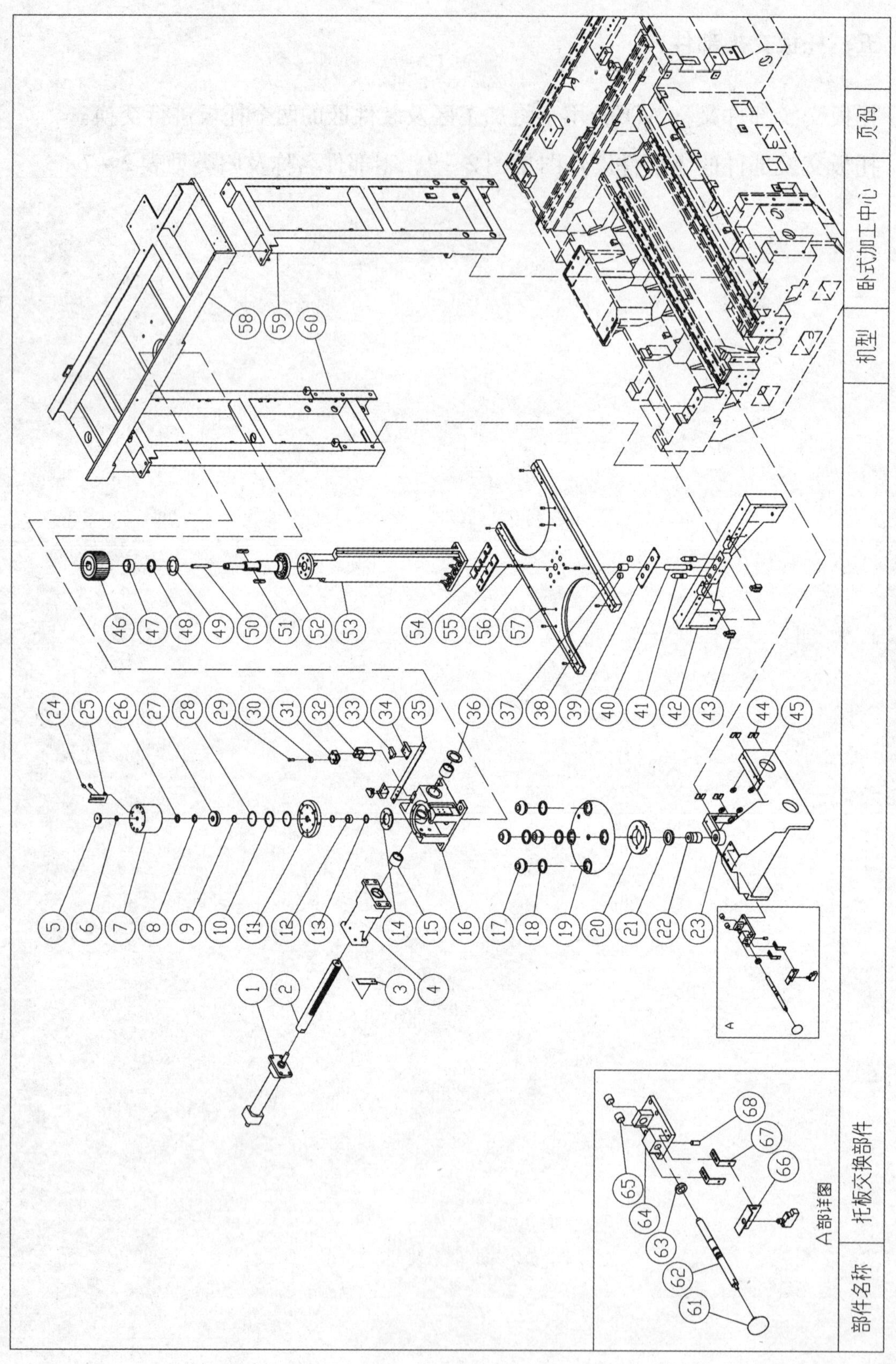


图 2–9 托板交换部件的零部件爆炸图

**表 2－7　托板交换部件零部件名称及归类表**

| 序号 | 零部件名称（中文） | 零部件名称（英文） | 税　号 | 商品描述 |
|---|---|---|---|---|
| 1 | 液压缸 | Hydraulic cylinder | 8412. 2100 | |
| 2 | 齿条 | Rack | 8483. 9000 | 钢铁制 |
| 3 | 碰块 | Dog | 8466. 9390 | 钢铁制 |
| 4 | 油缸支座 | Oil cylinde support | 8412. 9090 | 铸铁制 |
| 5 | 感应块 | Induction block | 8466. 9390 | 钢铁制 |
| 6 | 油封 | Oil seal | 8487. 9000 | 硫化橡胶制，金属增强 |
| 7 | 液压缸 | Hydraulic cylinder | 8412. 9090 | 钢铁制缸体 |
| 8 | 梅花垫圈 | Sun washer | 7318. 2100 | 钢铁制 |
| 9 | O 型环 | O-ring | 4016. 9310 | 硫化橡胶制 |
| 10 | 心型环 | Core ring | 7318. 2100 | |
| 11 | 上盖 | Upper cover | 7318. 2100 | 钢铁制 |
| 12 | 自润轴承 | Self-lubricating beating | 8483. 3000 | 滑动轴承 |
| 13 | 扣环 | Snap Ring | 7318. 2900 | 钢铁制 |
| 14 | 止推垫圈 | Stopping washer | 7318. 2100 | |
| 15 | 衬套 | Bushing | 7307. 9900 | 钢铁制 |
| 16 | 齿轮箱 | Gear box | 8483. 4090 | 铸铁制 |
| 17 | 下锥座 | Lower cone seat | 8466. 9390 | 钢铁制 |
| 18 | 下锥座间隔环 | Separate ring | 8466. 9390 | 钢铁制 |
| 19 | 支撑盘 | Support tray | 7318. 2100 | 铸铁制 |
| 20 | 定位环 | Locating ring | 7318. 2100 | 钢铁制 |
| 21 | 止推轴承 | Thrust bearing | 8482. 1040 | 钢铁制，推力球 |
| 22 | 固定轴 | Fixed shaft | 8466. 9390 | 钢铁制 |
| 23 | 支撑架 | Support bracket | 8466. 9390 | 铸铁制 |
| 24 | 近接开关 | Proximity switch | 8536. 5000 | |
| 25 | 感应器固定架 | Sensor bracket | 8466. 9390 | 钢铁制 |
| 26 | 固定螺母 | Fixed nut | 7318. 1600 | 钢铁制 |

表2－7　续1

| 序号 | 零部件名称（中文） | 零部件名称（英文） | 税　号 | 商品描述 |
|---|---|---|---|---|
| 27 | 活塞 | Piston | 8412.9090 | 钢铁制 |
| 28 | 背托环 | Back-up ring | 7318.2100 | 钢铁制 |
| 29 | 滚轮轴 | Roller shaft | 8466.9390 | 钢铁制 |
| 30 | 密封形凸轮轴承 | Bearing | 8482.1020 | 钢铁制，深沟球 |
| 31 | 滚轮座 | Roller seat | 8466.9390 | 钢铁制 |
| 32 | 固定座 | Fix seat | 8466.9390 | 钢铁制 |
| 33 | 极限开关 | Limit switch | 8536.5000 | |
| 34 | 感应座 | Sensor seat | 8466.9390 | 钢铁制 |
| 35 | 支架 | Bracket | 8466.9390 | 钢铁制 |
| 36 | 挡板 | Stopping plate | 8466.9390 | 钢铁制 |
| 37 | 自润轴承 | Self-lubricating bearing | 8483.3000 | 滑动轴承 |
| 38 | 衬套 | Bushing | 7307.9900 | |
| 39 | 挡片 | Stopping plate | 8466.9300 | 钢铁制 |
| 40 | 销 | Pin | 7318.2400 | 钢铁制 |
| 41 | 定位销 | Locating pin | 7318.2400 | 钢铁制 |
| 42 | 护罩支座 | Guard support | 8466.9390 | 铸铁制 |
| 43 | 定位块 | Locating block | 8466.9390 | 钢铁制 |
| 44 | 垫块 | Block | 8466.9390 | 钢铁制 |
| 45 | 垫圈 | Washer | 7318.2100 | 钢铁制 |
| 46 | 齿轮 | Gear | 8483.9000 | 钢铁制 |
| 47 | 自润轴承 | Self-lubricating bearing | 8483.3000 | 滑动轴承 |
| 48 | 油封 | Oil seal | 8487.9000 | 硫化橡胶制，金属增强 |
| 49 | 封盖 | Cover | 7318.2100 | 钢铁制 |
| 50 | 伸缩轴 | Flex shaft | 8483.1090 | 钢铁制 |
| 51 | 键 | Key | 8483.9000 | 钢铁制 |
| 52 | 芯轴 | Mandrel | 8483.1090 | 钢铁制 |
| 53 | 旋转轴 | Turning shaft | 8483.1090 | 钢铁制 |
| 54 | 垫片 | Pad | 7318.2100 | 钢铁制 |

表2－7　续2

| 序号 | 零部件名称（中文） | 零部件名称（英文） | 税　号 | 商品描述 |
|---|---|---|---|---|
| 55 | 定位锥销 | Locating cone pin | 7318.2400 | 钢铁制 |
| 56 | 托板交换臂 | Exchange arm | 8466.9390 | 钢铁制 |
| 57 | 定位直销 | Locating Straight pin | 7318.2400 | 钢铁制 |
| 58 | 上支架 | Upper bracket | 8466.9390 | 钢铁制 |
| 59 | 右支架 | Right bracket | 8466.9390 | 钢铁制 |
| 60 | 左支架 | Left bracket | 8466.9390 | 钢铁制 |
| 61 | 把手 | Handle bar | 8466.9390 | |
| 62 | 定位销 | Locating pin | 7318.2400 | 钢铁制 |
| 63 | 碰块 | Dog | 8466.9390 | 钢铁制 |
| 64 | 定位销滑动座 | Glide seat | 8466.9390 | 钢铁制 |
| 65 | 自润轴承 | Self-lubricating bearing | 8483.3000 | 滑动轴承 |
| 66 | 支架 | Bracket | 8466.9390 | 钢铁制 |
| 67 | 支架 | Bracket | 8466.9390 | 钢铁制 |
| 68 | 定位柱 | Spring plunger | 8466.9390 | 钢铁制 |

## 六、回转工作台部件

回转工作台部件即数控分度转台，可加工工件的各个侧面，也可作多个坐标的联合运动，以便加工复杂的空间曲面。

回转工作台部件的零部件爆炸图见图2－10，零部件名称及归类见表2－8。

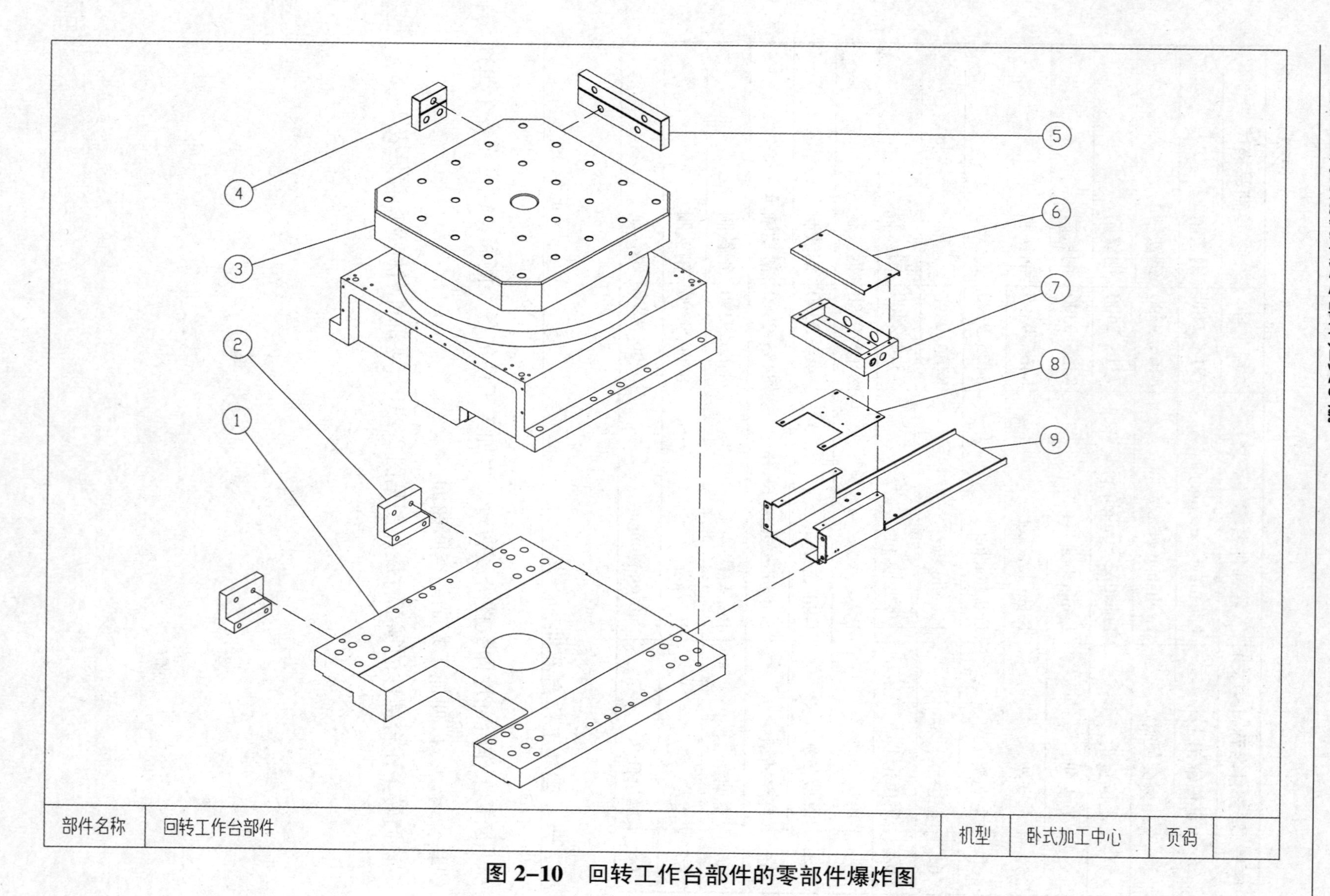


图 2-10 回转工作台部件的零部件爆炸图

表2－8　回转工作台部件零部件名称及归类表

| 序号 | 零部件名称（中文） | 零部件名称（英文） | 税　号 | 商品描述 |
| --- | --- | --- | --- | --- |
| 1 | 工作台滑座 | Slide seat | 8466.9390 | 铸铁制 |
| 2 | Z 轴滑轨压块 | Z-axis press block | 8466.9390 | 钢铁制 |
| 3 | 回转工作台 | Index table | 8466.9390 | 钢铁制 |
| 4 | 右基准块 | Right datum block | 8466.9390 | 钢铁制 |
| 5 | 前基准块 | Front datum block | 8466.9390 | 钢铁制 |
| 6 | 盖板 | Cover | 8466.9390 | 钢铁制 |
| 7 | 配线盒 | Wire distribution box | 8538.1090 | 钢铁制 |
| 8 | 盖 | Cover | 8466.9390 | 钢铁制 |
| 9 | 支架 | Bracket | 8466.9390 | 钢铁制 |

## 第三节　刀库系统

刀库系统是完成机床自动换刀的部件，依据储刀库的形式可分为斗笠式刀库、圆盘式刀库（又称刀臂式刀库）、链条式刀库等。一般为整体采购。

刀库系统的零部件爆炸图见图2－11，零部件名称及归类见表2－9。

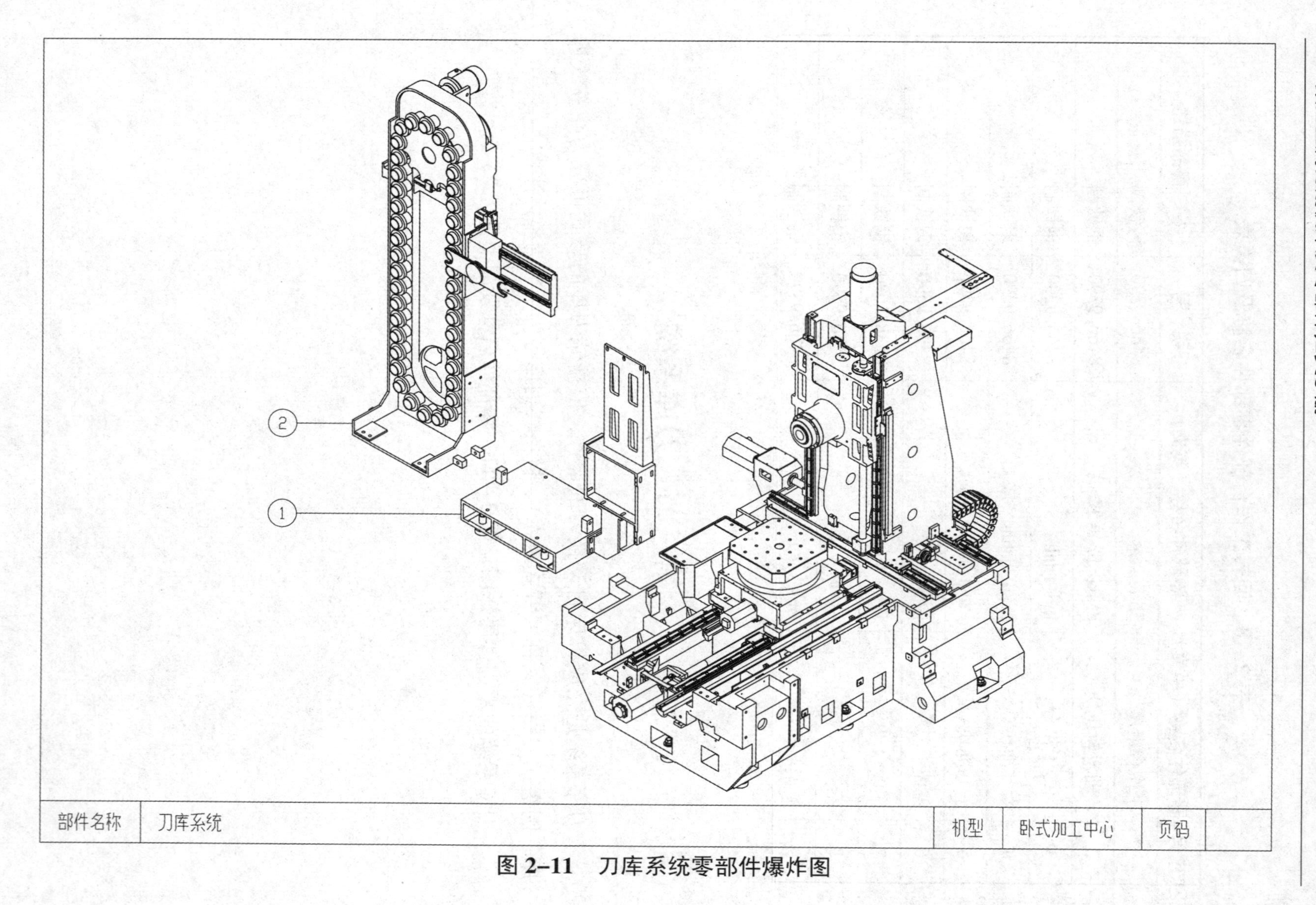


图 2–11　刀库系统零部件爆炸图

**表 2－9　刀库系统零部件名称及归类表**

| 序号 | 零部件名称（中文） | 零部件名称（英文） | 税　号 | 商品描述 |
| --- | --- | --- | --- | --- |
| 1 | 刀库安装界面座 | Tool magazine install interface | 8466. 9390 | 钢铁制 |
| 2 | 刀库本体 | Tool magazine noumenon | 8466. 9310 | 钢铁制 |

# 第四节　电气系统

电气系统含数控系统、人机界面及电气控制元件，主要由电机单元及电控操作单元组成。

电气系统的零部件爆炸图见图 2－12，零部件名称及归类见表 2－10。

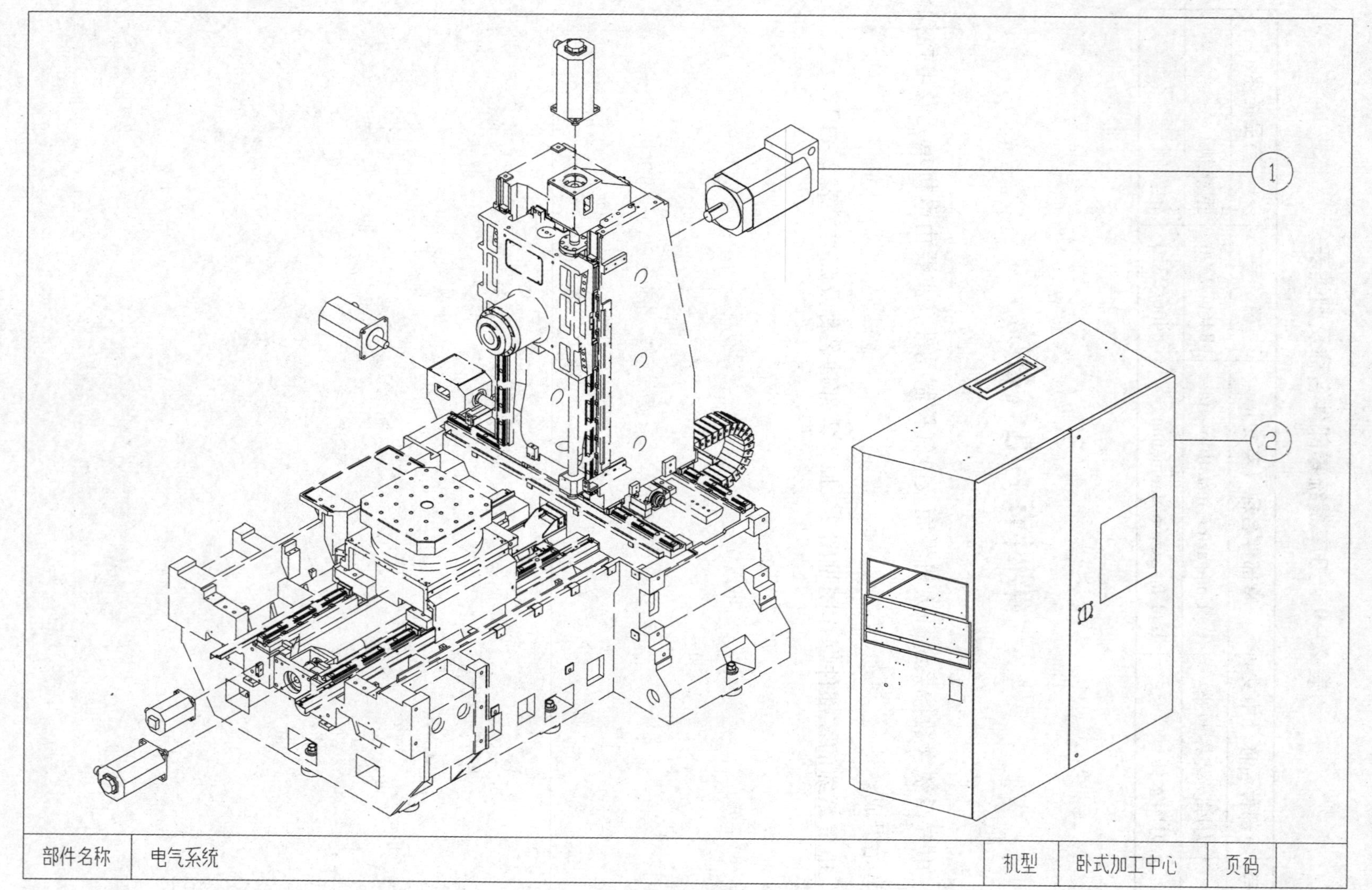


图 2-12　电气系统零部件爆炸图

表 2-10 电气系统零部件名称及归类表

| 序号 | 零部件名称（中文） | 零部件名称（英文） | 税 号 | 商品描述 |
|---|---|---|---|---|
| 1 | 电机单元 | Motor unit | 8501.5200 | 三相交流输出功率7.5千瓦 |
| 2 | 电控操作单元 | Control operation unit | 8537.1019 | |

## 一、电机单元

电机单元是机床的动力源，主要由主轴电机及伺服电机组成，主轴电机带动主轴作旋转运动，伺服电机带动三轴进给系统作直线运动。

电机单元的零部件爆炸图见图2-13，零部件名称及归类见表2-11。

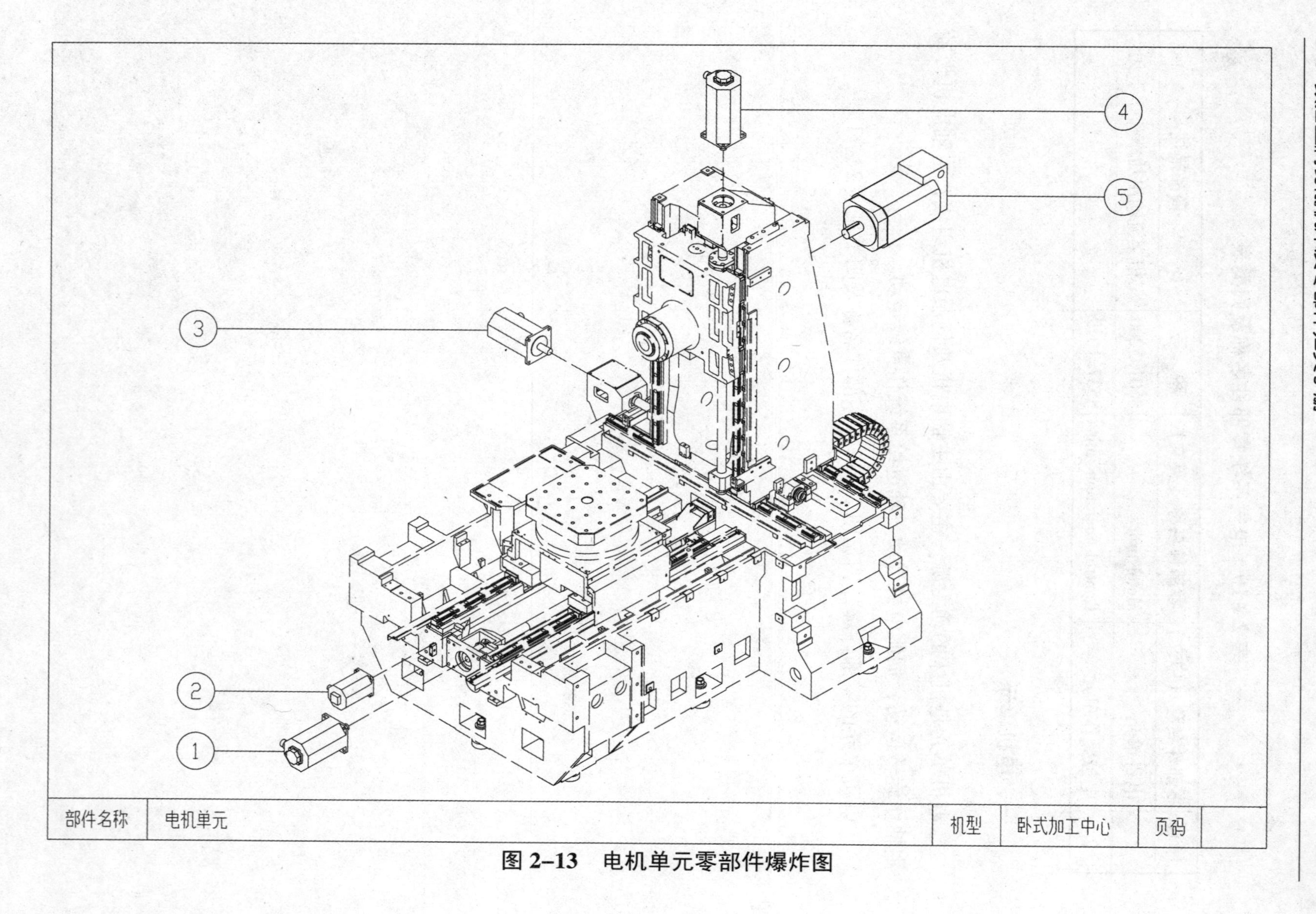


图 2–13　电机单元零部件爆炸图

**表2-11　电机单元零部件名称及归类表**

| 序号 | 零部件名称（中文） | 零部件名称（英文） | 税　号 | 商品描述 |
|---|---|---|---|---|
| 1 | Z轴伺服电机 | Z-axis sevor moter | 850.15200 | 三相交流输出功率4千瓦 |
| 2 | B轴伺服电机 | B-axis sevor moter | 8501.5200 | 三相交流输出功率4千瓦 |
| 3 | X轴伺服电机 | X-axis sevor moter | 8501.5200 | 三相交流输出功率4千瓦 |
| 4 | Y轴伺服电机 | Y-axis sevor moter | 8501.5200 | 三相交流输出功率4千瓦 |
| 5 | 主轴电机 | Spindle moter | 8501.5200 | 三相交流输出功率7.5千瓦 |

## 二、电控操作单元

电控操作单元由电控和操作两部分构成。

电控单元，主要由电源模块、主轴/伺服模块、I/O模块及各类电气元件组成。其功能是通过伺服系统及电气元件来执行操作单元发出的指令，完成机床的运动。

操作单元，由人机界面及数控系统（NC）组成，人机界面则由显示单元、操作面板、手轮等组成，用于人员对机床的操控。

电控操作单元的零部件爆炸图见图2-14，零部件名称及归类见表2-12。

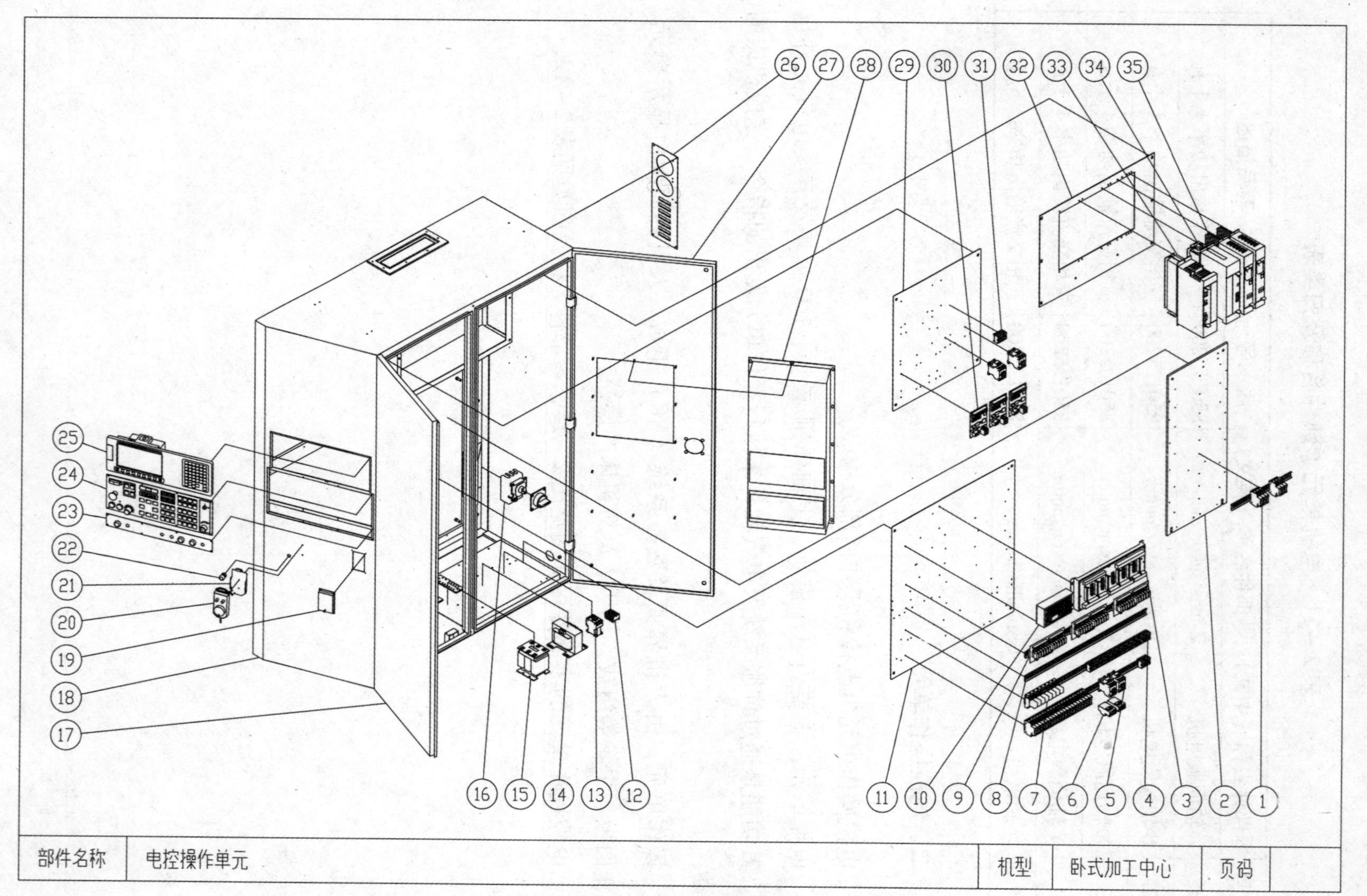


图 2-14 电控操作单元零部件爆炸图

**表 2－12　电控操作单元零部件名称及归类表**

| 序号 | 零部件名称（中文） | 零部件名称（英文） | 税　号 | 商品描述 |
| --- | --- | --- | --- | --- |
| 1 | 电磁接触器 | Contactors CN-55L | 8536.4900 | 用于 220 伏线路 |
| 2 | 强电底板 | Board | 8538.1090 | 钢铁制 |
| 3 | 面板转接板 | Turm panel | 8536.9090 | 用于 220 伏线路 |
| 4 | 端子台 | Terminals block | 8536.9019 | 用于 220 伏线路 |
| 5 | 电磁接触器（1A110V） | Contactors | 8536.4900 | 用于 220 伏线路 |
| 6 | 热过载继电器 | Thermal overcurrent releases | 8536.4900 | 用于 220 伏线路 |
| 7 | 中间继电器 | Relays | 8536.4900 | 用于 220 伏线路 |
| 8 | 铝轨 | Aluminum track | 8538.9000 | |
| 9 | 继电器模组 | Relays board | 8536.4900 | 用于 220 伏线路 |
| 10 | 电源供应器 | Power supply | 8504.4014 | 交流转化为直流 |
| 11 | 强电底板 | Board | | 钢铁制 |
| 12 | 端子台 | Terminals block（7P） | 8536.9019 | 用于 220 伏线路 |
| 13 | 变压器 | Transformer | 8504.3190 | 液体介质 |
| 14 | 电抗 | Reactance | 8504.5000 | |
| 15 | 电磁接触器 | Contactors（CN-50L） | 8536.4900 | 用于 220 伏线路 |
| 16 | 无熔丝开关 | Three-pole breakers | 8536.5000 | 用于 220 伏线路 |
| 17 | 电气箱左门 | Left door | 8538.1090 | 钢铁制 |
| 18 | 电气箱 | Electrical cabinet | 8538.1090 | 钢铁制 |
| 19 | 接口 | RS232 | 8536.6900 | 用于 220 伏线路 |
| 20 | 分离式脉波发生器 | M. P. G | 8543.7099 | 又称“手轮” |
| 21 | 手轮固定架 | M. P. G box | 8538.9000 | |
| 22 | PG9 防水接头 | PG9 tie-in | 3926.9010 | 塑料制 |
| 23 | 辅助操作面板 | Auxiliary panel | 8538.1090 | 装有操作按钮和机床工作状态显示灯 |
| 24 | 操作面板 | Operator's panel | 8537.1090 | |
| 25 | 控制器 | CNC | 8537.1019 | |

表2－12　续

| 序号 | 零部件名称（中文） | 零部件名称（英文） | 税　号 | 商品描述 |
|---|---|---|---|---|
| 26 | 风盖 | Cover | 8538.9000 | |
| 27 | 电气箱右门 | Right door | 8538.9000 | 钢铁制 |
| 28 | 电控柜热交换器 | Heat exchanger | 8538.9000 | 散热排管加风扇 |
| 29 | 强电底板 | Board | 8538.9000 | 钢铁制 |
| 30 | I/O 卡 | I/O Module | 8538.9000 | |
| 31 | 端子台（8P） | Terminals block（8P） | 8536.9019 | 用于220伏线路 |
| 32 | AMP 固定板 | AMP fixed plate | 8538.9000 | 钢铁制 |
| 33 | 主轴伺服放大器 | Amplifier（SP） | 9032.8990 | |
| 34 | X 轴伺服放大器 | Amplifier（X AX） | 9032.8990 | |
| 35 | YZ 轴伺服放大器 | Amplifier（YZ AX） | 9032.8990 | |

## 第五节　防护系统

防护系统，用于保护机床，使床体表面免受外界的腐蚀和破坏；同时也将机床切割工件时的运动部件与外界隔离，以保证加工精度，避免对人员造成伤害。

防护系统根据安装位置的不同，又可分为：内防护单元和外防护单元。

防护系统的零部件爆炸图见图2－15，零部件名称及归类见表2－13。

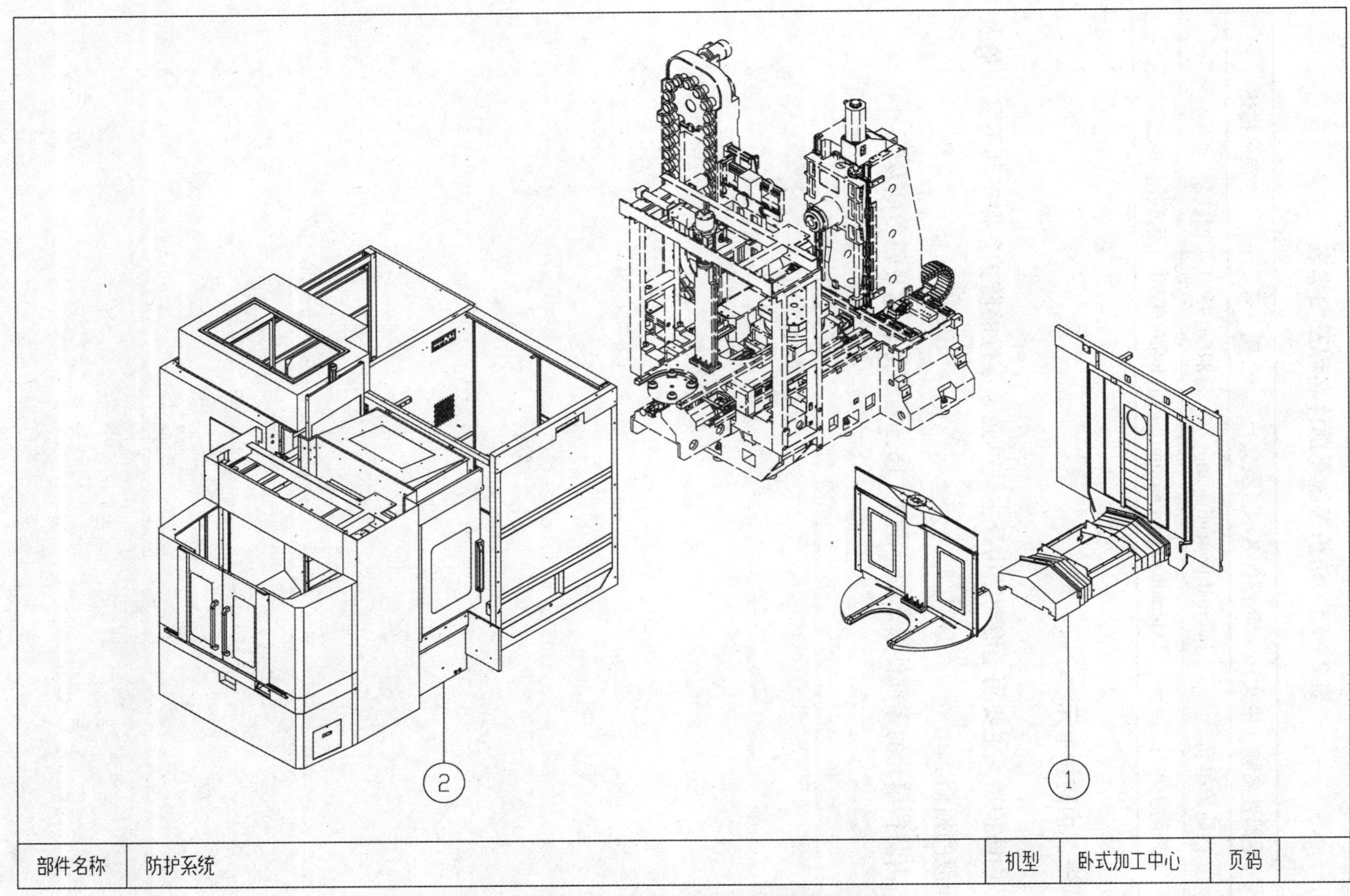


图 2-15　防护系统零部件爆炸图

**表 2-13 防护系统零部件名称及归类表**

| 序号 | 零部件名称（中文） | 零部件名称（英文） | 税 号 | 商品描述 |
|---|---|---|---|---|
| 1 | 内防护单元 | Internal protection unit | 8466.9390 | 钢铁制 |
| 2 | 外防护单元 | External protection unit | 8466.9390 | 钢铁制 |

## 一、内防护单元

内防护单元主要用于传动结构及主轴单元等零件的防护，保护其不受残屑及冷却液的损伤。

内防护单元的零部件爆炸图见图 2-16，零部件名称及归类见表 2-14。

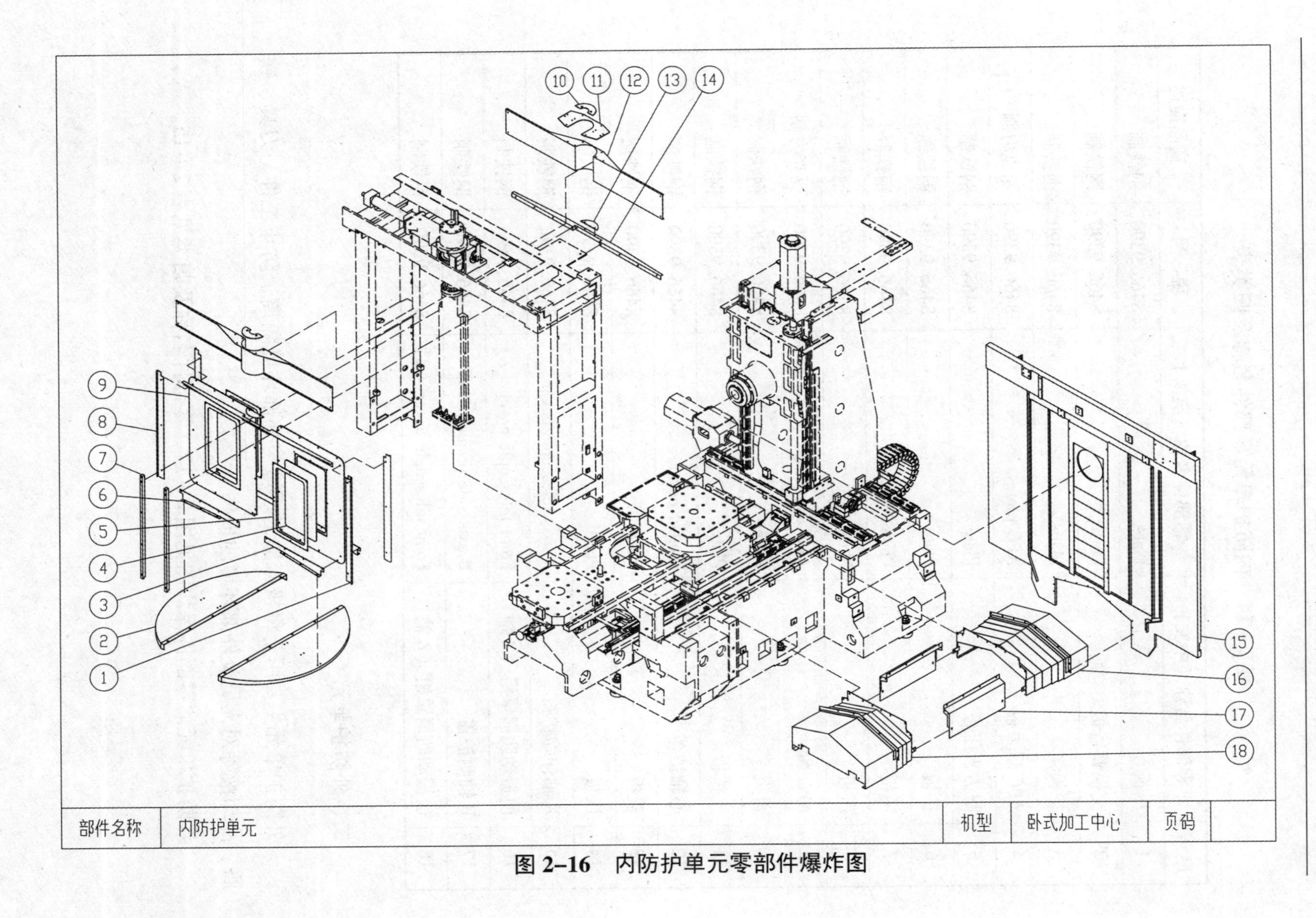


图 2-16 内防护单元零部件爆炸图

表 2－14 内防护单元零部件名称及归类表

| 序号 | 零部件名称（中文） | 零部件名称（英文） | 税 号 | 商品描述 |
|---|---|---|---|---|
| 1 | 压板 | Plate | 8466.9390 | 钢铁制 |
| 2 | 交换臂盖板 | Cover | 8466.9390 | 钢铁制 |
| 3 | 护板 | Plate | 8466.9390 | 钢铁制 |
| 4 | APC 耐力板 | APC plate | 8466.9390 | 亚克力制 |
| 5 | 耐力板压板 | Plate | 8466.9390 | 钢铁制 |
| 6 | 护板 | Plate | 8466.9390 | 钢铁制 |
| 7 | 压板 | Plate | 8466.9390 | 钢铁制 |
| 8 | 压板 | Plate | 8466.9390 | 钢铁制 |
| 9 | APC 窗 | APC window | 8466.9390 | 亚克力制 |
| 10 | 盖板 | Plate | 8466.9390 | 钢铁制 |
| 11 | 支撑板 | Plate | 8466.9390 | 钢铁制 |
| 12 | 心轴护盖 | Protect cover | 8466.9390 | 钢铁制 |
| 13 | 盖板 | Plate | 8466.9390 | 钢铁制 |
| 14 | 压板 | Plate | 8466.9390 | 钢铁制 |
| 15 | X 轴伸缩护盖 | X-axis telescopic cover | 8466.9390 | 钢铁制 |
| 16 | 前振动防屑罩組（Z 轴） | Front telescopic cover（Z） | 8466.9390 | 钢铁制 |
| 17 | B 轴侧护盖 | B-axis side protect cover | 8466.9390 | 钢铁制 |
| 18 | 前振动防屑罩組（Z 轴） | Front telescopic cover（Z） | 8466.9390 | 钢铁制 |

## 二、外防护单元

外防护单元主要用于将机床加工环境与外部环境隔离，防止工件、刀具、铁屑、冷却液等对人员及外部环境的损伤。

外防护单元的零部件爆炸图见图 2－17，零部件名称及归类见表 2－15。

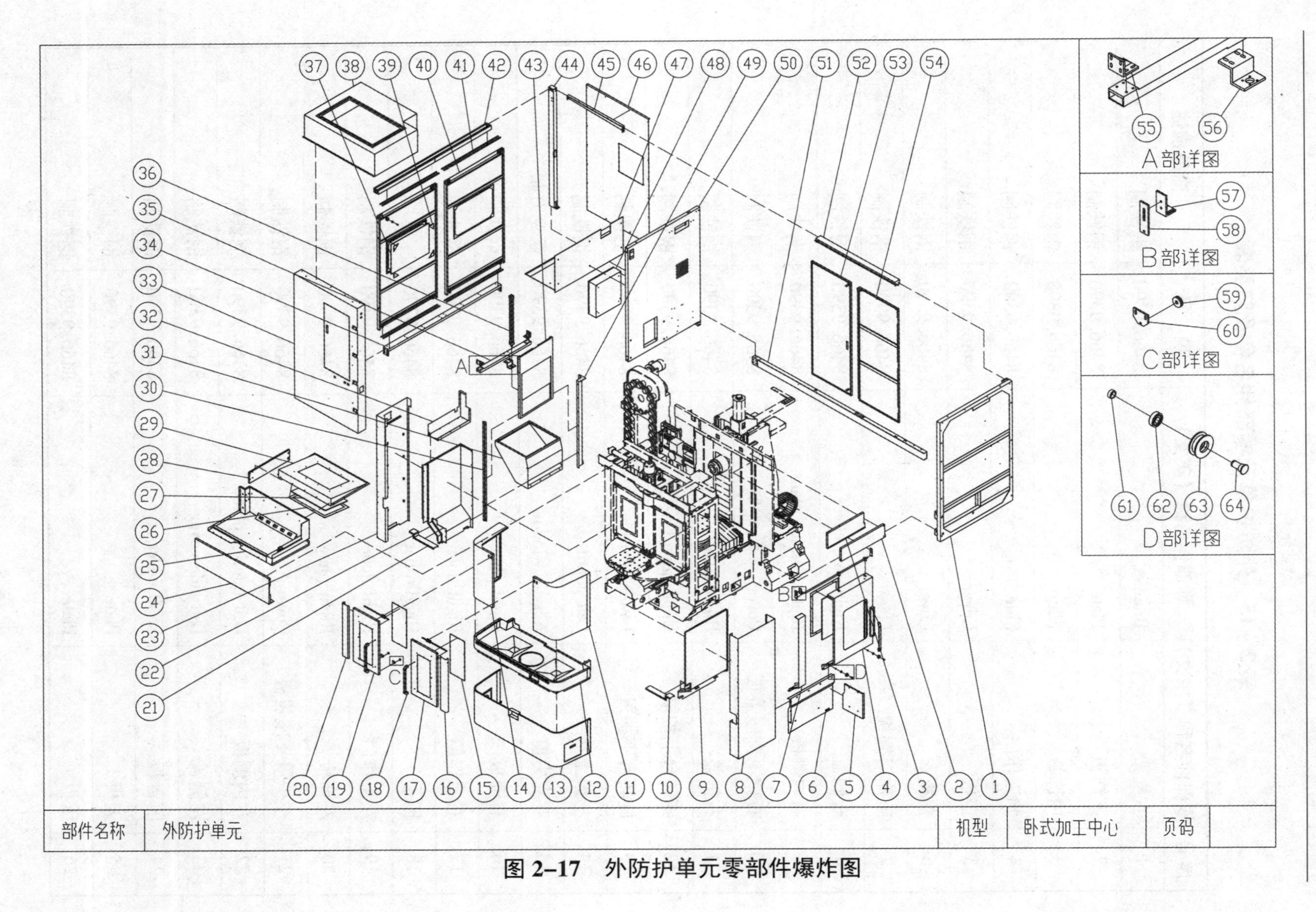


图 2-17 外防护单元零部件爆炸图

## 表2－15　外防护单元零部件名称及归类表

| 序号 | 零部件名称（中文） | 零部件名称（英文） | 税　号 | 商品描述 |
|---|---|---|---|---|
| 1 | 右支架 | Bracket | 8466.9390 | 钢铁制 |
| 2 | 上饰板 | Plate | 8466.9390 | 钢铁制 |
| 3 | 内饰板 | Plate | 8466.9390 | 钢铁制 |
| 4 | 侧工作门 | Side door | 8466.9390 | 钢铁制 |
| 5 | 盖板 | Cover | 8466.9390 | 钢铁制 |
| 6 | 盖板 | Cover | 8466.9390 | 钢铁制 |
| 7 | 工作门侧板 | Plate | 8466.9390 | 钢铁制 |
| 8 | 右侧盖 | Right side cover | 8466.9390 | 钢铁制 |
| 9 | 右内侧板 | Right interior plate | 8466.9390 | 钢铁制 |
| 10 | 右护罩支座盖板 | Cover | 8466.9390 | 钢铁制 |
| 11 | 右护盖 | Right guard | 8466.9390 | 钢铁制 |
| 12 | 旋转台上护罩 | Upper guard | 8466.9390 | 钢铁制 |
| 13 | 旋转台下护罩 | Lower guard | 8466.9390 | 钢铁制 |
| 14 | 左护盖 | Left guard | 8466.9390 | 钢铁制 |
| 15 | 亚克力窗 | Acrylic window | 8466.9390 | 亚克力制 |
| 16 | 右饰板 | Right plate | 8466.9390 | 钢铁制 |
| 17 | 右工作门 | Right door | 8466.9390 | 钢铁制 |
| 18 | 把手 | Handle bar | 8466.9390 | |
| 19 | 左工作门 | Right door | 8466.9390 | 钢铁制 |
| 20 | 左饰板 | Right plate | 8466.9390 | 钢铁制 |
| 21 | 左护罩支座盖板 | Cover | 8466.9390 | 钢铁制 |
| 22 | 左内侧板 | Left interior plate | 8466.9390 | 钢铁制 |
| 23 | 左侧盖 | Left side cover | 8466.9390 | 钢铁制 |
| 24 | 前盖板 | Front cover | 8466.9390 | 钢铁制 |
| 25 | 天板 1 | Plate | 8466.9390 | 钢铁制 |
| 26 | 压板 | Plate | 8466.9390 | 钢铁制 |

表2－15　续1

| 序号 | 零部件名称（中文） | 零部件名称（英文） | 税　号 | 商品描述 |
|---|---|---|---|---|
| 27 | 窗口 | Window | 8466.9390 | 亚克力制 |
| 28 | 导水箱前遮板 | Plate | 8466.9390 | 钢铁制 |
| 29 | 天板 2 | Plate | 8466.9390 | 钢铁制 |
| 30 | 左遮缝板 | Plate | 8466.9390 | 钢铁制 |
| 31 | 刀库导水箱 | Box | 8466.9390 | 钢铁制 |
| 32 | 天板 3 | Plate | 8466.9390 | 钢铁制 |
| 33 | 强电箱 | Electrical cabinet | 8537.2090 | 钢铁制 |
| 34 | 下轨座 | Lower thack seat | 8466.9390 | 钢铁制 |
| 35 | ATC 门梁 | ATC door girder | 8466.9390 | 钢铁制 |
| 36 | 空压缸 | Cylinder | 8412.3100 | 钢铁制 |
| 37 | 刀库门视窗 | Window | 7007.1900 | 钢化玻璃制 |
| 38 | 刀库上盖 | Upper cover | 8466.9390 | 钢铁制 |
| 39 | 压板 | Plate | 8466.9390 | 钢铁制 |
| 40 | 刀库门 | Tool magazine door | 8466.9390 | 钢铁制 |
| 41 | 门轨 | Track | 8466.9390 | 钢铁制 |
| 42 | 上轨座 | Upper thack seat | 8466.9390 | 钢铁制 |
| 43 | ATC 门 | ATC door | 8466.9390 | 钢铁制 |
| 44 | 角柱 | Corner pillar | 8466.9390 | 钢铁制 |
| 45 | 上连接架 | Connecting bracket | 8466.9390 | 钢铁制 |
| 46 | 后护板 | Rear Guard | 8466.9390 | 钢铁制 |
| 47 | 固定架 | Fixed bracket | 8466.9390 | 钢铁制 |
| 48 | 箱子 | Box | 8466.9390 | 钢铁制 |
| 49 | 右遮缝板 | Plate | 8466.9390 | 钢铁制 |
| 50 | 左支架 | Bracket | 8466.9390 | 钢铁制 |
| 51 | 连接架 | Connecting bracket | 8466.9390 | 钢铁制 |
| 52 | 前梁 | Front beam | 8466.9390 | 钢铁制 |
| 53 | 后右门 | Rear-right door | 8466.9390 | 钢铁制 |
| 54 | 后左门 | Rear-left door | 8466.9390 | 钢铁制 |

表2－15　续2

| 序号 | 零部件名称（中文） | 零部件名称（英文） | 税　号 | 商品描述 |
|---|---|---|---|---|
| 55 | 梁架 | Beam bracket | 8466.9390 | 钢铁制 |
| 56 | 气缸座 | Cylinder seat | 8412.9090 | 钢铁制 |
| 57 | 上滑轨调整板 | Adjusting plate | 8466.9390 | 钢铁制 |
| 58 | 上滑轨固定架 | Fix bracket | 8466.9390 | 钢铁制 |
| 59 | 门用轴承 | Bearing | 8482.1090 | 钢铁制，滚珠轴承 |
| 60 | 调整片 | Adjusting plate | 8466.9390 | 钢铁制 |
| 61 | 间隔环 | Spacer | 8466.9390 | 钢铁制 |
| 62 | 深槽滚珠轴承 | Deep groove ball bearing | 8482.1020 | 钢铁制，深沟球 |
| 63 | 滚轮 | Roller | 8483.9000 | 钢铁制 |
| 64 | 芯轴 | Shaft | 8483.1090 | 钢铁制 |

## 第六节　冷却系统

冷却系统包括冷却泵浦及管路，用于加工冷却及冲屑。

冷却系统的零部件爆炸图见图2－18，零部件名称及归类见表2－16。

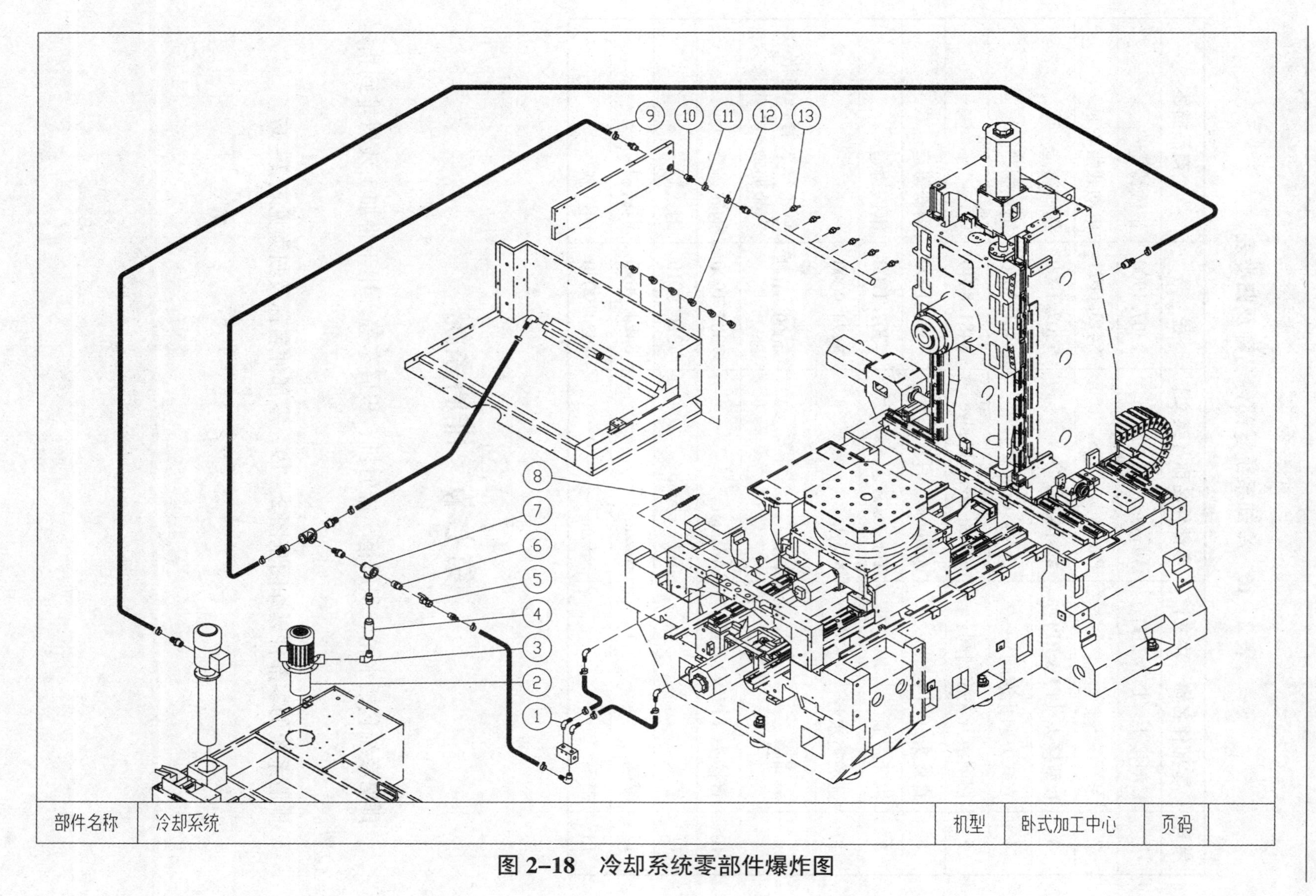


图 2-18　冷却系统零部件爆炸图

**表 2-16　冷却系统零部件名称及归类表**

| 序号 | 零部件名称（中文） | 零部件名称（英文） | 税　号 | 商品描述 |
|---|---|---|---|---|
| 1 | L 型接头（PT×PH） | Adapter | 7307.1900 | 钢铁铸造 |
| 2 | 泵 | Pump | 8413.6021 | 电动式齿轮泵 |
| 3 | L 型接头（PT×PT） | Adapter | 7307.1900 | 钢铁铸造 |
| 4 | 立式方向止逆阀 | Check valve | 8481.3000 | 钢铁制 |
| 5 | 切削液开关控制阀 | Switch control valve | 8481.8040 | |
| 6 | 直接头（PT×PT） | Adapter | 7307.1900 | 钢铁铸造 |
| 7 | 内牙三通 | Three way | 7307.1900 | 钢铁铸造 |
| 8 | 圆嘴喷水管 | Nozzle | 8424.9090 | |
| 9 | 耐油管 | Hose | 4009.3100 | 硫化橡胶管，内嵌纺织品加强，不带接头 |
| 10 | 直接头（PT×PH） | Adapter | 7307.1900 | 钢铁铸造 |
| 11 | 管束 | Tube clamp | 7326.9010 | 钢铁制 |
| 12 | 喷嘴 | Nozzle | 8424.9090 | 钢铁制 |
| 13 | 喷嘴 | Nozzle | 8424.9090 | 钢铁制 |

# 第七节　排屑系统

排屑系统包括水箱、积屑箱、排屑机、积屑车等，用于将加工残屑排到指定位置。

排屑系统的零部件爆炸图见图 2-19，零部件名称及归类见表 2-17。

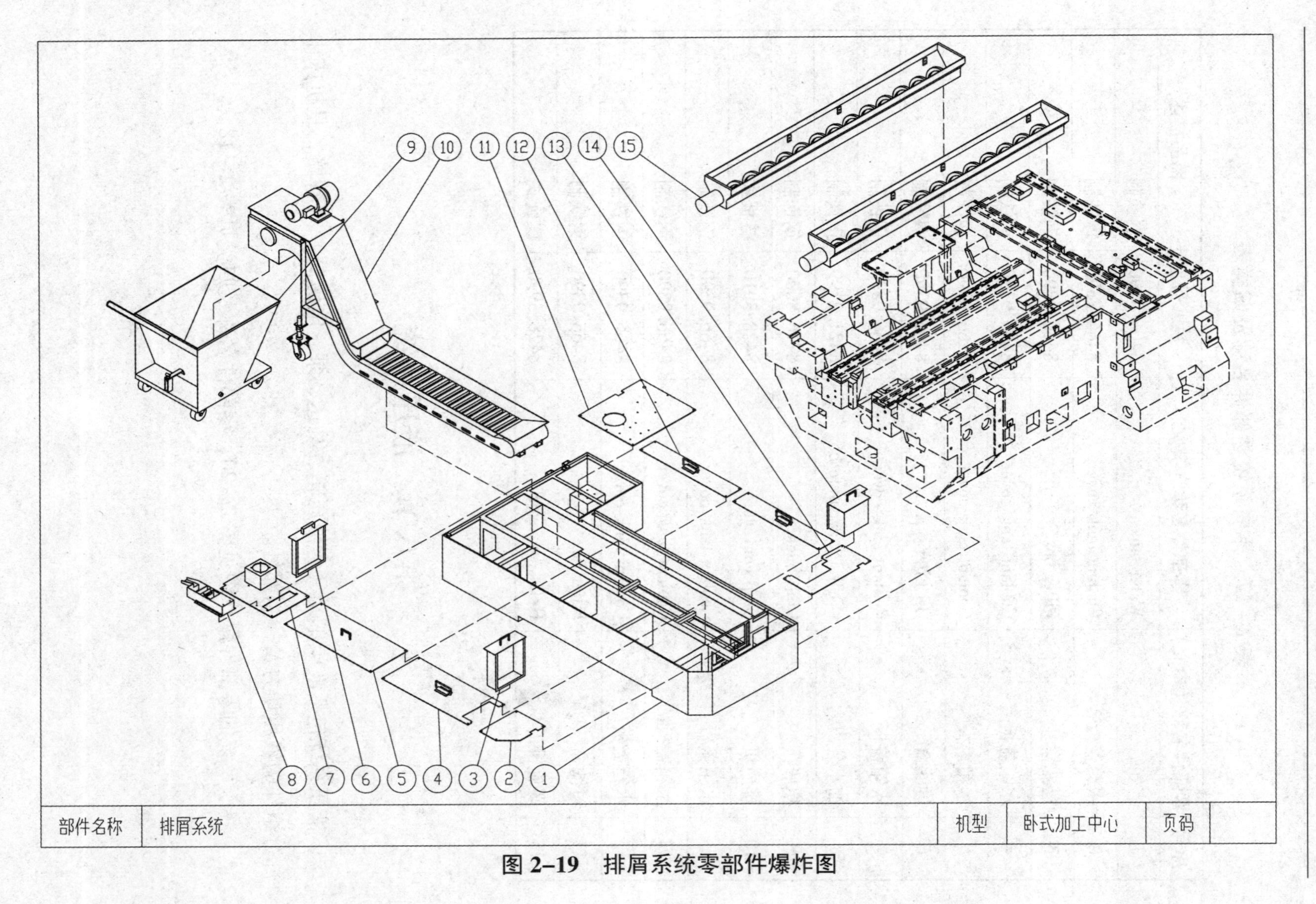


图 2-19 排屑系统零部件爆炸图

表 2 - 17 排屑系统零部件名称及归类表

| 序号 | 零部件名称（中文） | 零部件名称（英文） | 税　号 | 商品描述 |
|---|---|---|---|---|
| 1 | 水箱 | Water tank | 8466.9390 | 钢铁制 |
| 2 | 水箱盖板 | Coolant tank cover | 8466.9390 | 钢铁制 |
| 3 | 过滤盒 | Filter box | 8466.9390 | 钢铁制 |
| 4 | 水箱盖板 | Coolant tank cover | 8466.9390 | 钢铁制 |
| 5 | 水箱盖板 | Coolant tank cover | 8466.9390 | 钢铁制 |
| 6 | 过滤盒 | Oil filter box | 8466.9390 | 钢铁制 |
| 7 | 水箱盖板 | Coolant tank cover | 8466.9390 | 钢铁制 |
| 8 | 油水分离盒 | Oil-water separate box | 8421.2199 | 钢铁制 |
| 9 | 积屑车 | Chip bucket | 8716.8000 | 钢铁制 |
| 10 | 排屑机 | Chip conveyor | 8428.3910 | 链板式 |
| 11 | 水箱盖板 | Coolant tank cover | 8466.9390 | 钢铁制 |
| 12 | 水箱盖板 | Coolant tank cover | 8466.9390 | 钢铁制 |
| 13 | 水箱盖板 | Coolant tank cover | 8466.9390 | 钢铁制 |
| 14 | 过滤盒 | Filter box | 8466.9390 | 钢铁制 |
| 15 | 螺旋排屑机 | Helix conveyor | 8428.3990 | 螺旋式 |

## 第八节　液压系统

液压系统包括液压单元（含液压箱、马达、泵、电磁阀）及管路，是机床中部分组件的液压动力及控制部件。

液压系统的零部件爆炸图见图 2 - 20，零部件名称及归类见表 2 - 18。

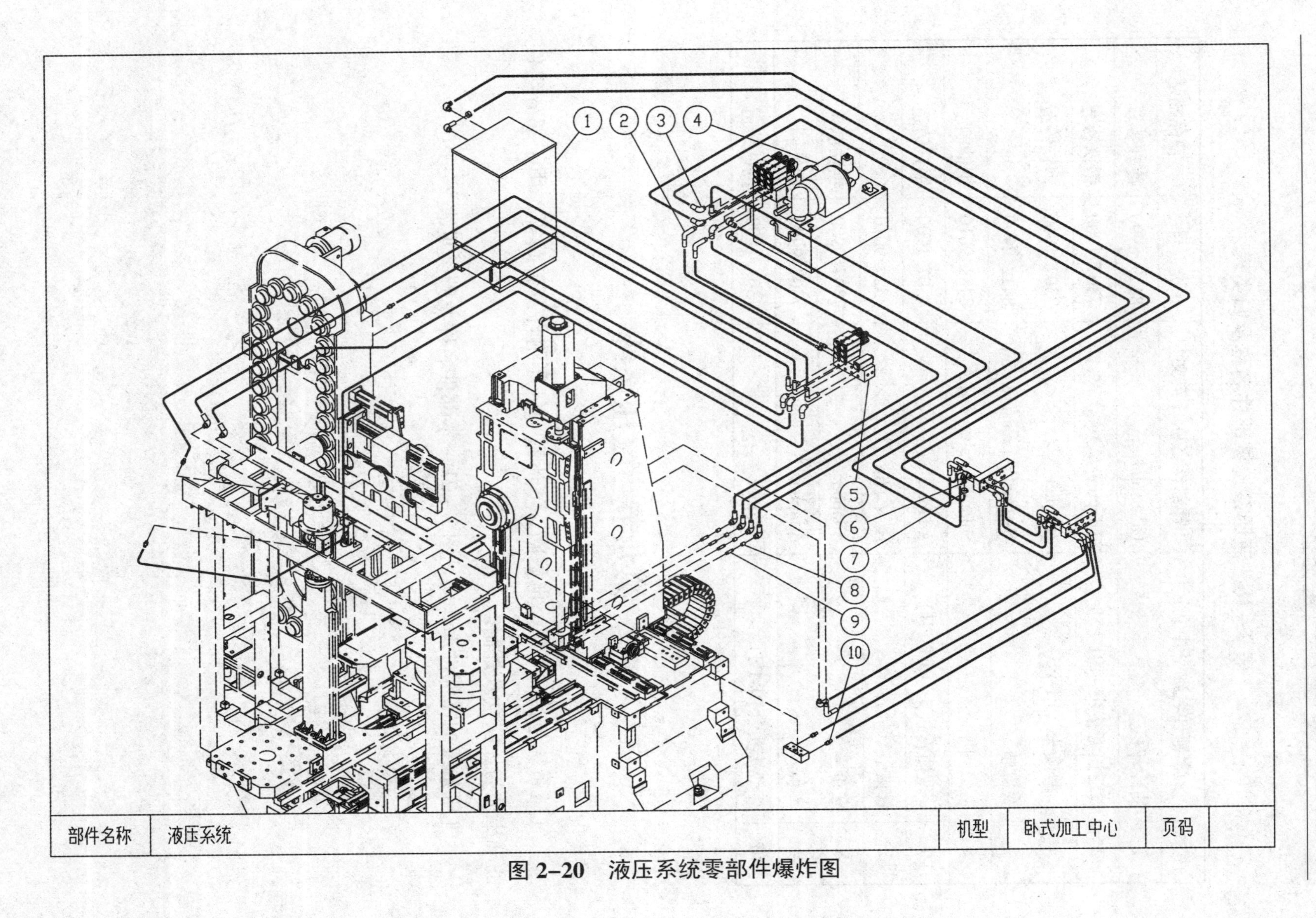


图 2-20 液压系统零部件爆炸图

表 2 – 18　液压系统零部件名称及归类表

| 序号 | 零部件名称（中文） | 零部件名称（英文） | 税　号 | 商品描述 |
| --- | --- | --- | --- | --- |
| 1 | 油冷却机 | Oil cooler | 8419. 8990 | 冷却装置 |
| 2 | L 延长型接头（PT-PS） | Adapter | 7307. 1900 | 钢铁铸造 |
| 3 | L 型接头（PT-PS） | Adapter | 7307. 1900 | 钢铁铸造 |
| 4 | 液压站 | Hydraulic pressure unit | 8412. 2990 | |
| 5 | 电磁阀座 | Solenoid valve seat | 8481. 9010 | 钢铁制 |
| 6 | L 型插管接头（PT-PH） | Adapter | 7307. 1900 | 钢铁铸造 |
| 7 | 管束 | Hose clip | 7326. 9010 | |
| 8 | 立布 | Adapter | 7307. 9900 | 钢铁制 |
| 9 | 立布 | Adapter | 7307. 9900 | 钢铁制 |
| 10 | 直型接头（PT-PS） | Adapter | 7307. 1900 | 钢铁铸造 |

# 第九节　气压系统

气压系统包括三点组、电磁阀、气压缸、气压附件及管路等，用于部分组件的气压动力、吹气及控制。

气压系统的零部件爆炸图见图 2 – 21，零部件名称及归类见表 2 – 19。

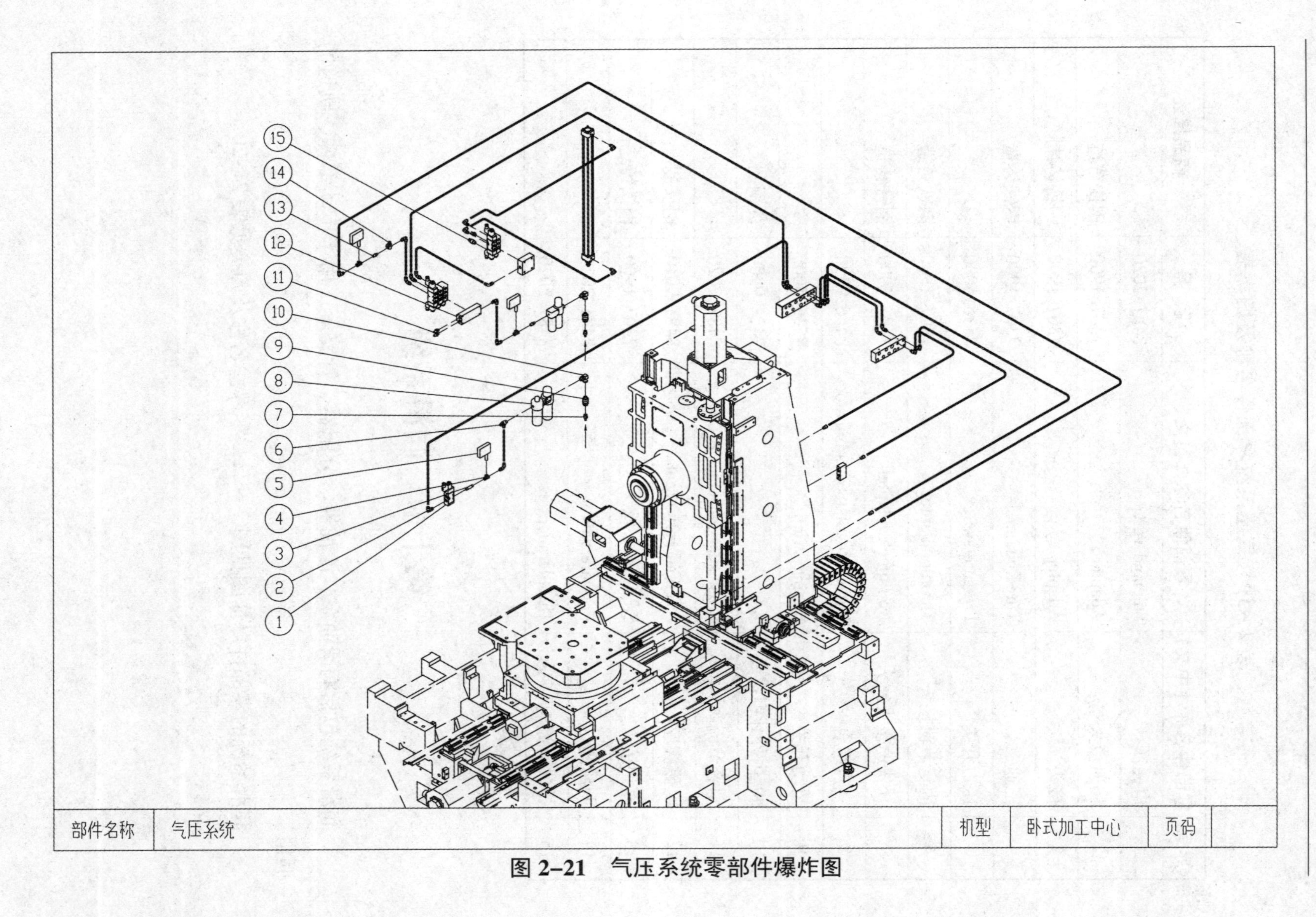


图 2–21　气压系统零部件爆炸图

**表 2-19　气压系统零部件名称及归类表**

| 序号 | 零部件名称（中文） | 零部件名称（英文） | 税　号 | 商品描述 |
|---|---|---|---|---|
| 1 | 电磁阀 | Solenoid valve | 8481.2020 | |
| 2 | 快速接头 | Adapter | 7307.1900 | 钢铁铸造 |
| 3 | 接头 | Adapter | 7307.1900 | 钢铁铸造 |
| 4 | 三通 | Three channels | 7307.1900 | 钢铁铸造 |
| 5 | 压力开关 | Pressure switch | 8536.5000 | |
| 6 | 固定节流接头 | Throttle adapter | 7307.1900 | 钢铁铸造 |
| 7 | 铁快速接头公头 | Iron quick adapter | 7307.1900 | 钢铁铸造 |
| 8 | 三点组合 | Filters Regulators Lubricators | 8466.9390 | |
| 9 | 滑动开关 | Sliding swich | 8536.5000 | |
| 10 | 90°内外牙铜接头 | Adapter | 7412.9900 | 黄铜制 |
| 11 | 消音节流阀 | Brass silencer | 8481.2020 | |
| 12 | 电磁阀座 | Solenoid valve seat | 8481.9010 | 钢铁制 |
| 13 | 直型接头 | Straight adapter | 7307.1900 | 钢铁铸造 |
| 14 | 调压阀 | Pressure valve | 8481.2020 | |
| 15 | 排气节流阀 | Throttle adapter | 8481.2020 | |

# 第十节　润滑系统

润滑系统包括润滑油泵、滤油器、分配器、管路等，用于传动部件、轨道的润滑。

润滑系统的零部件爆炸图见图 2-22，零部件名称及归类见表 2-20。

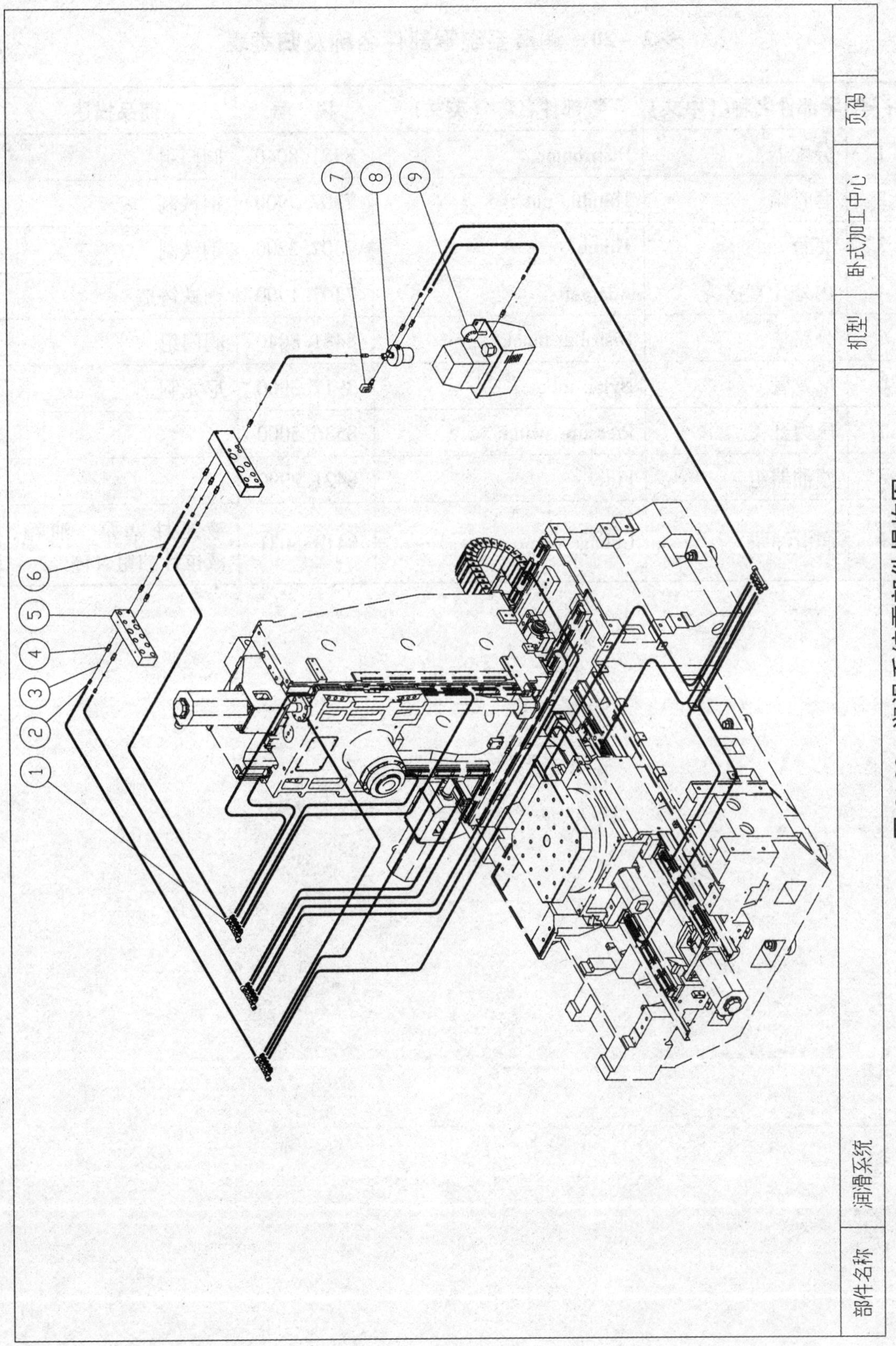


图 2-22 润滑系统零部件爆炸图

**表 2－20　润滑系统零部件名称及归类表**

| 序号 | 零部件名称（中文） | 零部件名称（英文） | 税　号 | 商品描述 |
|---|---|---|---|---|
| 1 | 分配器 | Distributor | 8481.8040 | 阀门组 |
| 2 | 套管帽 | Thimble nut | 7307.9900 | 钢铁制 |
| 3 | 套管 | Thimble | 7307.2200 | 钢铁制 |
| 4 | 内外牙直接头 | Adapter | 7307.1900 | 钢铁铸造 |
| 5 | 分路块 | Distribut block | 8481.8040 | 阀门组 |
| 6 | 尼龙管 | Nylon tube | 3917.3900 | 尼龙制 |
| 7 | 压力开关 | Pressure switch | 8536.5000 | |
| 8 | 滤油器组 | Filter | 8421.2990 | |
| 9 | 润滑油泵 | Cubage pump | 8413.5031 | 液压柱塞泵、油箱、液位计的组合体 |

# 第三章 龙门式加工中心

DI-SAN ZHANG LONGMENSHI JIAGONG ZHONGXIN

# 第一节　整机结构

龙门式加工中心是指主轴轴线与工作台垂直设置，并且有一个横梁及两个立柱形成龙门型的加工中心（图示见图3－1）。

龙门加工中心主要由主机结构、刀库系统、电气系统、防护系统、冷却系统、排屑系统、液压系统、气压系统、润滑系统等九个部分组成（见图3－2）。

**图3－1　龙门式加工中心图示**

龙门式加工中心的整机零部件爆炸图见图3－3，零部件名称及归类见表3－1。

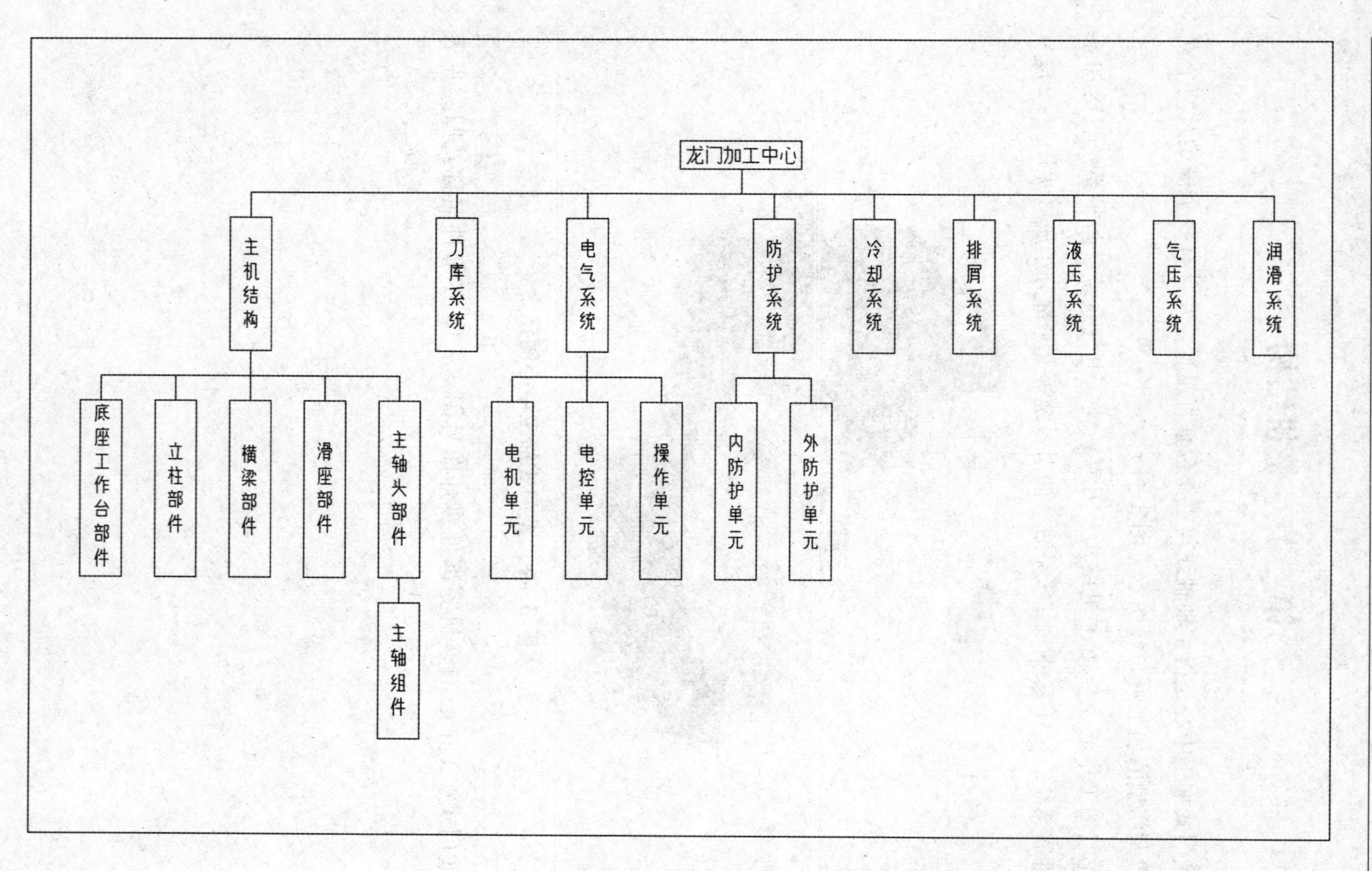


图 3-2　龙门式加工中心结构图

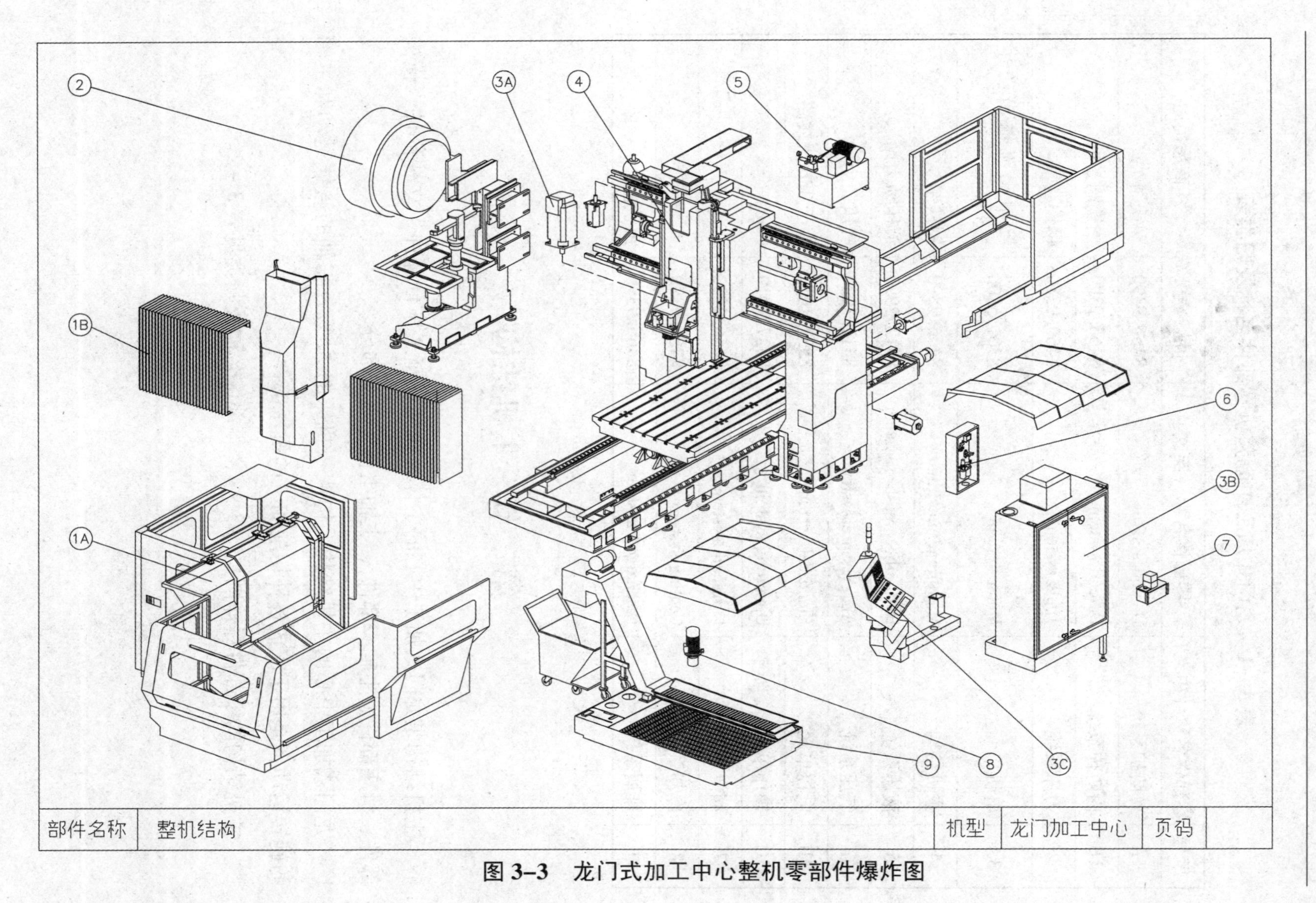


图 3-3 龙门式加工中心整机零部件爆炸图

表 3-1　龙门式加工中心整机零部件名称及归类表

| 序号 | 零部件名称（中文） | 零部件名称（英文） | 税　号 | 商品描述 |
|---|---|---|---|---|
| 1A | 外防护系统 | Defend system | 8466.9390 | 钢铁制 |
| 1B | 内防护系统 | Defend system | 8466.9390 | 钢铁制 |
| 2 | 刀库系统 | Tools system | 8466.9310 | 钢铁制 |
| 3A | 电机单元 | Motor system | 8501.5200 | 三相交流输出功率 7.5 千瓦 |
| 4 | 主机结构 | Mainframe machinery | 8466.9390 | 钢铁制 |
| 5 | 液压系统 | Hydraulic pressure system | 8412.2990 | 液压动力站 |
| 6 | 气压系统 | Air pressure system | 8412.3900 | 气压动力站 |
| 3B | 电控单元 | Electrical system | 8537.1019 | 用于 380 伏线路 |
| 3C | 操作单元 | Operating system | 8537.1019 | CNC |
| 7 | 润滑系统 | Lubricate system | 8466.9390 | |
| 8 | 冷却系统 | Cooling system | 8466.9390 | |
| 9 | 排屑系统 | Discharged system | 8466.9390 | 钢铁制 |

## 第二节　主机结构

主机结构是龙门式加工中心的主体，包括底座工作台部件、立柱部件、横梁部件、滑座部件、主轴头部件 、主轴组件等六个部分。

龙门式加工中心的主机结构，构成了机床的 X/Y/Z 三轴的直线运动和主轴的旋转运动，是用于完成各种切削加工的机械部件。

主机结构的零部件爆炸图见图 3-4，零部件名称及归类见表 3-2。

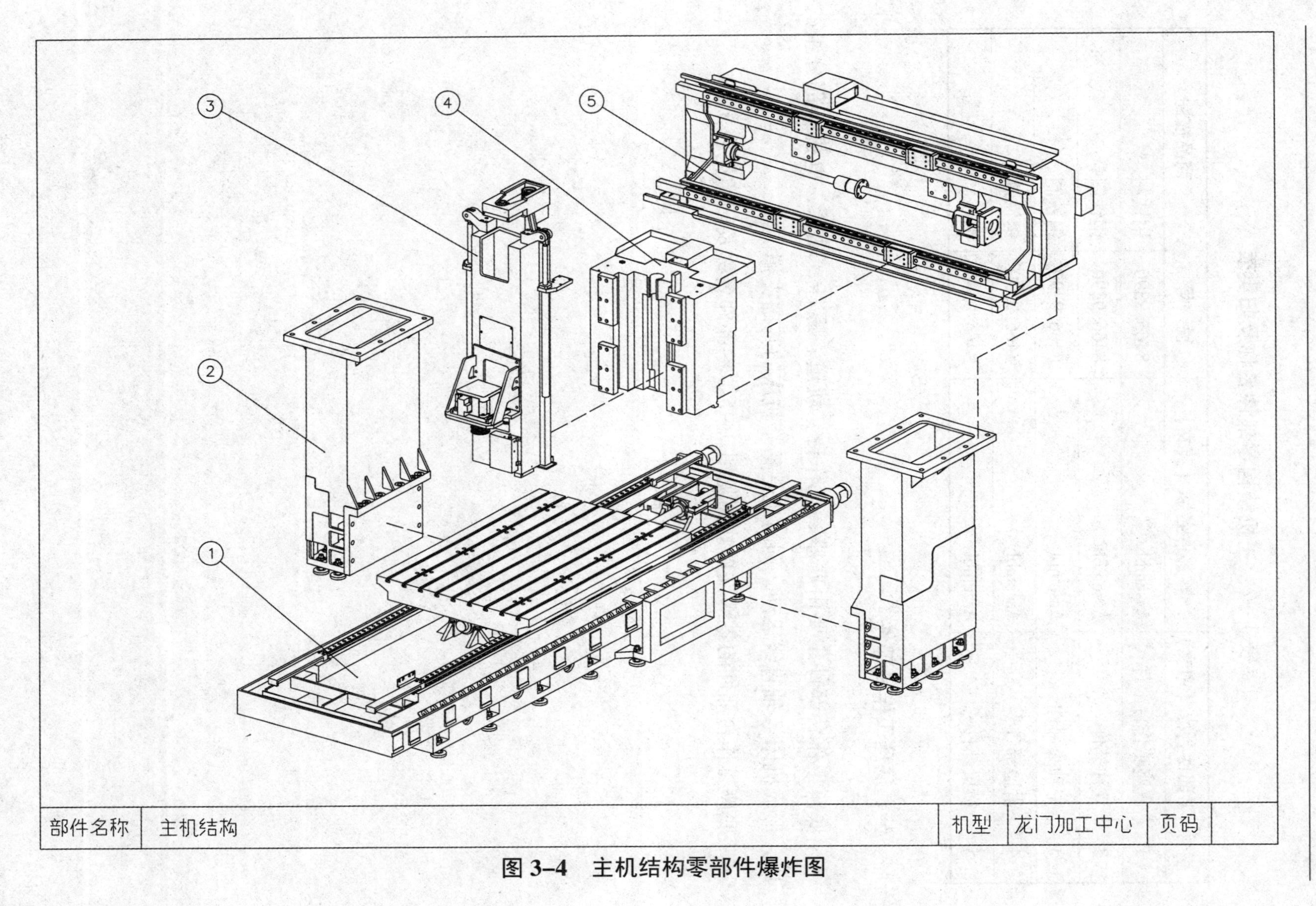


图 3-4　主机结构零部件爆炸图

**表 3 -2　主机结构零部件名称及归类表**

| 序号 | 零部件名称（中文） | 零部件名称（英文） | 税　号 | 商品描述 |
|---|---|---|---|---|
| 1 | 底座工作台部件 | Assembly | 8466.9390 | 钢铁制 |
| 2 | 立柱部件 | Assembly | 8466.9390 | 钢铁制 |
| 3 | 主轴头部件 | Assembly | 8466.9390 | 钢铁制 |
| 4 | 滑座部件 | Assembly | 8466.9390 | 钢铁制 |
| 5 | 横梁部件 | Assembly | 8466.9390 | 钢铁制 |

## 一、底座工作台部件

底座工作台部件主要由底座、工作台、轨道、螺杆、轴承、电机等部分组成，形成机床 X 轴直线运动，同时也是整个机床的基础支撑。

底座工作台部件的零部件爆炸图见图 3 -5，零部件名称及归类见表 3 -3。

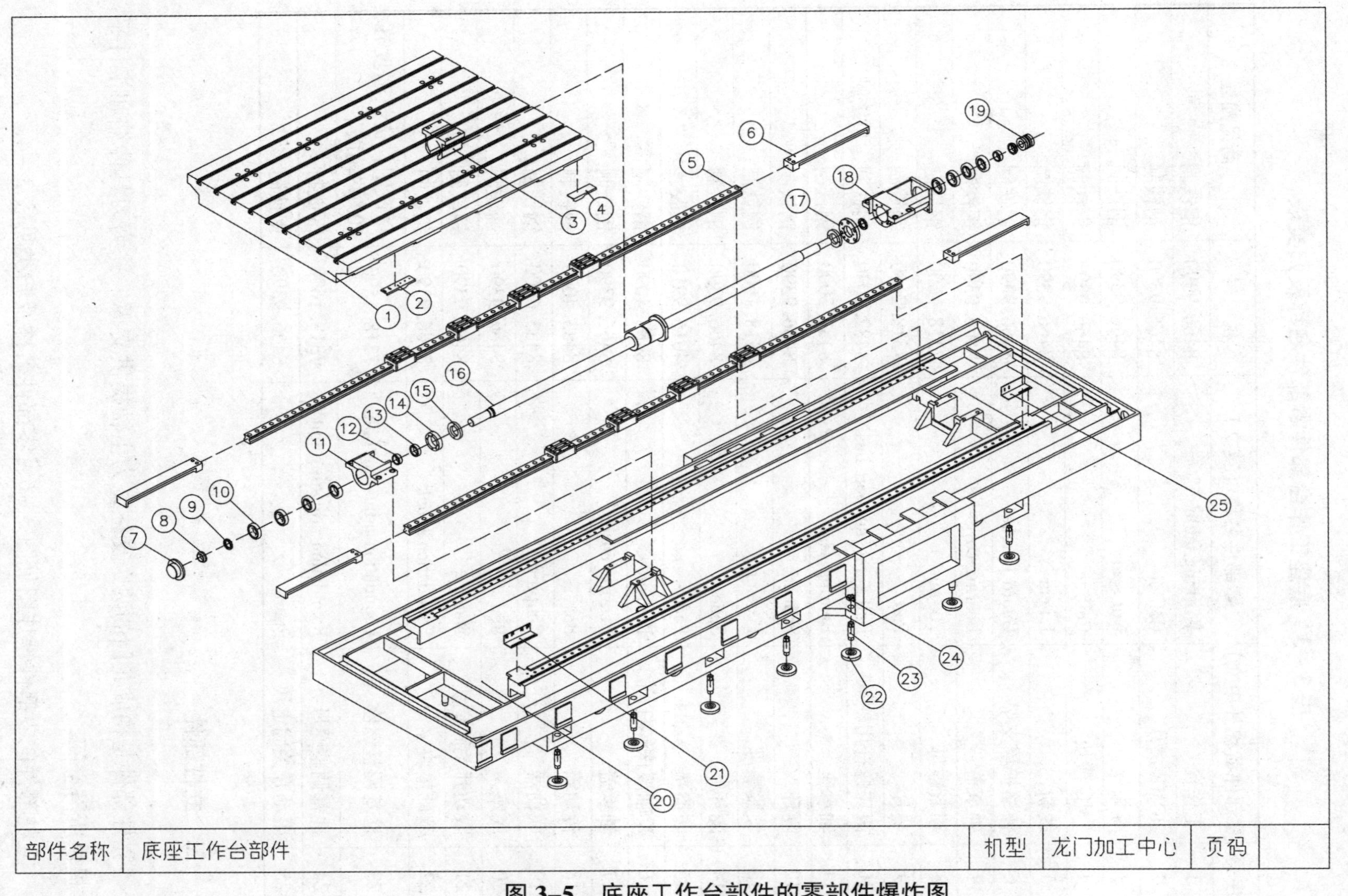


图 3-5　底座工作台部件的零部件爆炸图

**表 3－3　底座工作台部件零部件名称及归类表**

| 序号 | 零部件名称（中文） | 零部件名称（英文） | 税　号 | 商品描述 |
|---|---|---|---|---|
| 1 | 工作台 | Working table | 8466.9390 | 钢铁制 |
| 2 | HOME 碰块 | Collide | 8466.9390 | 钢铁制 |
| 3 | 螺帽座 | Nut seat | 8466.9390 | 钢铁制 |
| 4 | EMG 碰块 | Collide | 8466.9390 | 钢铁制 |
| 5 | 线轨 | Linear | 8466.9390 | 钢铁制 |
| 6 | 伸缩护罩支架 | Guard bracket | 8466.9390 | 钢铁制 |
| 7 | 轴承盖 | Bearing cover | 8466.9390 | 钢铁制 |
| 8 | 锁紧螺母 | Fix nut | 7318.1600 | 钢铁制 |
| 9 | 垫片 | Pad | 7318.2100 | 钢铁制 |
| 10 | 滚珠螺杆用轴承 | Ball screw support bea | 8482.1030 | 钢铁制，角接触 |
| 11 | 轴承座 | Bearing seat | 8483.3000 | 钢铁制 |
| 12 | 隔环 | Spacer | 8466.9390 | 钢铁制 |
| 13 | 锁紧螺母 | Fix nut | 7318.1600 | 钢铁制 |
| 14 | 隔环 | Spacer | 8466.9390 | 钢铁制 |
| 15 | 防撞垫 | Pad | 4016.9910 | 橡胶 |
| 16 | X 轴滚珠螺杆副 | Ballscrew | 8483.4090 | 钢铁制 |
| 17 | 轴承盖 | Bearing cover | 8466.9390 | 钢铁制 |
| 18 | 传动箱 | Box | 8483.4090 | 钢铁制 |
| 19 | 联轴器 | Couping | 8483.6000 | 钢铁制 |
| 20 | 底座 | Bed | 8466.9390 | 钢铁制 |
| 21 | 限动开关固定块 | Stator | 8466.9390 | 钢铁制 |
| 22 | 基础垫块 | Foundation block | 8466.9390 | 钢铁制 |
| 23 | 地基调整螺栓 | Foundation adjusting bolt | 7318.1590 | 钢铁制，抗拉强度在 800 兆帕以下 |
| 24 | 地基调整螺母 | Foundation adjusting nut | 7318.1600 | 钢铁制 |
| 25 | 限动开关固定块 | Stator | 8466.9390 | 钢铁制 |

## 二、立柱部件

立柱部件是构成龙门的两个支柱，为主轴提供支撑，并为刀具伸缩和工件平移提供所需空间。

立柱部件的零部件爆炸图见图 3－6，零部件名称及归类见表 3－4。

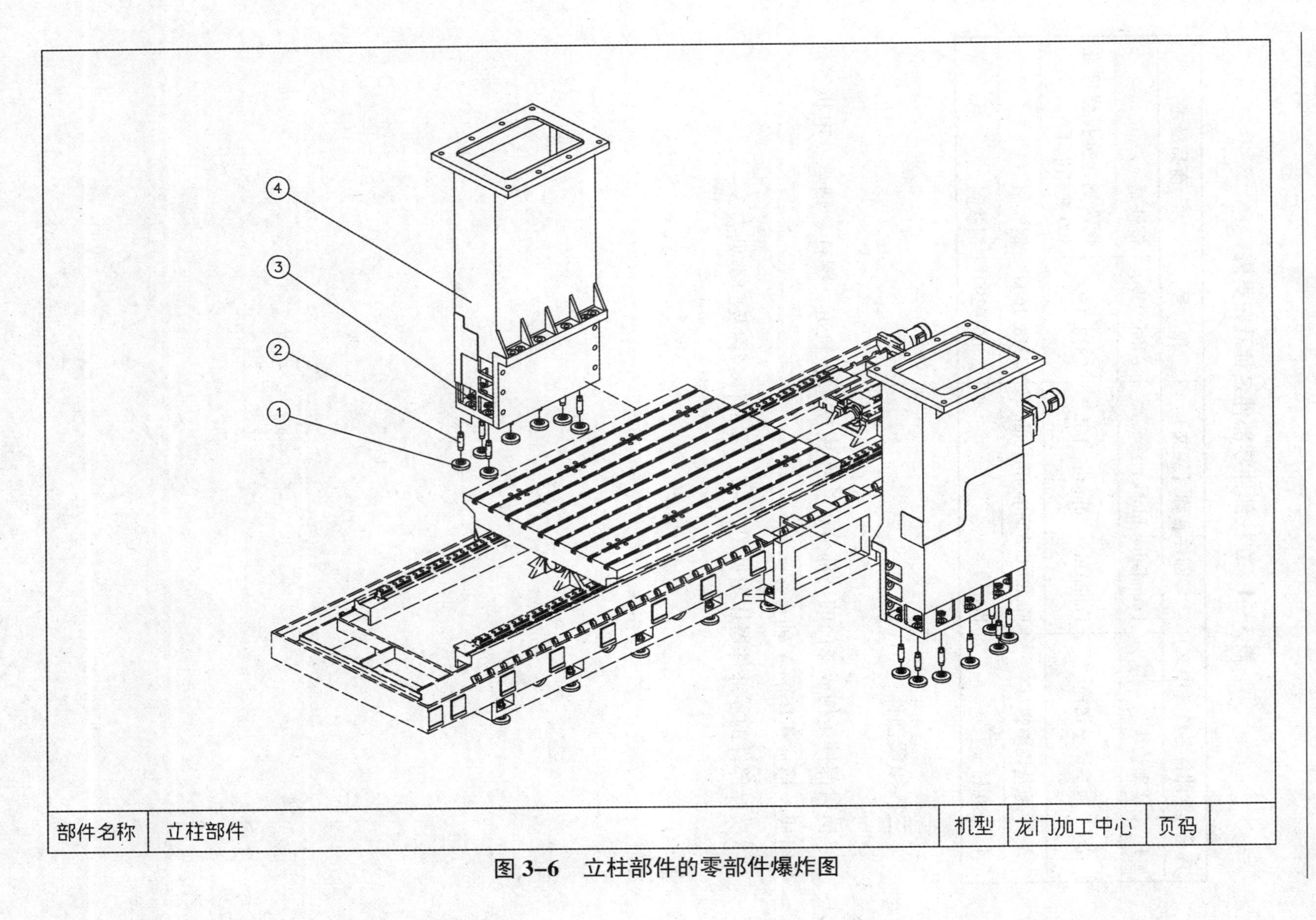


图 3-6 立柱部件的零部件爆炸图

表3-4　立柱部件零部件名称及归类表

| 序号 | 零部件名称（中文） | 零部件名称（英文） | 税　号 | 商品描述 |
|---|---|---|---|---|
| 1 | 基础垫块 | Foundation block | 8466.9390 | 钢铁制 |
| 2 | 地基调整螺栓 | Foundation adjusting bolt | 7318.1590 | 钢铁制，抗拉强度在800兆帕以下 |
| 3 | 地基调整螺母 | Foundation adjusting nut | 7318.1600 | 钢铁制 |
| 4 | 立柱 | Bed | 8466.9390 | 钢铁制 |

## 三、横梁部件

横梁部件是构成龙门的一部分，主要由横梁、轨道、螺杆、轴承、电机等部分组成，形成机床的Y轴直线运动。

横梁部件的零部件爆炸图见图3-7，零部件名称及归类见表3-5。

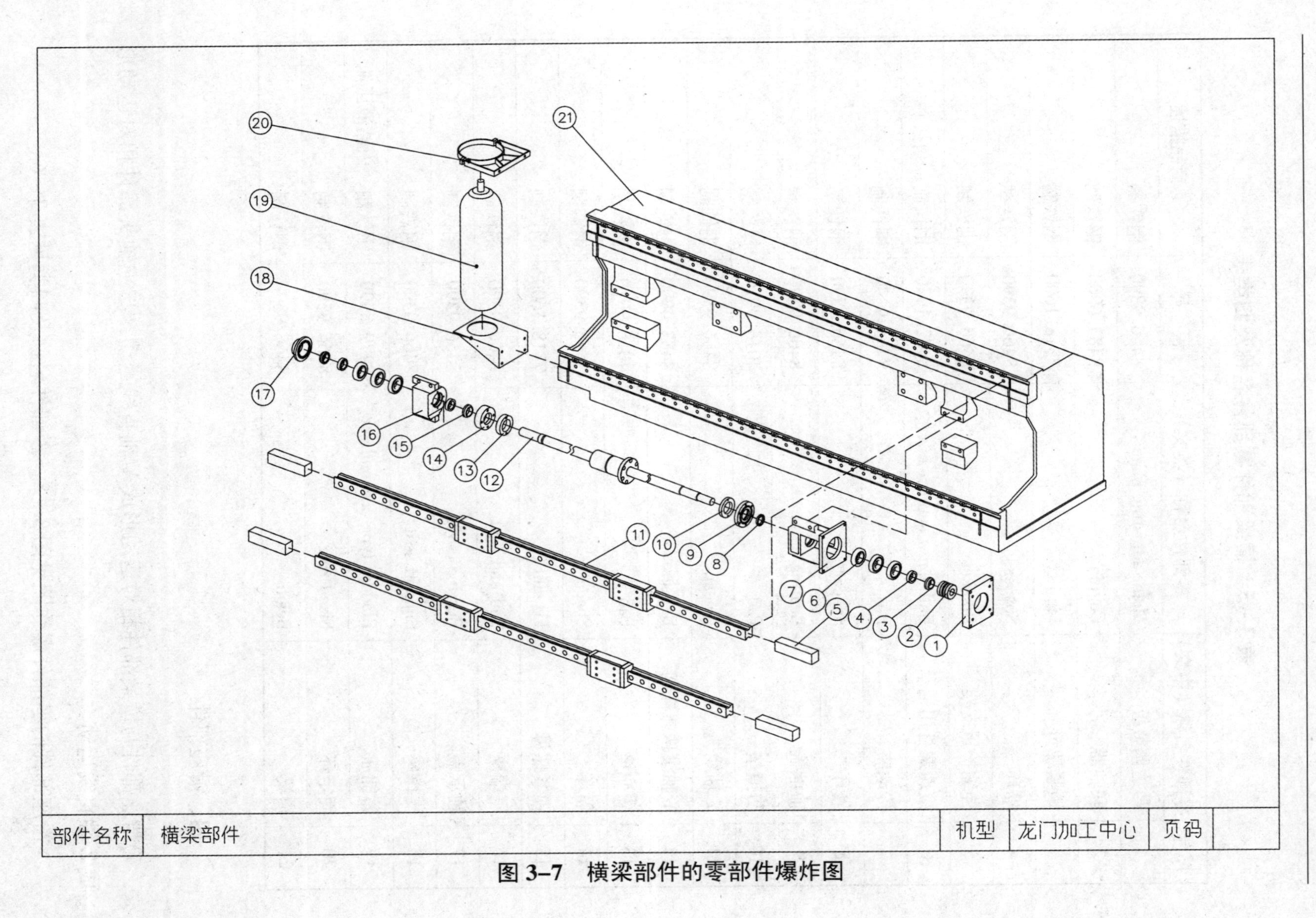


图 3-7 横梁部件的零部件爆炸图

**表3-5　横梁部件零部件名称及归类表**

| 序号 | 零部件名称（中文） | 零部件名称（英文） | 税　号 | 商品描述 |
|---|---|---|---|---|
| 1 | 马达调整板 | Motor adjusting plate | 8466.9390 | 钢铁制 |
| 2 | 联轴器 | Couping | 8483.6000 | 钢铁制 |
| 3 | 锁紧螺母 | Fix nut | 7318.1600 | 钢铁制 |
| 4 | 隔环 | Spacer | 8466.9390 | 钢铁制 |
| 5 | 伸缩护罩支架 | Bracket | 8466.9390 | 钢铁制 |
| 6 | 滚珠螺杆用轴承 | Ball screw support bea | 8482.1030 | 钢铁制，角接触 |
| 7 | 传动座 | Box | 8466.9390 | 钢铁制 |
| 8 | 隔环 | Spacer | 8466.9390 | 钢铁制 |
| 9 | 轴承盖 | Bearing cover | 8466.9390 | 钢铁制 |
| 10 | 防撞垫 | Pad | 4016.9910 | 橡胶制 |
| 11 | Y 轴线轨 | Linear | 8466.9390 | 钢铁制 |
| 12 | Y 轴滚珠螺杆副 | Ballscrew | 8483.4090 | 钢铁制 |
| 13 | 缓冲垫 | Pad | 4016.9910 | 橡胶制 |
| 14 | 隔环 | Spacer | 8466.9390 | 钢铁制 |
| 15 | 锁紧螺母 | Fix nut | 7318.1600 | 钢铁制 |
| 16 | 尾端座 | Tail end seat | 8466.9390 | 钢铁制 |
| 17 | 轴承盖 | Bearing cover | 8466.9390 | 钢铁制 |
| 18 | 支撑座 | Support seat | 8466.9390 | 钢铁制 |
| 19 | 蓄能瓶 | Bladder type accumulator | 8479.8999 | 钢铁制，内储液压油 |
| 20 | 固定环 | Fixed ring | 8466.9390 | 钢铁制 |
| 21 | 横梁 | Beam | 8466.9390 | 钢铁制 |

## 四、滑座部件

滑座部件与横梁部件相对运动形成 Y 轴直线运动，与主轴头部件相对运动形成 Z 轴直线运动。

滑座部件的零部件爆炸图见图 3-8，零部件名称及归类见表 3-6。

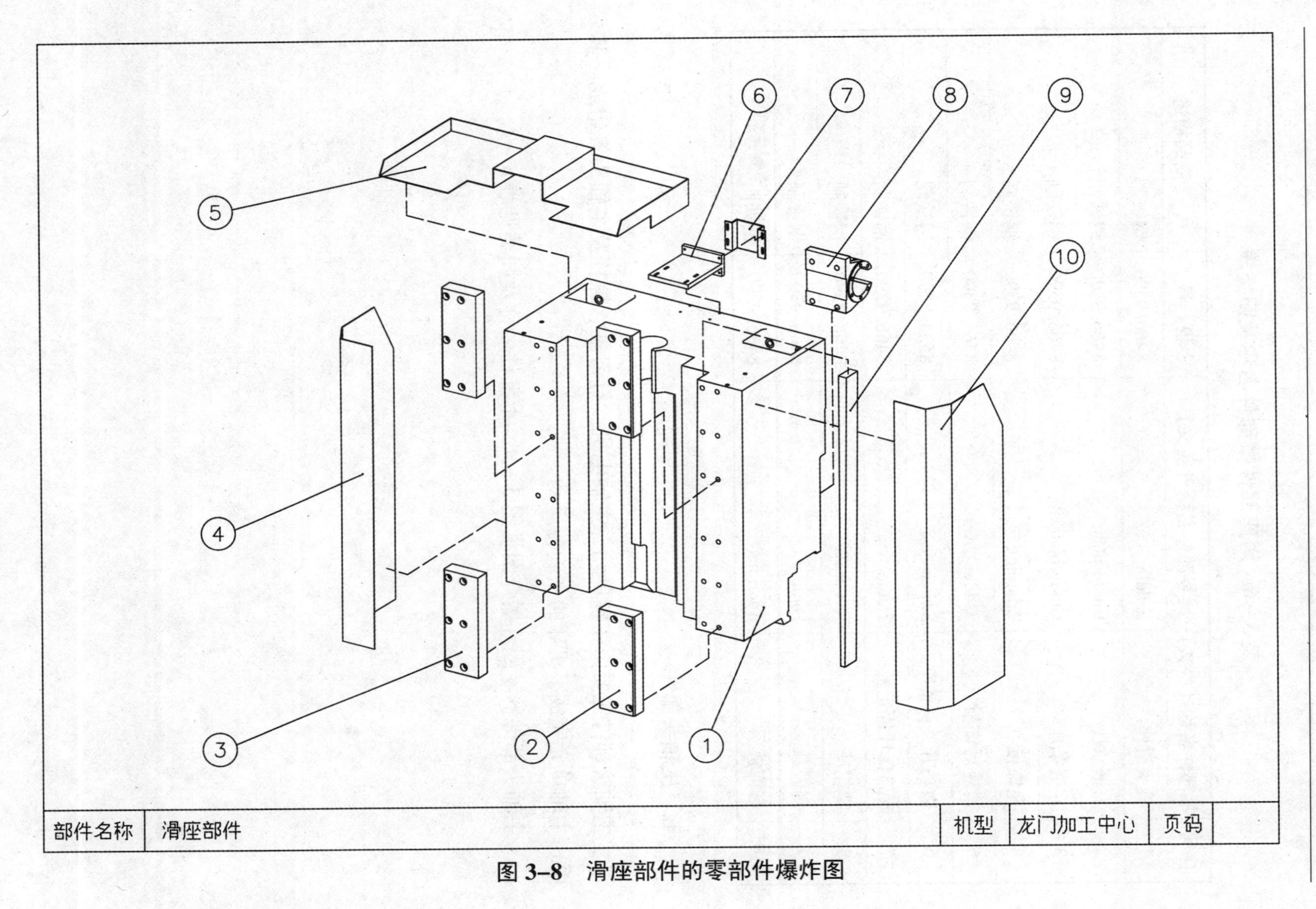


图 3-8　滑座部件的零部件爆炸图

**表 3 -6　滑座部件零部件名称及归类表**

| 序号 | 零部件名称（中文） | 零部件名称（英文） | 税　号 | 商品描述 |
|---|---|---|---|---|
| 1 | 机头滑座 | Saddle | 8466.9390 | 钢铁制 |
| 2 | 右嵌条座 | Guide plate | 8466.9390 | 钢铁制 |
| 3 | 左嵌条座 | Guide plate | 8466.9390 | 钢铁制 |
| 4 | 左饰板 | Adorning | 8466.9390 | 钢铁制 |
| 5 | 滑座后饰板 | Saddle cover | 8466.9390 | 钢铁制 |
| 6 | 微动开关调整座 | Switch seat | 8538.9000 | 钢铁制 |
| 7 | SWITCH 固定板 | Stator | 8466.9390 | 钢铁制 |
| 8 | 螺帽座 | Nut seat | 8466.9390 | 钢铁制 |
| 9 | 侧嵌条 | Pontil | 8466.9390 | 钢铁制 |
| 10 | 右饰板 | Adorning | 8466.9390 | 钢铁制 |

## 五、主轴头部件

主轴头部件主要由主轴单元、主轴电机、打刀缸、螺杆及主轴头等组成。其中，主轴单元完成了机床的主旋转运动。

主轴头部件的零部件爆炸图见图 3 -9，零部件名称及归类见表 3 -7。

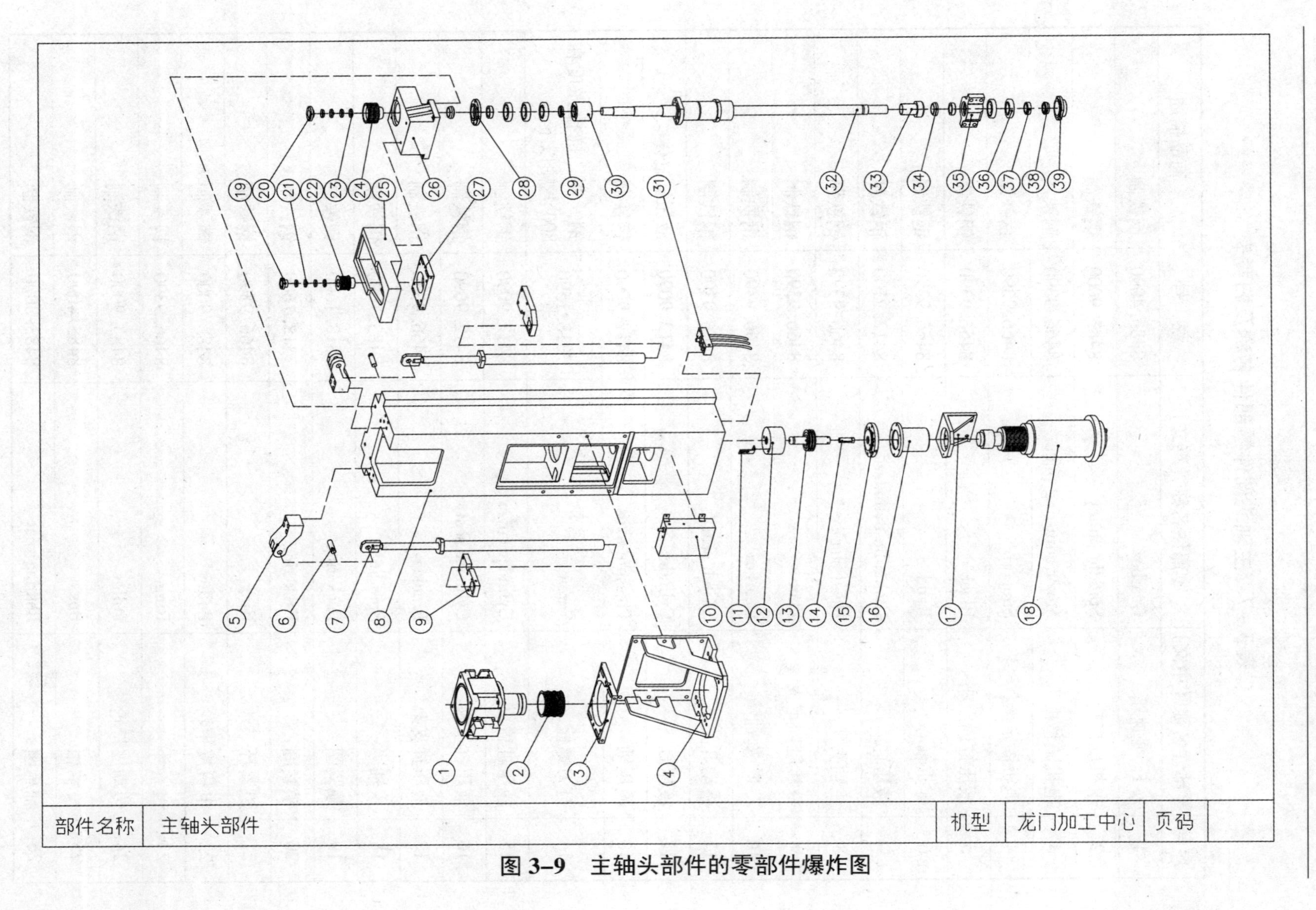


图 3–9　主轴头部件的零部件爆炸图

## 表3-7 主轴头部件零部件名称及归类表

| 序号 | 零部件名称（中文） | 零部件名称（英文） | 税 号 | 商品描述 |
| --- | --- | --- | --- | --- |
| 1 | Z. F. 变速箱 | Gearbox | 8483.4090 | 钢铁制 |
| 2 | 电机皮带轮 | Spindle pulley | 8483.9000 | 钢铁制 |
| 3 | 电机调整板 | Motor adjusting plate | 8466.9390 | 钢铁制 |
| 4 | 电机固定架 | Support | 8466.9390 | 钢铁制 |
| 5 | 液压缸固定座 | Black | 8466.9390 | 钢铁制 |
| 6 | 配重轴心 | Rynd | 8466.9390 | 钢铁制 |
| 7 | 液压缸 | Hydraulic cylinder | 8412.2100 | 钢铁制 |
| 8 | 主轴头 | Head stock | 8466.9390 | 钢铁制 |
| 9 | 液压缸固定板 | Plate | 8466.9390 | 钢铁制 |
| 10 | Z. F. 副油箱 | Gearbox | 8466.9390 | 钢铁制 |
| 11 | 微动开关座 | Switch seat | 8466.9390 | 钢铁制 |
| 12 | 液压缸 | Cylinder | 8412.9090 | 液压缸缸体 |
| 13 | 液压轴 | Pressure axes | 8412.9090 | 钢铁制 |
| 14 | 打刀螺栓 | Screw | 7318.1590 | 钢铁制，抗拉强度在800兆帕以下 |
| 15 | 液压缸盖 | Cylinder cover | 8412.9090 | 钢铁制 |
| 16 | 液压缸基座 | Cylinder seat | 8412.9090 | 钢铁制 |
| 17 | 液压缸支架 | Bracket | 8466.9390 | 钢铁制 |
| 18 | 主轴 | Spindle | 8483.1090 | 钢铁制 |
| 19 | 锁紧圈 | Pack ring | 7318.1600 | 钢铁制 |
| 20 | 锁紧圈 | Pack ring | 7318.1600 | 钢铁制 |
| 21 | 迫紧环 | Ring | 8466.9390 | 钢铁制 |
| 22 | 电机皮带轮 | Pulley | 8483.9000 | 钢铁制 |
| 23 | 迫紧环 | Ring | 8466.9390 | 钢铁制 |
| 24 | 传动皮带轮 | Pulley | 8483.9000 | 钢铁制 |
| 25 | 传动箱 | Box | 8483.4090 | 钢铁制 |
| 26 | 轴承座 | Bearing seat | 8483.3000 | 钢铁制 |

表3－7　续

| 序号 | 零部件名称（中文） | 零部件名称（英文） | 税　号 | 商品描述 |
| --- | --- | --- | --- | --- |
| 27 | 电机调整板 | Motor adjusting plate | 8466.9390 | 钢铁制 |
| 28 | 轴承压盖 | Pushing cap | 8466.9390 | 钢铁制 |
| 29 | 隔环 | Spacer | 8466.9390 | 钢铁制 |
| 30 | 上管套 | Houseing | 8466.9390 | 钢铁制 |
| 31 | 分油座 | Oil distributor | 8481.8040 | 阀门组 |
| 32 | Z轴滚珠螺杆副 | Ballscrew | 8483.4090 | 钢铁制 |
| 33 | 下管套 | Houseing | 8466.9390 | 钢铁制 |
| 34 | 锁紧螺母 | Fix nut | 7318.1600 | 钢铁制 |
| 35 | 尾端座 | Tail end seat | 8466.9390 | 钢铁制 |
| 36 | 滚珠螺杆用轴承 | Ball screw support bea | 8482.1030 | 钢铁制，角接触 |
| 37 | 隔环 | Spacer | 8466.9390 | 钢铁制 |
| 38 | 锁紧螺母 | Fix nut | 7318.1600 | 钢铁制 |
| 39 | 尾端盖 | Braring cover | 8466.9390 | 钢铁制 |

## 六、主轴组件

主轴组件简称主轴，主轴夹持刀具作旋转用来切削工件材料，完成铣、钻、镗、铰等加工动作，依主轴大小、最高转速、夹持方式进行分类。其主要由主轴心轴、轴承、主轴套筒及其他附件组成。

主轴组件的零部件爆炸图见图3－10，零部件名称及归类见表3－8。

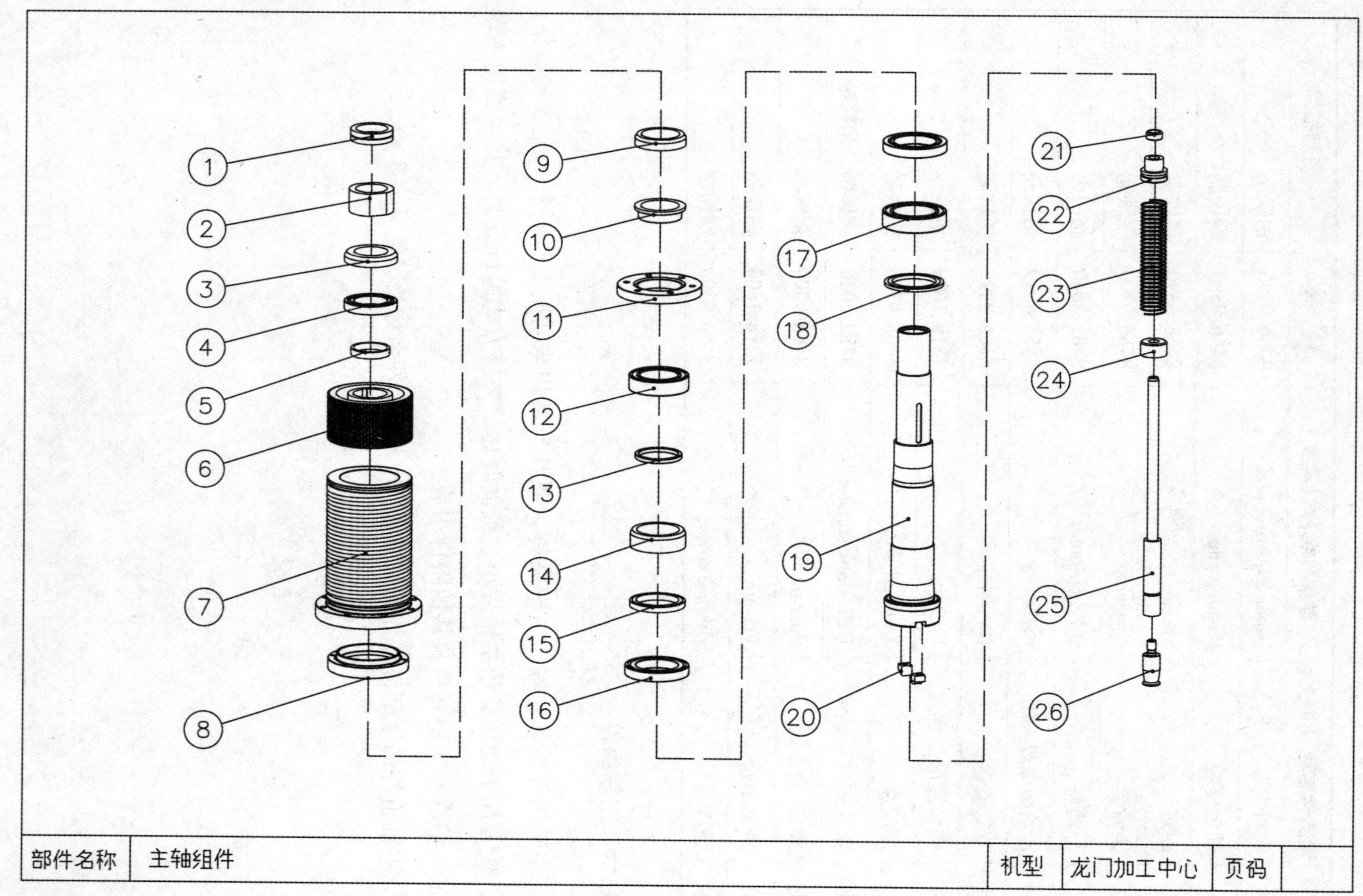


图 3-10 主轴组件零部件爆炸图

## 表3－8　主轴组件零部件名称及归类表

| 序号 | 零部件名称（中文） | 零部件名称（英文） | 税　号 | 商品描述 |
| --- | --- | --- | --- | --- |
| 1 | 锁紧螺母 | Fix nut | 7318.1600 | 钢铁制 |
| 2 | 感应轮 | Induction wheel | 8466.9390 | 钢铁制 |
| 3 | 锁紧螺帽 | Fix nut | 7318.1600 | 钢铁制 |
| 4 | 轴承 | Bearing | 8482.1020 | 钢铁制，深沟球 |
| 5 | 前隔环 | Spacer | 8466.9390 | 钢铁制 |
| 6 | 主轴皮带轮 | Spindle pulley | 8483.9000 | 钢铁制 |
| 7 | 套管 | Bushing | 8466.9390 | 钢铁制 |
| 8 | 轴承盖 | Bearing cover | 8482.9900 | 钢铁制 |
| 9 | 锁紧螺母 | Fix nut | 7318.1600 | 钢铁制 |
| 10 | 后隔环 | Spacer | 8466.9390 | 钢铁制 |
| 11 | 后轴承盖 | Bearing cover | 8482.9900 | 钢铁制 |
| 12 | 主轴轴承 | Spindle bearing | 8482.1020 | 钢铁制，深沟球 |
| 13 | 中隔环 | Spacer | 8466.9390 | 钢铁制 |
| 14 | 锁紧螺母 | Fix nut | 7318.1600 | 钢铁制 |
| 15 | 前隔环 | Spacer | 8466.9390 | 钢铁制 |
| 16 | 主轴轴承 | Spindle bearing | 8482.1020 | 钢铁制，深沟球 |
| 17 | 主轴轴承 | Spindle bearing | 8482.1020 | 钢铁制，深沟球 |
| 18 | 前内隔环 | Spacer | 8466.9390 | 钢铁制 |
| 19 | 芯轴 | Spindle | 8483.1090 | 钢铁制 |
| 20 | 主轴端键 | Spindle key | 8483.9000 | 钢铁制 |
| 21 | 锁紧螺母 | Fix nut | 7318.1600 | 钢铁制 |
| 22 | 垫套 | Cushion | 7318.2100 | 钢铁制 |
| 23 | 盘行弹簧 | Circle spring | 7320.2090 | 钢铁制 |
| 24 | 套环 | Ringer | 8466.9390 | 钢铁制 |
| 25 | 拉杆 | Distaff | 8466.9390 | 钢铁制 |
| 26 | 套筒夹 | Sleeve clip | 8466.9390 | 钢铁制 |

# 第三节　刀库系统

刀库系统是完成机床自动换刀的部件。依据储刀库的形式可分为斗笠式刀库、圆盘式刀库（又称刀臂式刀库）、链条式刀库等。一般为整体采购。

刀库系统的零部件爆炸图见图3－11，零部件名称及归类见表3－9。

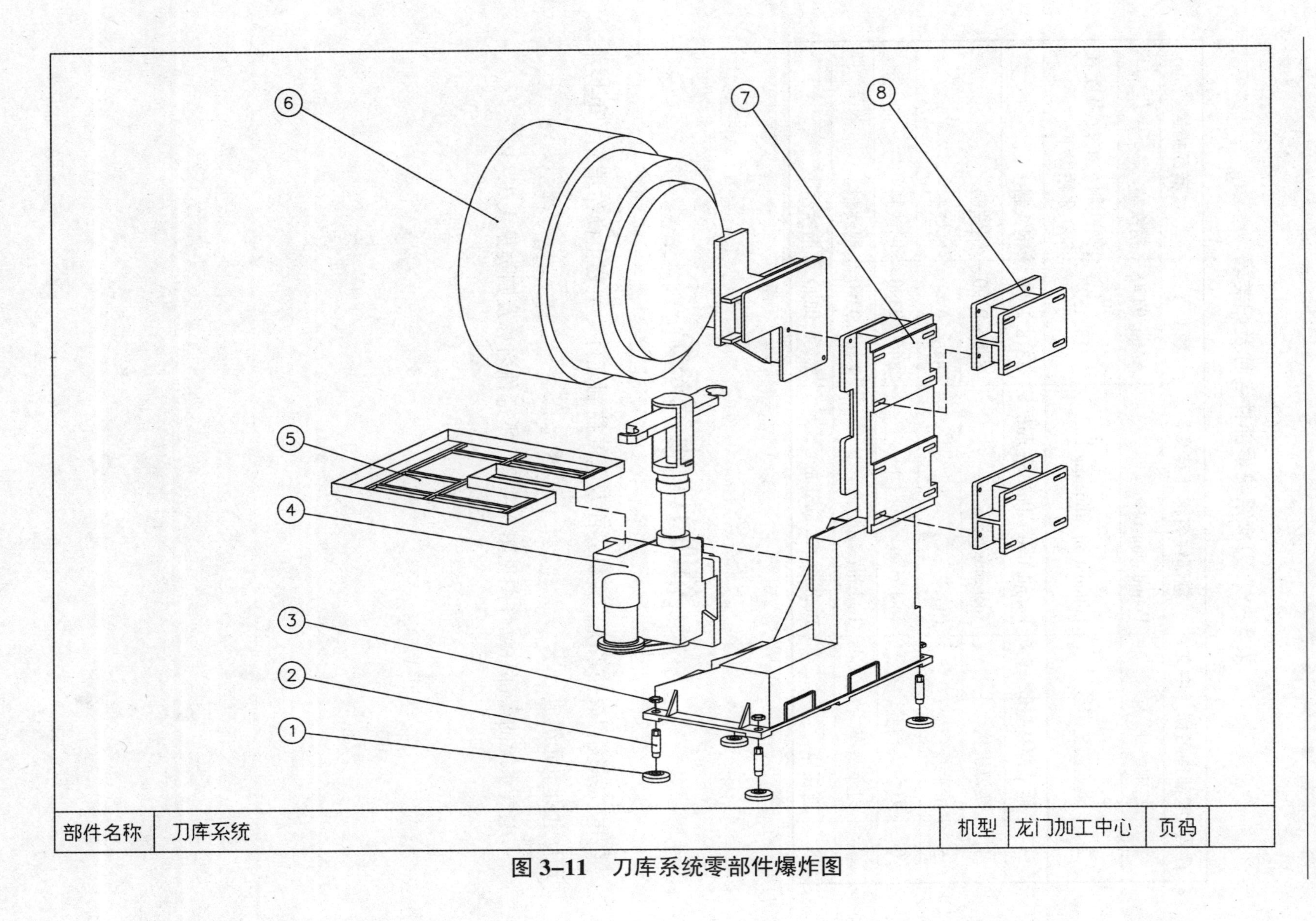


图 3-11　刀库系统零部件爆炸图

表 3－9　刀库系统零部件名称及归类表

| 序号 | 零部件名称（中文） | 零部件名称（英文） | 税　号 | 商品描述 |
|---|---|---|---|---|
| 1 | 基础垫块 | Foundation block | 8466.9390 | 钢铁制 |
| 2 | 地基调整螺栓 | Foundation adjusting bolt | 7318.1590 | 钢铁制，抗拉强度在800兆帕以下 |
| 3 | 地基调整螺母 | Foundation adjusting nut | 7318.1600 | 钢铁制 |
| 4 | 换刀机构 | Tool magazine | 8466.9390 | 钢铁制 |
| 5 | 接水盘 | Check | 8466.9390 | 钢铁制 |
| 6 | 刀盘机构 | Tool magazine | 8466.9390 | 钢铁制 |
| 7 | 刀库基座 | Tool magazine | 8466.9390 | 钢铁制 |
| 8 | 连接座 | Bindiny mechanism | 8466.9390 | 钢铁制 |

# 第四节　电气系统

电气系统含数控系统、人机界面及电气控制元件，主要由操作单元、电控单元及电机单元组成。

电气系统的零部件爆炸图见图 3－12，零部件名称及归类见表 3－10。

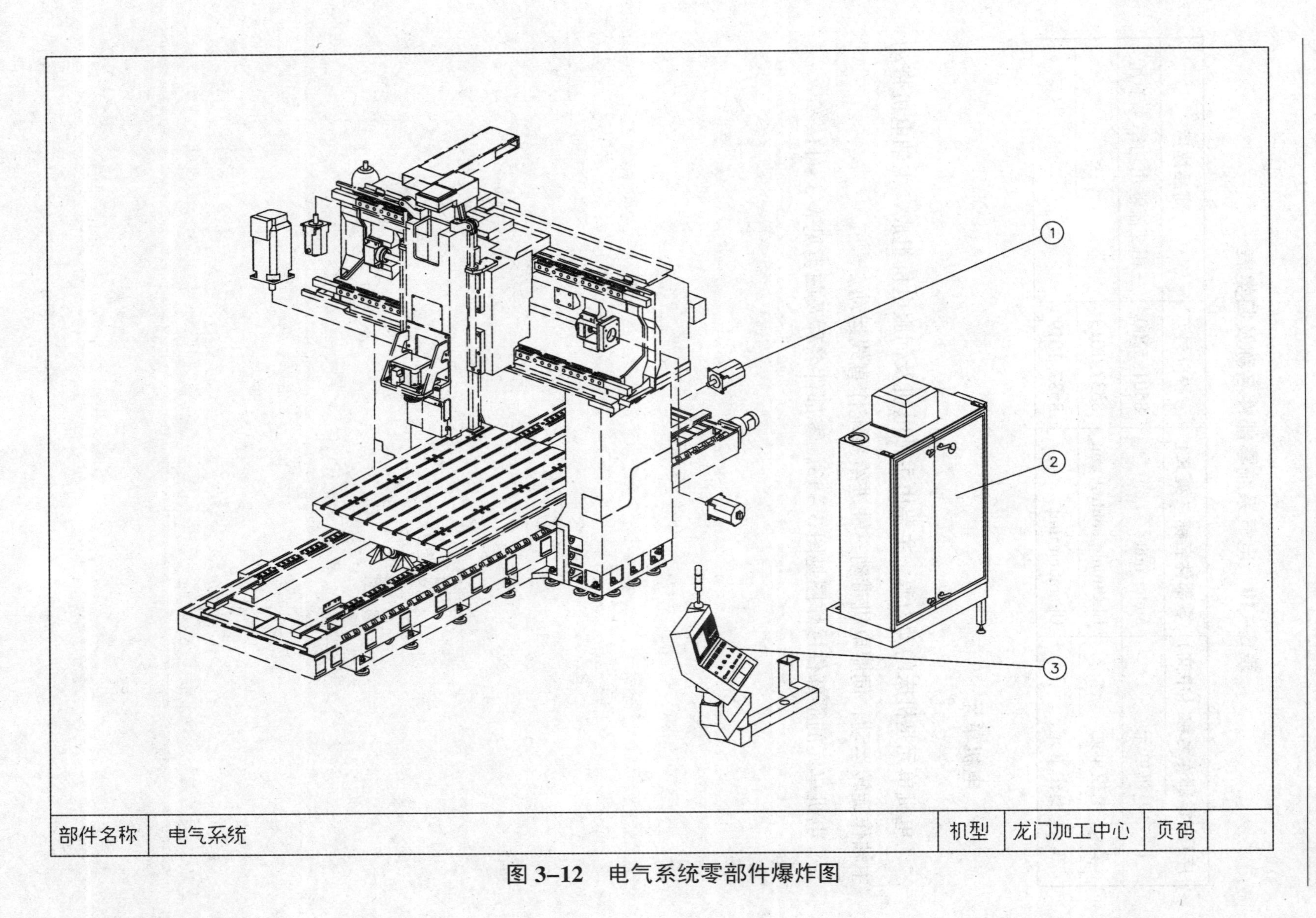


| 部件名称 | 电气系统 | 机型 | 龙门加工中心 | 页码 | |
| --- | --- | --- | --- | --- | --- |

图 3-12　电气系统零部件爆炸图

表 3-10　电气系统零部件名称及归类表

| 序号 | 零部件名称（中文） | 零部件名称（英文） | 税　号 | 商品描述 |
| --- | --- | --- | --- | --- |
| 1 | 电机单元 | Motor unit | 8501.5200 | 三相交流输出功率 4 千瓦 |
| 2 | 电控单元 | Electronic control unit | 8537.1019 | |
| 3 | 操作单元 | Operation unit | 8537.1019 | |

## 一、电机单元

电机单元是机床的动力源，主要由主轴电机及伺服电机组成，主轴电机带动主轴作旋转运动，伺服电机带动三轴进给系统作直线运动。

电机单元的零部件爆炸图见图 3-13，零部件名称及归类见表 3-11。

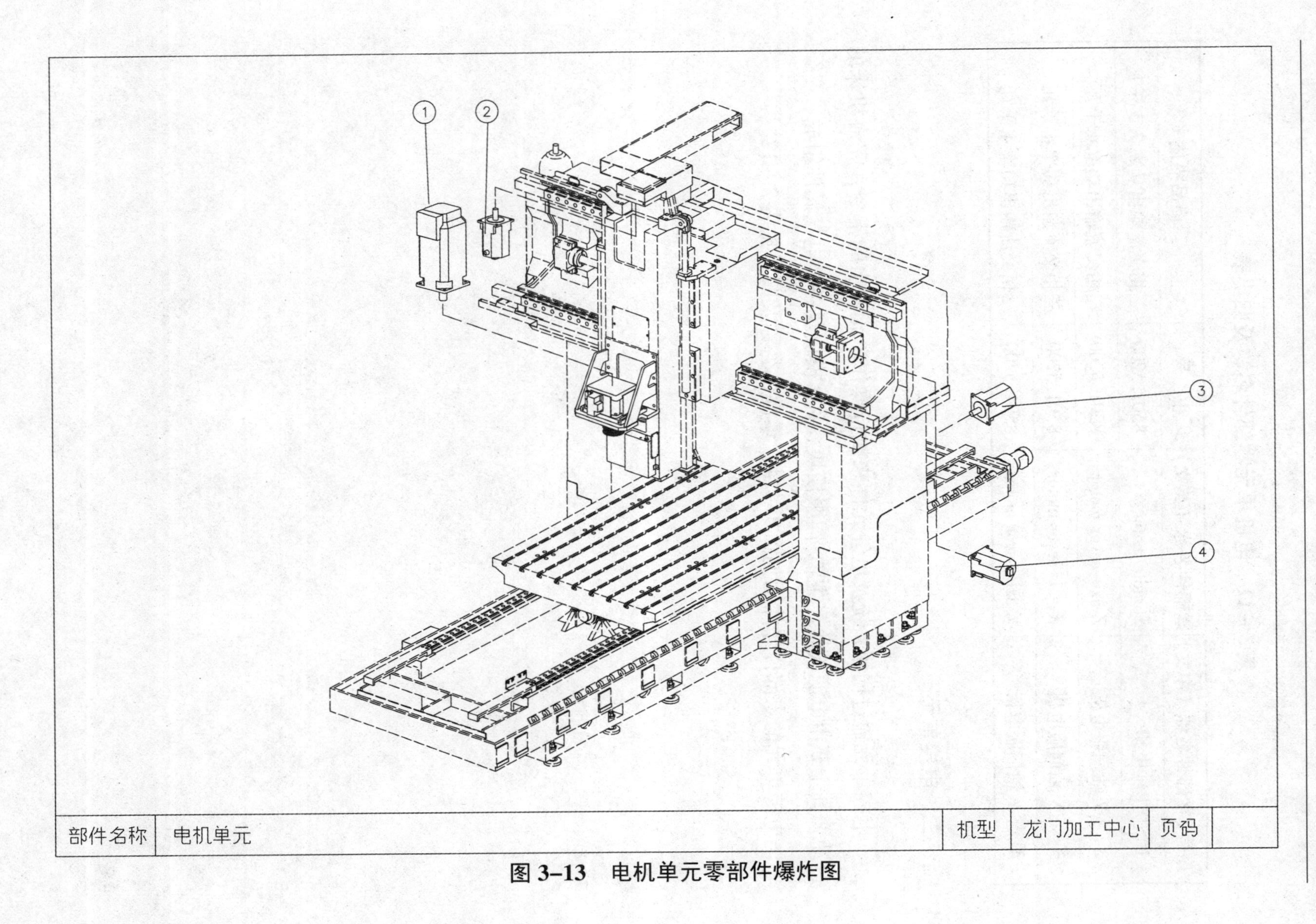


图 3-13　电机单元零部件爆炸图

表 3－11　电机单元零部件名称及归类表

| 序号 | 零部件名称（中文） | 零部件名称（英文） | 税　号 | 商品描述 |
|---|---|---|---|---|
| 1 | 主轴电机 | Spindle motor | 8501. 5200 | 三相交流输出功率 7. 5 千瓦 |
| 2 | Z 轴伺服电机 | Z-axis sevor motor | 8501. 5200 | 三相交流输出功率 4 千瓦 |
| 3 | X 轴伺服电机 | X-axis sevor motor | 8501. 5200 | 三相交流输出功率 4 千瓦 |
| 4 | Y 轴伺服电机 | Y-axis sevor motor | 8501. 5200 | 三相交流输出功率 4 千瓦 |

## 二、电控单元

电控单元通过伺服系统及电气元件来执行操作单元发出的指令，完成机床的运动。其主要由电源模块、主轴/伺服模块、I/O 模块及各类电气元件组成。

电控单元的零部件爆炸图见图 3－14，零部件名称及归类见表 3－12。

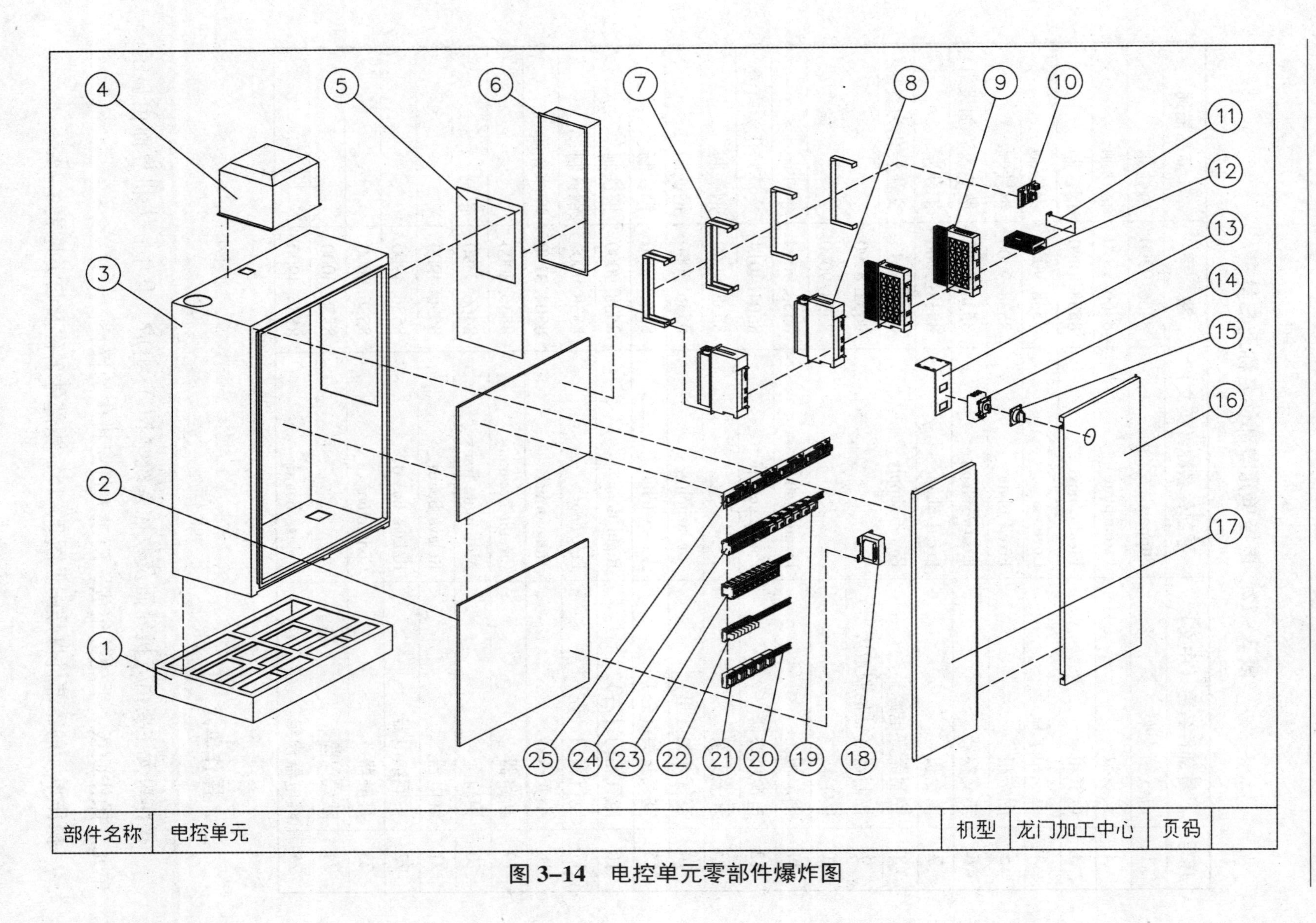


图 3-14　电控单元零部件爆炸图

**表 3－12　电控单元零部件名称及归类表**

| 序号 | 零部件名称（中文） | 零部件名称（英文） | 税　号 | 商品描述 |
|---|---|---|---|---|
| 1 | 电气箱支架 | Support | 8466.9390 | 钢铁制 |
| 2 | 安装板 | Fixed plate | 8466.9390 | 钢铁制 |
| 3 | 电气箱 | Electic box | 8538.1090 | 钢铁制 |
| 4 | 电气箱上盖 | Cover | 8538.9000 | 钢铁制 |
| 5 | 固定板 | Fixed plate | 8538.9000 | 钢铁制 |
| 6 | 热交换器 | Heat exchanger | 8538.9000 | 散热盘管加风扇 |
| 7 | 固定板 | Fixed plate | 8538.9000 | 钢铁制 |
| 8 | 控制器（电源） | Power supply | 8504.4014 | 交流转化为直流 |
| 9 | 控制器（轴伺服放大器） | | 9032.8990 | |
| 10 | I/O 卡 | | 8538.9000 | |
| 11 | 固定板 | Fixed plate | 8538.9000 | 钢铁制 |
| 12 | 电源供应器 | Power supply | 8504.4014 | 交流转化为直流 |
| 13 | 开关支架 | | 8538.9000 | 钢铁制 |
| 14 | 空气开关（里） | Air switch | 8536.5000 | 钢铁制 |
| 15 | 空气开关（外） | Air switch | 8536.5000 | 钢铁制 |
| 16 | 电气箱门（右） | Right door | 8538.9000 | 钢铁制 |
| 17 | 电气箱门（左） | Left door | 8538.9000 | 钢铁制 |
| 18 | 小变压器 | Transformer | 8504.3190 | 液体介质 |
| 19 | 断路器 | Circuit breakers | 8536.2000 | |
| 20 | 铝轨 | Aluminum track | 8466.9390 | 铝制 |
| 21 | 继电器 | Relays board | 8536.4900 | |
| 22 | 中间继电器 | Relays board | 8536.4900 | |
| 23 | 接触器 | Contactors | 8536.2000 | |
| 24 | 欧式保险 | | 8536.3000 | |
| 25 | 继电器模组 | Relays board | 8536.4900 | |

## 三、操作单元

操作单元主要由人机界面及数控系统（NC）组成。其中，人机界面由显示单元、操作面板、手轮等组成，用于人员对机床的操控。

操作单元的零部件爆炸图见图 3－15，零部件名称及归类见表 3－13。

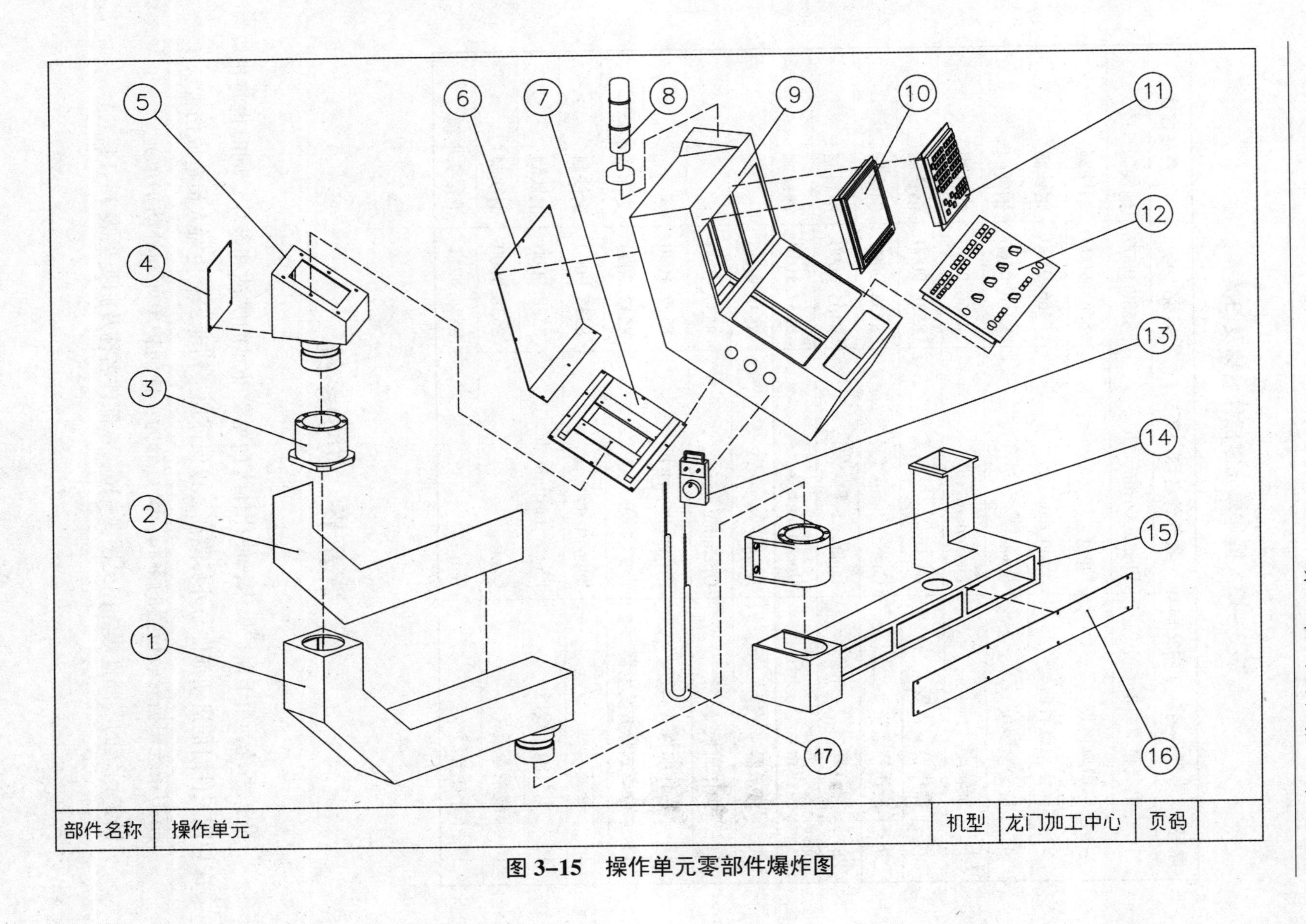


图 3-15 操作单元零部件爆炸图

**表 3－13　操作单元零部件名称及归类表**

| 序号 | 零部件名称（中文） | 零部件名称（英文） | 税　号 | 商品描述 |
|---|---|---|---|---|
| 1 | 电气箱下线槽 | Electic boxthrough | 8538.9000 | 钢铁制 |
| 2 | 线槽盖板 | Cover | 8538.9000 | 钢铁制 |
| 3 | 操作箱旋转轴 | Stand rod | 8466.9390 | 钢铁制 |
| 4 | 旋转座盖板 | Cover | 8466.9390 | 钢铁制 |
| 5 | 旋转座 | Flex guard | 8466.9390 | 钢铁制 |
| 6 | 操作箱后盖板（一） | Cover | 8538.9000 | 钢铁制 |
| 7 | 操作箱盖板（二） | Cover | 8538.9000 | 钢铁制 |
| 8 | 三色灯 | Light | 9405.4090 | 塑料制 |
| 9 | 操作箱 | Operation box | 8537.1019 | 钢铁制 |
| 10 | 显示器 | Display | 8538.9000 | |
| 11 | 操作面板（一） | Operation panel | 8537.1090 | |
| 12 | 操作面板（二） | Operation panel | 8537.1090 | |
| 13 | 分离式脉波发生器 | | 8543.7099 | 又称“手轮” |
| 14 | 基座 | Support seat | 8538.9000 | 钢铁制 |
| 15 | 电气箱下线槽 | Electic boxthrough | 8538.9000 | 钢铁制 |
| 16 | 线槽盖板 | Cover | 8538.9000 | 钢铁制 |
| 17 | 手轮导线 | Wire | 8544.4211 | 带接头电缆 |

## 第五节　防护系统

防护系统，用于保护机床，使床体表面免受外界的腐蚀和破坏；同时也将机床切割工件时的运动部件与外界隔离，以保证加工精度，避免对人员造成伤害。

防护系统根据安装位置的不同，又可分为：内防护单元和外防护单元。

防护系统的零部件爆炸图见图 3－16，零部件名称及归类见表 3－14。

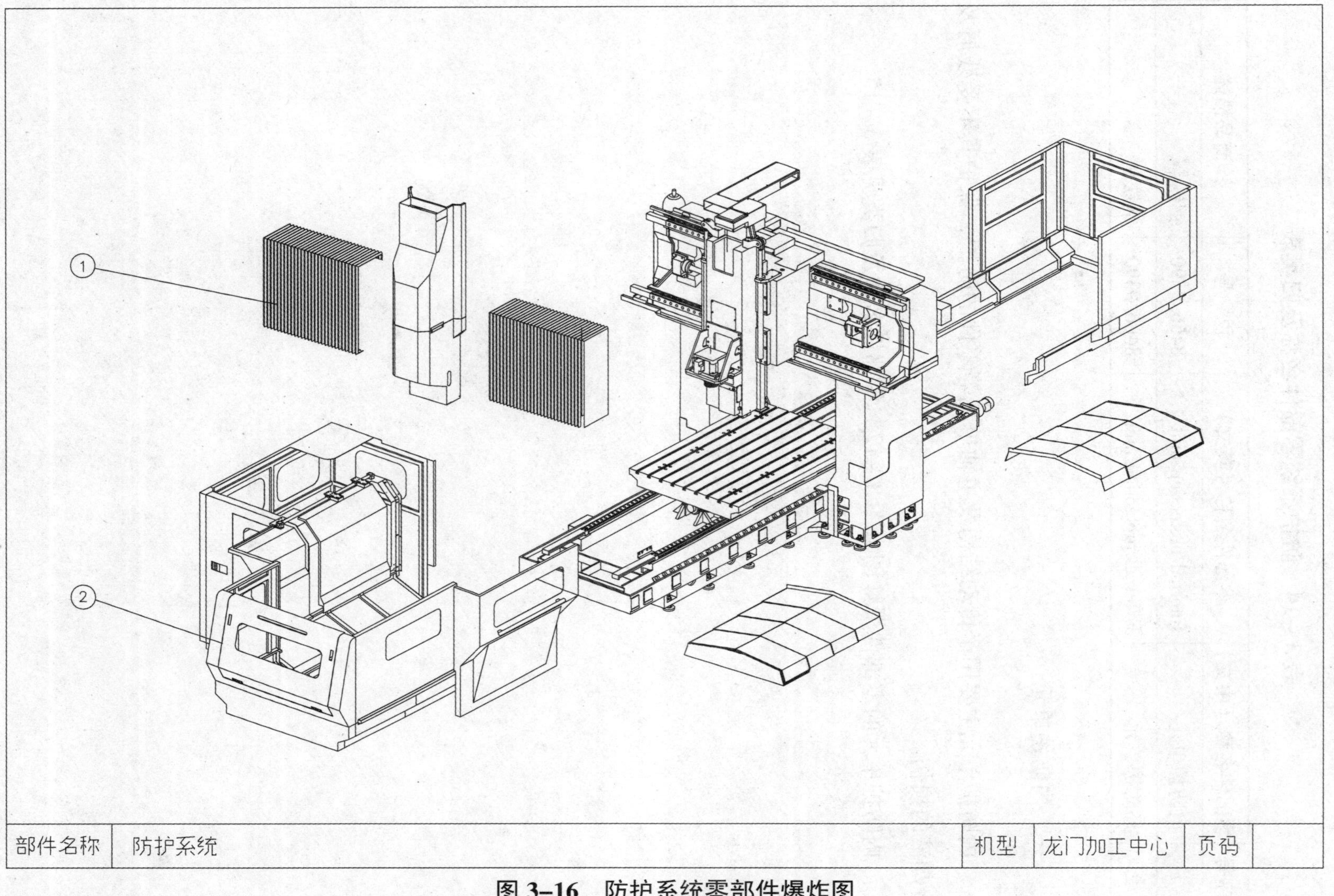


图 3-16　防护系统零部件爆炸图

表 3－14　防护系统零部件名称及归类表

| 序号 | 零部件名称（中文） | 零部件名称（英文） | 税　号 | 商品描述 |
| --- | --- | --- | --- | --- |
| 1 | 内防护单元 | Internal protection unit | 8466.9390 | 钢铁制 |
| 2 | 外防护单元 | External protection unit | 8466.9390 | 钢铁制 |

## 一、内防护单元

内防护单元主要用于传动结构及主轴单元等零件的防护，保护其不受残屑及冷却液的损伤。

内防护单元的零部件爆炸图见图 3－17，零部件名称及归类见表 3－15。

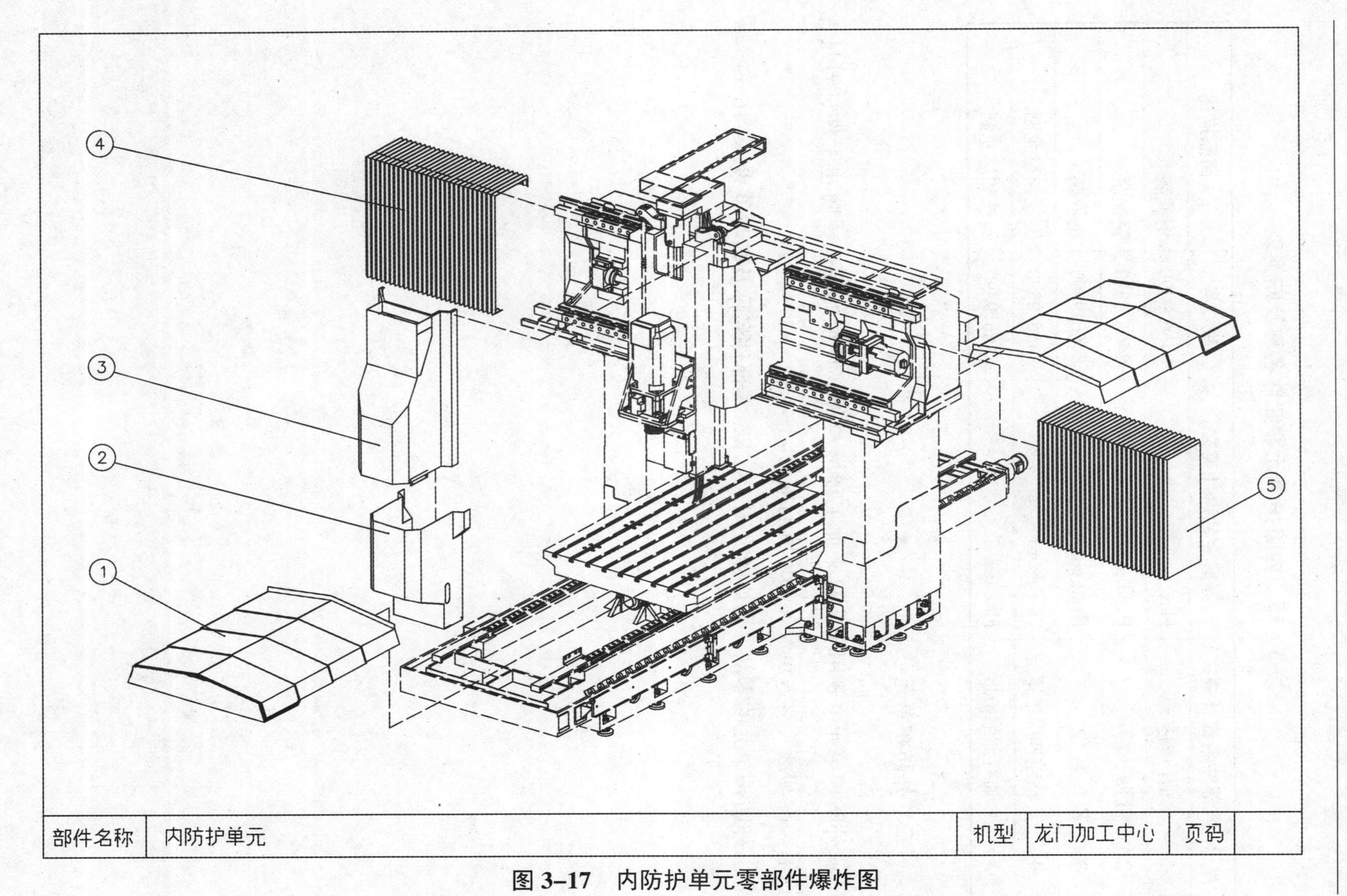


图 3-17　内防护单元零部件爆炸图

**表 3-15 内防护单元零部件名称及归类表**

| 序号 | 零部件名称（中文） | 零部件名称（英文） | 税 号 | 商品描述 |
|---|---|---|---|---|
| 1 | X 轴伸缩护罩 | Flex guard | 8466.9390 | 钢铁制 |
| 2 | 机头下盖 | Head gurd | 8466.9390 | 钢铁制 |
| 3 | 机头上盖 | Head gurd | 8466.9390 | 钢铁制 |
| 4 | Y 轴左伸缩护罩 | Flex guard | 8466.9390 | 钢铁和尼龙制 |
| 5 | Y 轴右伸缩护罩 | Flex guard | 8466.9390 | 钢铁和尼龙制 |

## 二、外防护单元

外防护单元主要用于将机床加工环境与外部环境的隔离，防止工件、刀具、铁屑、冷却液等对人员及外部环境的损伤。

外防护单元的零部件爆炸图见图 3-18，零部件名称及归类见表 3-16。

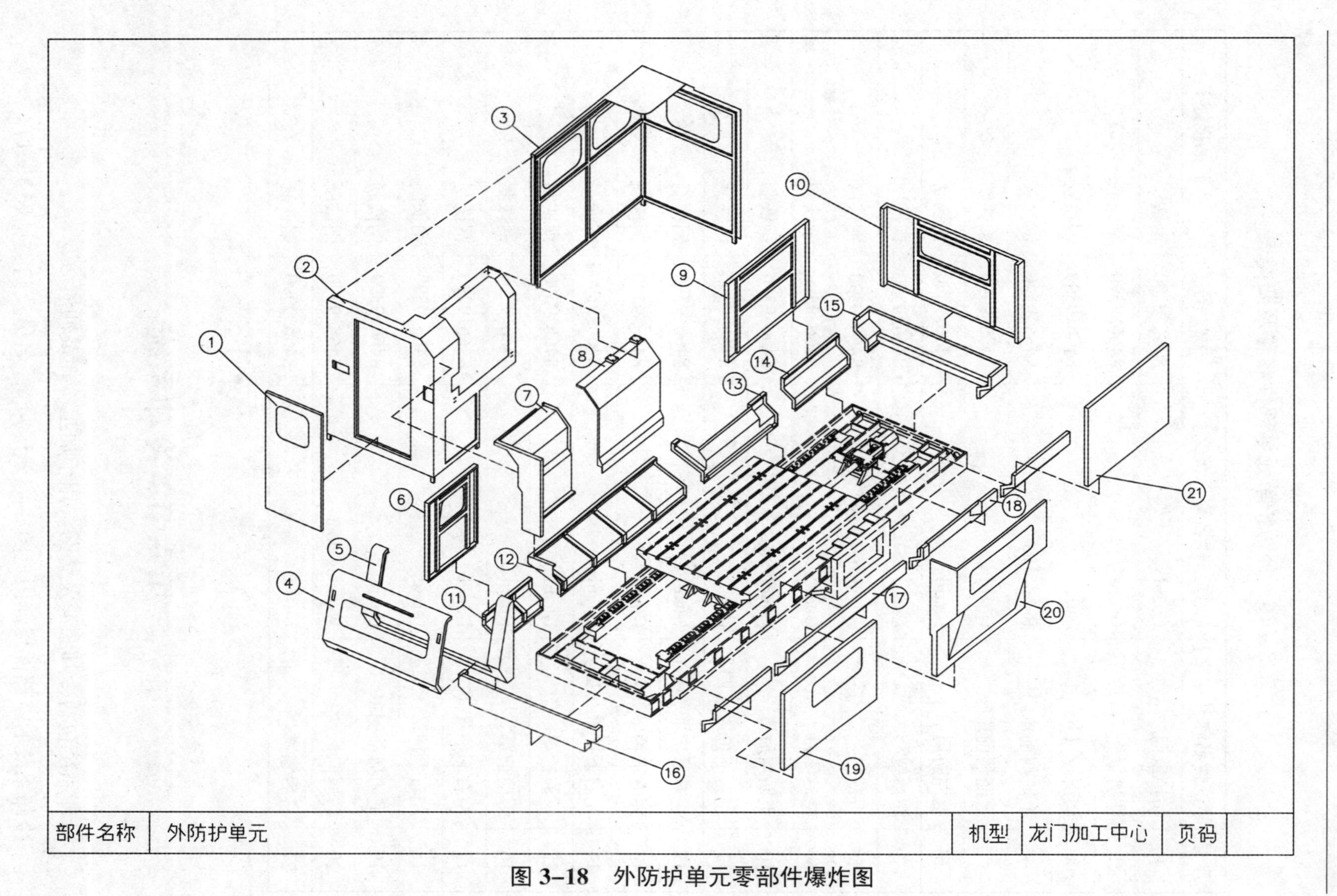


图 3-18　外防护单元零部件爆炸图

**表 3－16　外防护单元零部件名称及归类表**

| 序号 | 零部件名称（中文） | 零部件名称（英文） | 税　号 | 商品描述 |
|---|---|---|---|---|
| 1 | 防护罩门 | Guard | 8466.9390 | 钢铁制 |
| 2 | 防屑罩 | Guard | 8466.9390 | 钢铁制 |
| 3 | 防屑罩（B） | Guard | 8466.9390 | 钢铁制 |
| 4 | 上防屑前罩门 | Front door | 8466.9390 | 钢铁制 |
| 5 | 上防屑前罩 | Guard | 8466.9390 | 钢铁制 |
| 6 | 上左防屑罩 | Guard | 8466.9390 | 钢铁制 |
| 7 | 防屑罩 | Guard | 8466.9390 | 钢铁制 |
| 8 | 自动门 | Automatic door | 8466.9390 | 钢铁制 |
| 9 | 左后侧罩 | Guard | 8466.9390 | 钢铁制 |
| 10 | 上防屑后罩 | Guard | 8466.9390 | 钢铁制 |
| 11 | 左右下护罩（四） | Guard | 8466.9390 | 钢铁制 |
| 12 | 左右下护罩（五） | Guard | 8466.9390 | 钢铁制 |
| 13 | 左右下护罩（六） | Guard | 8466.9390 | 钢铁制 |
| 14 | 左右下护罩（二） | Guard | 8466.9390 | 钢铁制 |
| 15 | 下前护罩 | Guard | 8466.9390 | 钢铁制 |
| 16 | 下前护罩 | Guard | 8466.9390 | 钢铁制 |
| 17 | 左右下护罩（一） | Guard | 8466.9390 | 钢铁制 |
| 18 | 左右下护罩（二） | Guard | 8466.9390 | 钢铁制 |
| 19 | 上防屑前侧罩 | Guard | 8466.9390 | 钢铁制 |
| 20 | 防屑门 | Working door | 8466.9390 | 钢铁制 |
| 21 | 右后侧罩 | Guard | 8466.9390 | 钢铁制 |

## 第六节　冷却系统

冷却系统包括冷却泵浦及管路，用于加工冷却及冲屑。

冷却系统的零部件爆炸图见图 3－19，零部件名称及归类见表 3－17。

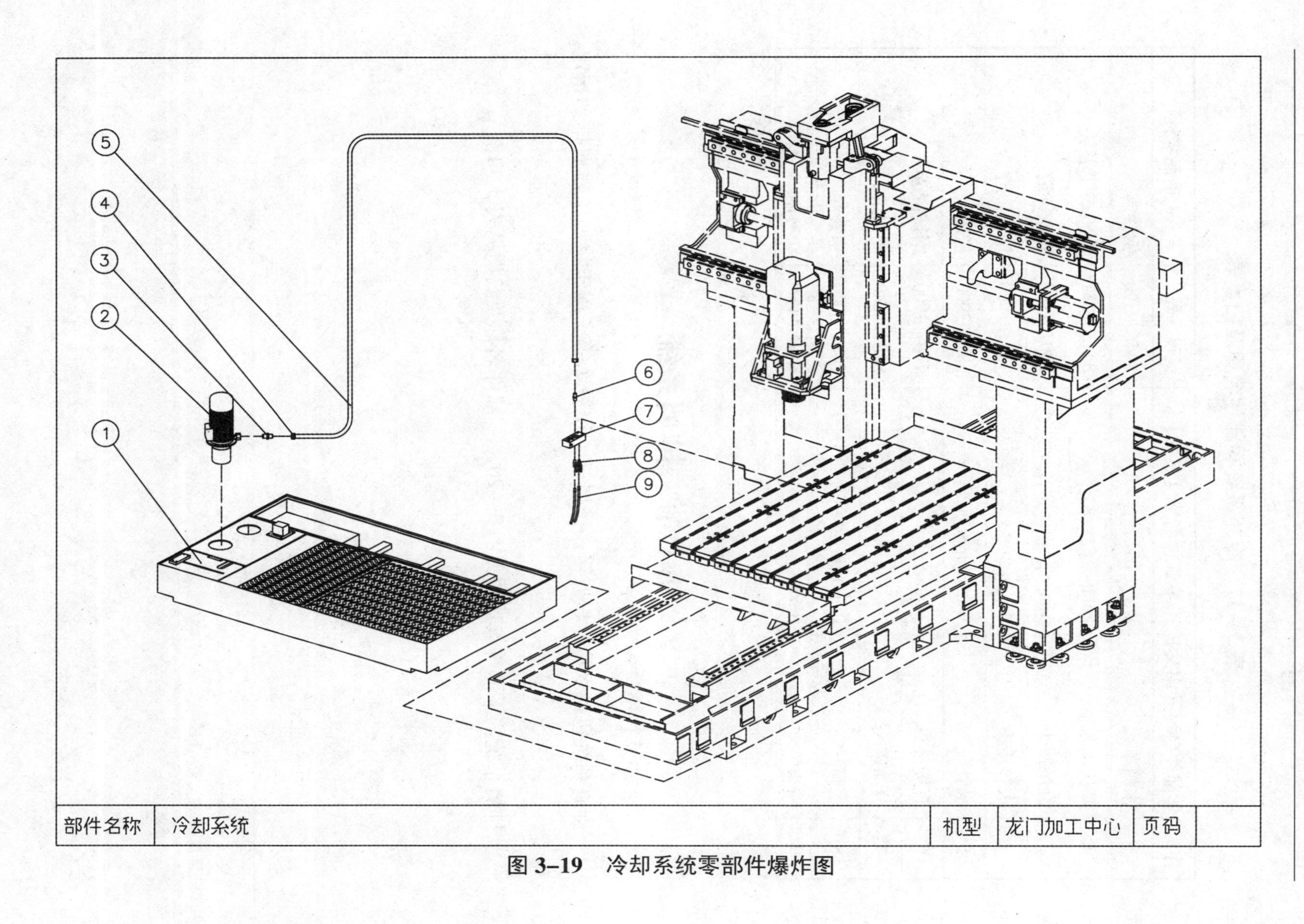


图 3-19 冷却系统零部件爆炸图

表3－17　冷却系统零部件名称及归类表

| 序号 | 零部件名称（中文） | 零部件名称（英文） | 税　号 | 商品描述 |
|---|---|---|---|---|
| 1 | 水箱单元 | Water box | 8466.9390 | 钢铁制 |
| 2 | 高压水泵 | Pump | 8413.5031 | 液压式柱塞泵 |
| 3 | 直接接头 | Adapter | 7307.1900 | 钢铁铸造 |
| 4 | 水管接头 | Adapter | 7307.1900 | 钢铁铸造 |
| 5 | 水管 | Water pipe | 3917.3900 | 橡胶制 |
| 6 | 直接接头 | Adapter | 7307.1900 | 钢铁铸造 |
| 7 | 分油座 | Oil distributor | 8481.8040 | 阀门组 |
| 8 | 水阀 | Penstock | 8481.3000 | 钢铁制 |
| 9 | 喷头 | Nozzle | 8424.9090 | 塑料制 |

## 第七节　排屑系统

排屑系统包括水箱、积屑箱、排屑机、积屑车等，用于将加工残屑排到指定位置。

排屑系统的零部件爆炸图见图3－20，零部件名称及归类见表3－18。

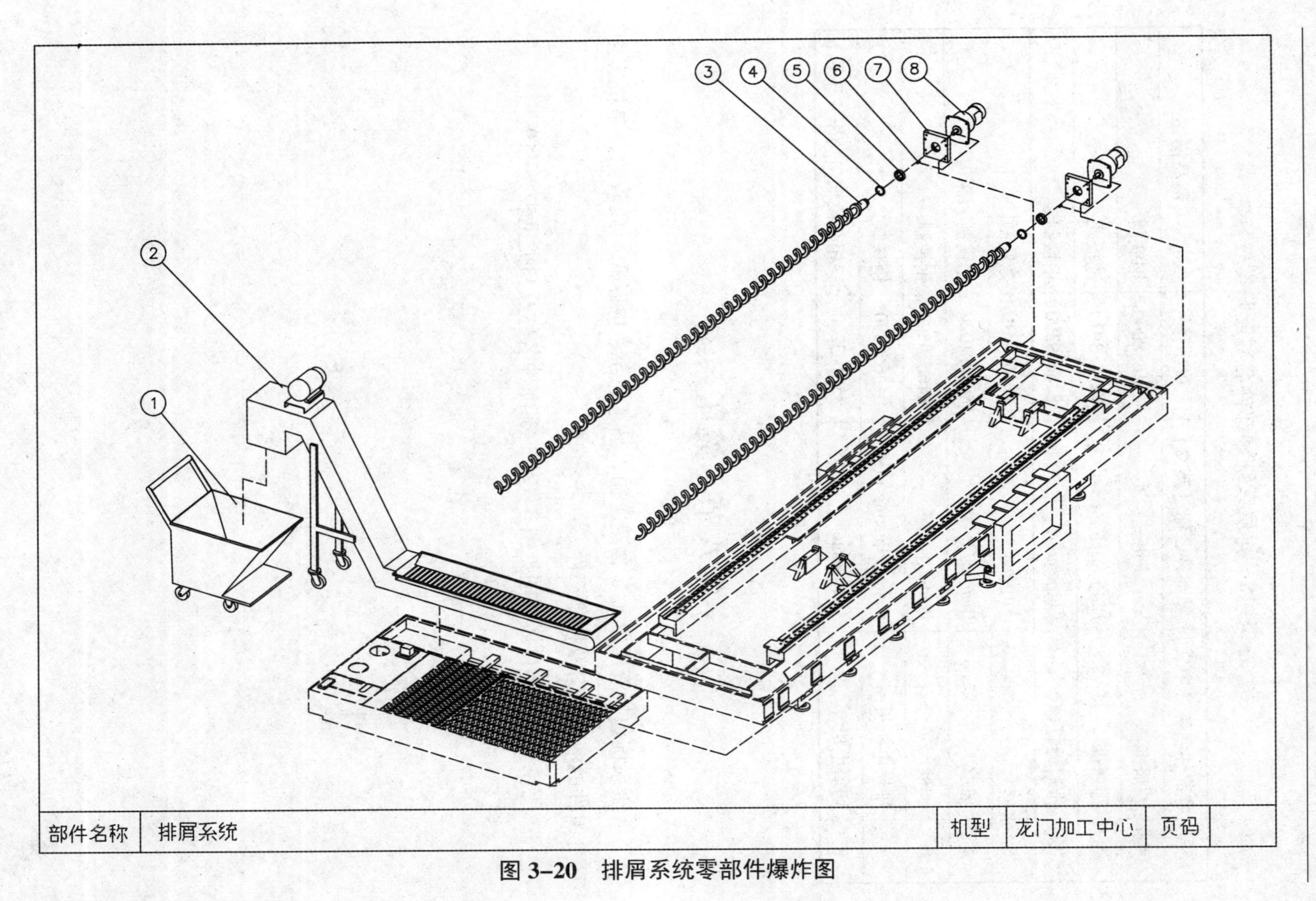


图 3-20　排屑系统零部件爆炸图

表3－18　排屑系统零部件名称及归类表

| 序号 | 零部件名称（中文） | 零部件名称（英文） | 税　号 | 商品描述 |
|---|---|---|---|---|
| 1 | 蓄屑推车 | Slag dolly | 8716.8000 | 钢铁制 |
| 2 | 排屑机 | Chip machine | 8428.3910 | 链板式 |
| 3 | 排屑螺杆 | Chip screw | 8466.9390 | 钢铁制 |
| 4 | 油封 | Airproof | 4016.9310 | 橡胶制 |
| 5 | 轴承 | Bearing | 8482.1020 | 钢铁制，深沟球 |
| 6 | 平键 | Pontil | 8466.9390 | 钢铁制 |
| 7 | 排屑电机板 | Motor adjusting plate | 8466.9390 | 钢铁制 |
| 8 | 切屑电机 | Servo motor | 8501.5200 | 三相交流输出功率4千瓦 |

# 第八节　液压系统

液压系统包括液压单元（含液压箱、马达、泵、电磁阀）及管路，是机床中部分组件的液压动力及控制部件。

液压系统的零部件爆炸图见图3－21，零部件名称及归类见表3－19。

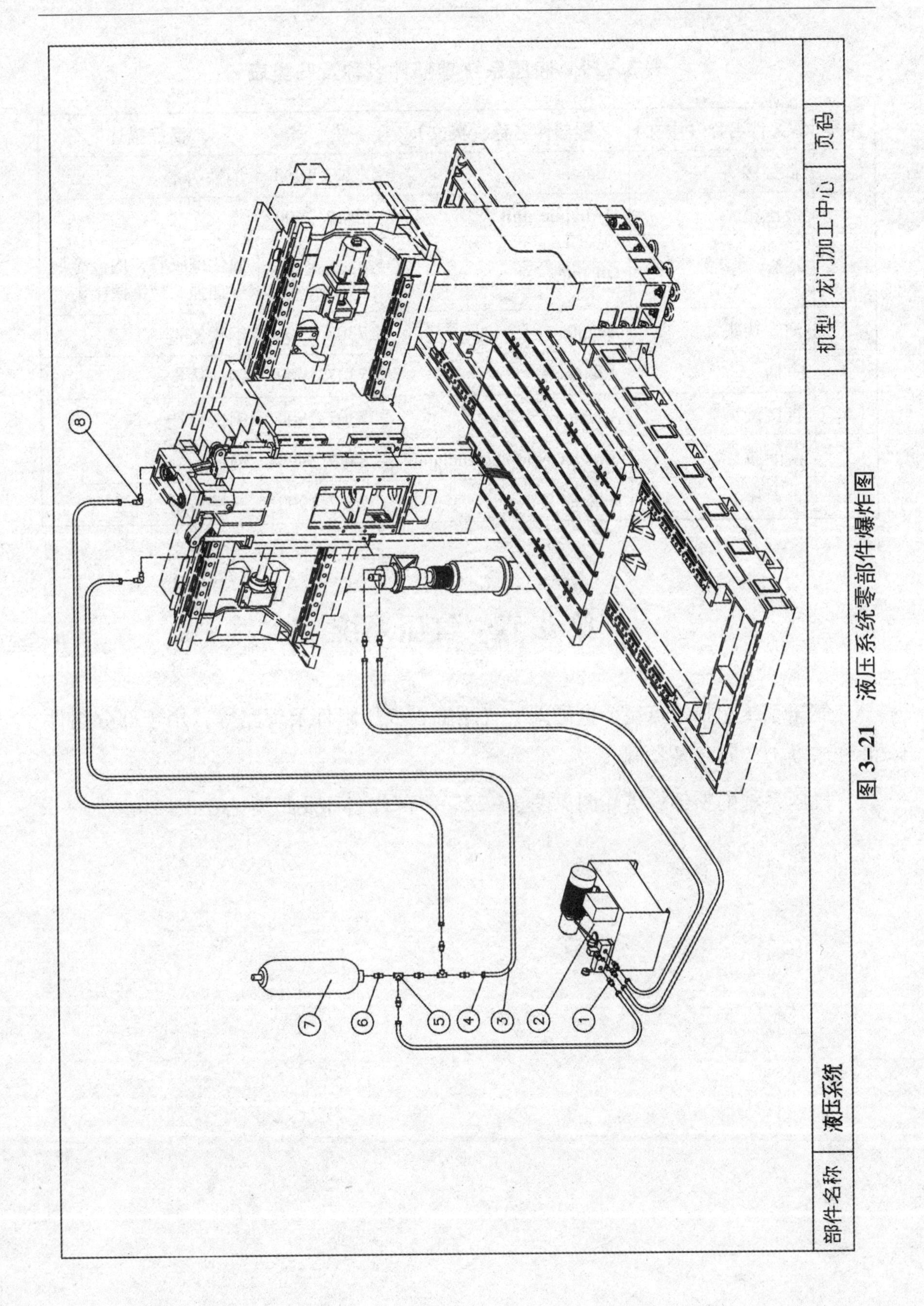


图 3-21 液压系统零部件爆炸图

表3-19　液压系统零部件名称及归类表

| 序号 | 零部件名称（中文） | 零部件名称（英文） | 税　号 | 商品描述 |
|---|---|---|---|---|
| 1 | 直接接头 | Adapter | 7307.1900 | 钢铁铸造 |
| 2 | 液压箱 | Hydraulic unit | 8412.2990 | |
| 3 | 油管 | Oil line | 4009.2200 | 硫化橡胶管，内嵌金属丝加强，带钢铁接头 |
| 4 | 油管接头 | Adapter | 7307.1900 | 钢铁铸造 |
| 5 | 三通 | Adapter | 7307.1900 | 钢铁铸造 |
| 6 | 直接接头 | Adapter | 7307.1900 | 钢铁铸造 |
| 7 | 蓄能瓶 | Bladder type accumulator | 8479.8999 | 钢铁制 |
| 8 | 直角接头 | Adapter | 7307.1900 | 钢铁铸造 |

## 第九节　气压系统

气压系统包括三点组、电磁阀、气压缸、气压附件及管路等，用于部分组件的气压动力、吹气及控制。

气压系统的零部件爆炸图见图3-22，零部件名称及归类见表3-20。

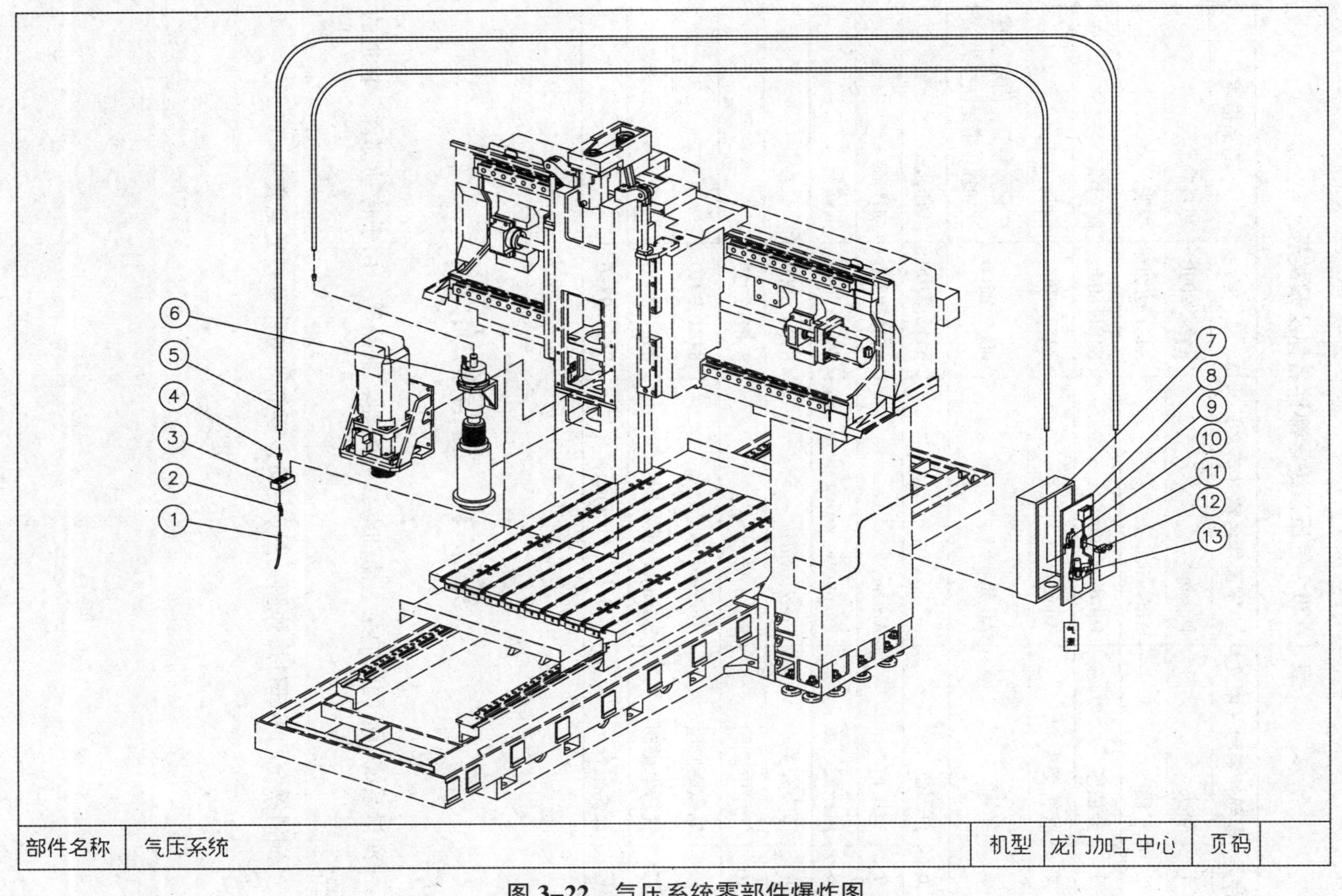


图 3-22　气压系统零部件爆炸图

表 3-20　气压系统零部件名称及归类表

| 序号 | 零部件名称（中文） | 零部件名称（英文） | 税　号 | 商品描述 |
|---|---|---|---|---|
| 1 | 喷头 | Nozzle | 8424.9090 | 塑料制 |
| 2 | 气阀 | Air switch | 8481.2020 | 铜制 |
| 3 | 分油座 | Oil distributor | 8481.8040 | 阀门组 |
| 4 | 气管接头 | Adapter | 7412.1000 | 铜制 |
| 5 | 气管 | Air line | 4009.2200 | 硫化橡胶管，内嵌金属丝加强，带钢铁接头 |
| 6 | 打刀缸 | | 8412.3100 | 气压缸 |
| 7 | 空压箱 | Air box | 8466.9390 | 钢铁制 |
| 8 | 风压配线板 | Pneumatic wiring plate | 8466.9390 | 钢铁制 |
| 9 | 压力开关 | Press switch | 8536.5000 | |
| 10 | 气压电磁阀 | Solenoid valve | 8481.2020 | |
| 11 | 电磁阀底座 | Solenoid fix seat | 8481.9010 | |
| 12 | 气压电磁阀 | Solenoid valve | 8481.2020 | |
| 13 | 三点组合 | F. R. L（Air filter） | 8466.9390 | |

# 第十节　润滑系统

润滑系统包括润滑油泵、滤油器、分配器、管路等，用于传动部件、轨道的润滑。

润滑系统的零部件爆炸图见图 3-23，零部件名称及归类见表 3-21。

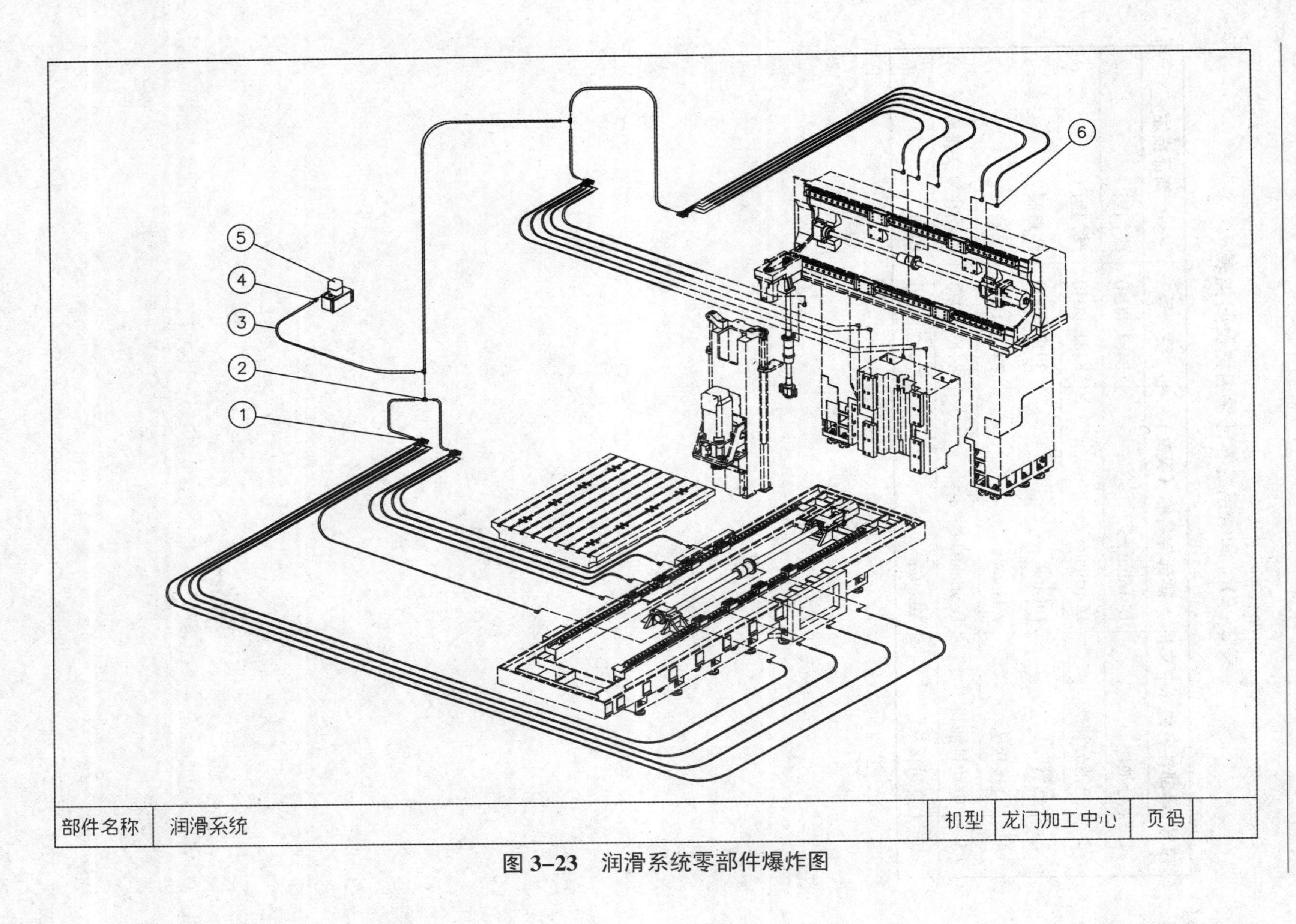


图3-23 润滑系统零部件爆炸图

**表 3－21 润滑系统零部件名称及归类表**

| 序号 | 零部件名称（中文） | 零部件名称（英文） | 税　号 | 商品描述 |
| --- | --- | --- | --- | --- |
| 1 | 分油座 | Distributor | 8481.8040 | 阀门组 |
| 2 | 三通分油座 | Distributor | 8481.8040 | 阀门组 |
| 3 | 油管 | Oil line | 3917.3900 | 塑料制 |
| 4 | 直接接头 | Adapter | 7412.1000 | 铜制 |
| 5 | 电动打油机 | Lubrication | 8413.5020 | 电动往复式排液泵 |
| 6 | 直角接头 | Adapter | 7412.1000 | 铜制 |

# 第四章 卧式数控车床

DI-SI ZHANG WOSHI SHUKONG CHECHUANG

# 第一节　整机结构

车床是一种主轴夹持工件旋转，用刀具对旋转的工件进行车削加工的机床。在车床上还可用钻头、镗刀、铰刀、丝锥等进行相应的加工。车床主要用于加工轴、盘、套和其他具有回转表面的工件。

数控车床，又称CNC车床，是配备数控系统，带有多工位刀塔，能进行自动化加工的车床，包含车削中心。

按主轴轴线与地面的位置可分为卧式数控车床、立式数控车床；车削中心是在普通数控车床的基础上，增加C轴及动力头。

卧式数控车床是指主轴轴线与水平面平行的数控车床（图示见图4－1）。其主要由主机结构、电气系统、防护系统、冷却系统、排屑系统、液压系统、润滑系统等组成（见图4－2）。

**图4－1　卧式数控车床图示**

卧式数控车床的整机零部件爆炸图见图4－3，零部件名称及归类见表4－1。

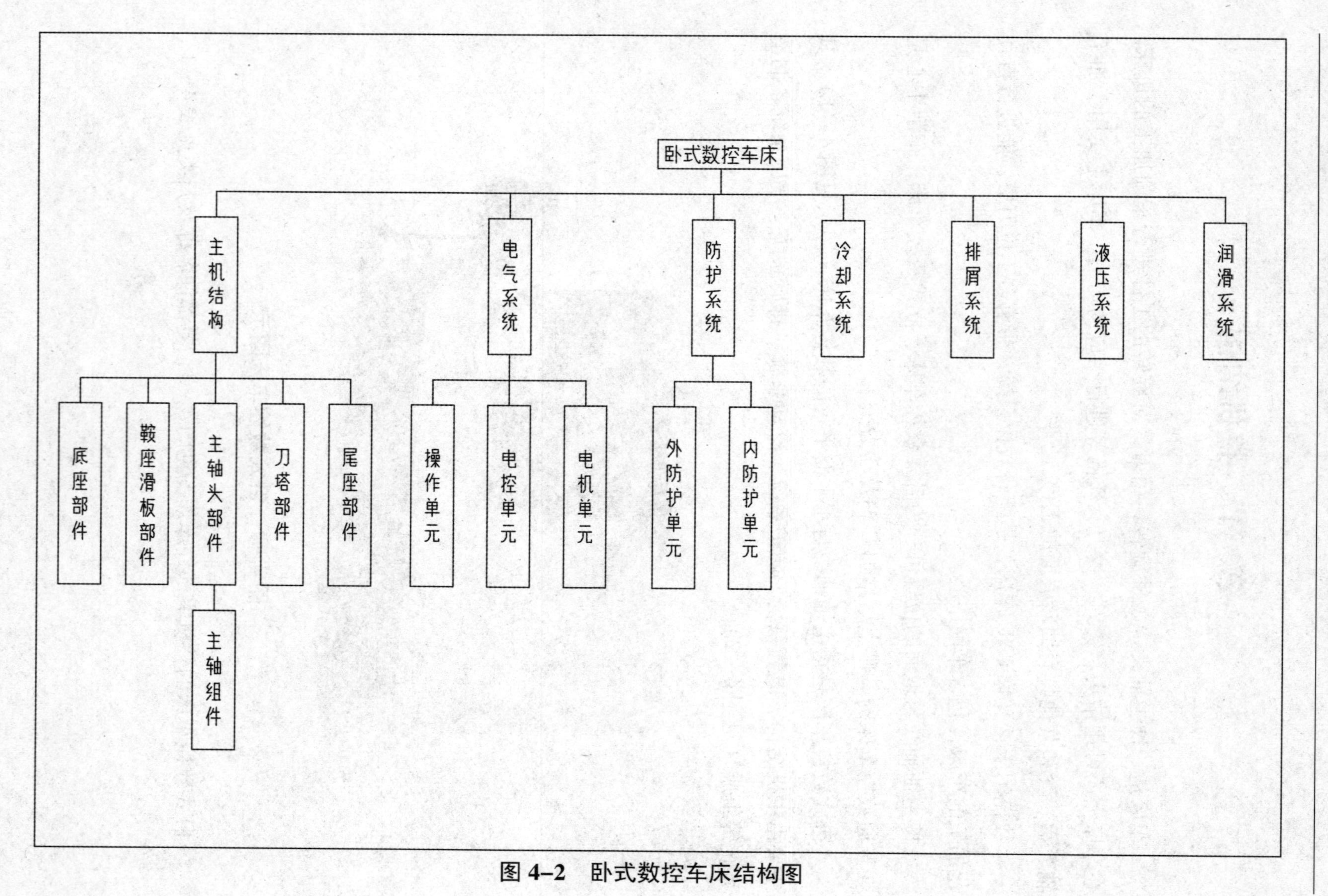


图 4-2 卧式数控车床结构图

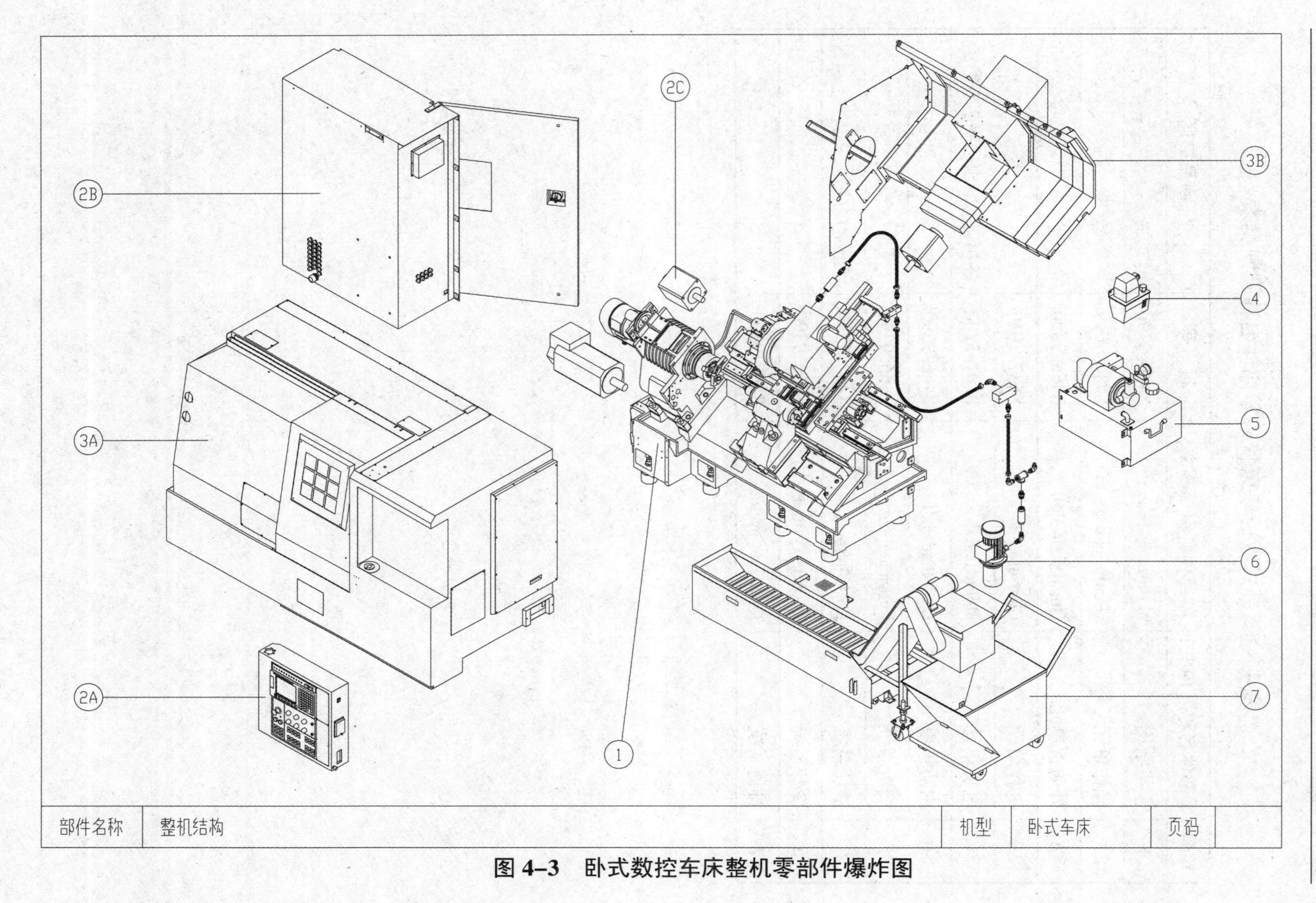


图 4-3　卧式数控车床整机零部件爆炸图

**表4－1　卧式数控车床整机零部件名称及归类表**

| 序号 | 零部件名称（中文） | 零部件名称（英文） | 税　号 | 商品描述 |
|---|---|---|---|---|
| 1 | 主机结构 | Mainframe frame | 8466.9390 | 钢铁制 |
| 2A | 操作单元 | Handle cell | 8537.1019 | |
| 3A | 外防护单元 | Out defend cell | 8466.9390 | |
| 2B | 电控单元 | Control cell | 8537.1019 | |
| 2C | 电机单元 | Motor cell | 8501.5200 | 三相交流输出功率7.5千瓦 |
| 3B | 内防护单元 | In defend cell | 8466.9390 | |
| 4 | 润滑系统 | Lubricate system | 8466.9390 | |
| 5 | 液压系统 | Press system | 8412.2990 | 液压动力站 |
| 6 | 冷却系统 | Cooling system | 8466.9390 | |
| 7 | 排屑系统 | Lubricate system | 8466.9390 | |

# 第二节　主机结构

主机结构是数控车床的主体，包括底座、鞍座、滑板、主轴头、主轴、刀塔、进给结构等机械部件。构成刀具作 X/Z 两轴的直线运动和主轴夹持工件的旋转运动。

主机结构的零部件爆炸图见图 4－4，零部件名称及归类见表 4－2。

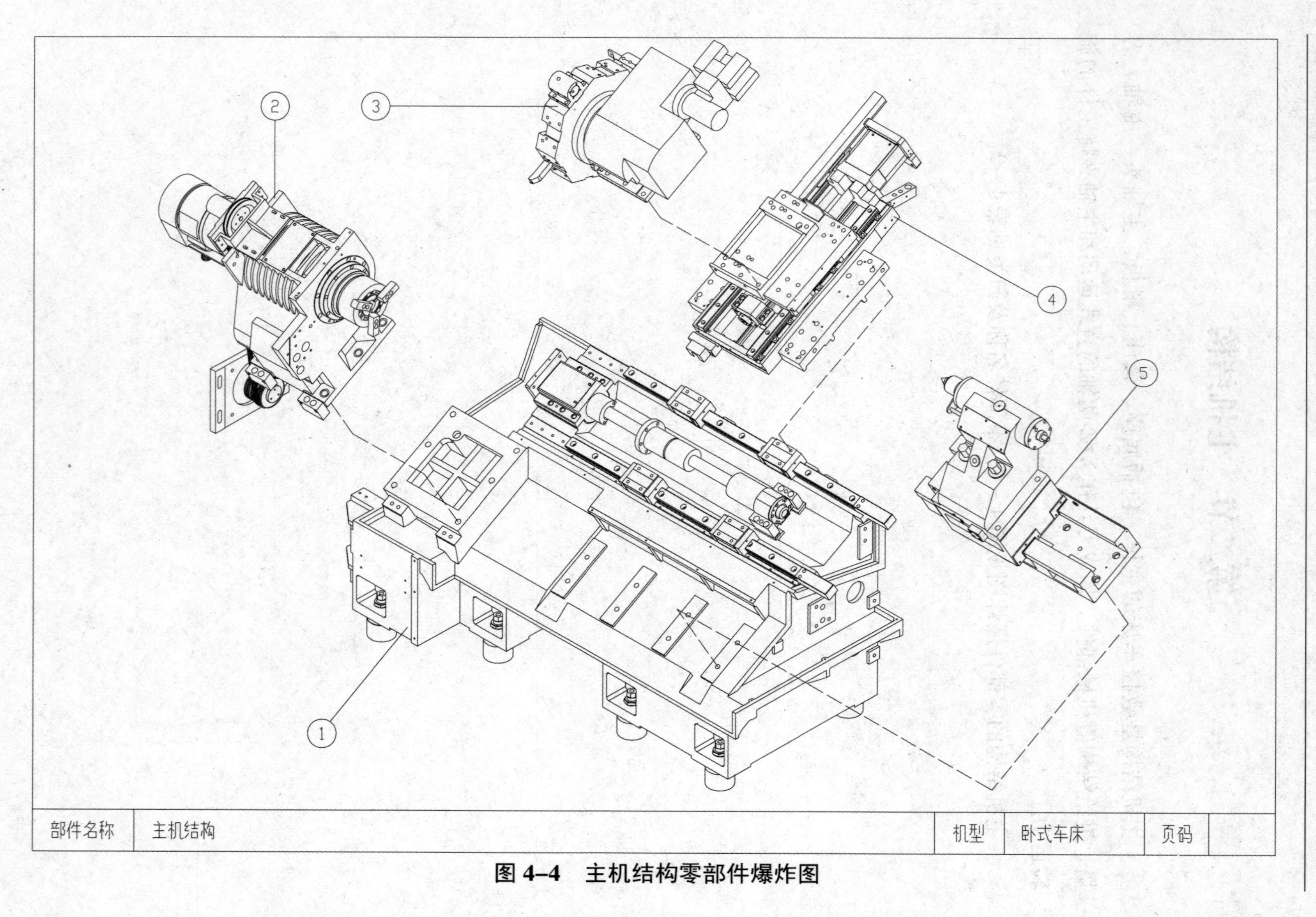


图 4-4　主机结构零部件爆炸图

**表 4－2　主机结构零部件名称及归类表**

| 序号 | 零部件名称（中文） | 零部件名称（英文） | 税　号 | 商品描述 |
| --- | --- | --- | --- | --- |
| 1 | 底座部件 | Base parts | 8466.9390 | 钢铁制 |
| 2 | 主轴头部件 | Principal axis parts | 8466.9390 | 钢铁制 |
| 3 | 刀塔部件 | Pagoda parts | 8466.9310 | 钢铁制 |
| 4 | 鞍座滑板部件 | Bicycle saddle board parts | 8466.9390 | 钢铁制 |
| 5 | 尾座部件 | Seat parts | 8466.9390 | 钢铁制 |

## 一、底座部件

底座部件主要由底座、轨道、螺杆、轴承、电机等部分组成，是整个机床的基础支撑，同时形成了机床 Z 轴直线运动。

底座部件的零部件爆炸图见图 4－5，零部件名称及归类见表 4－3。

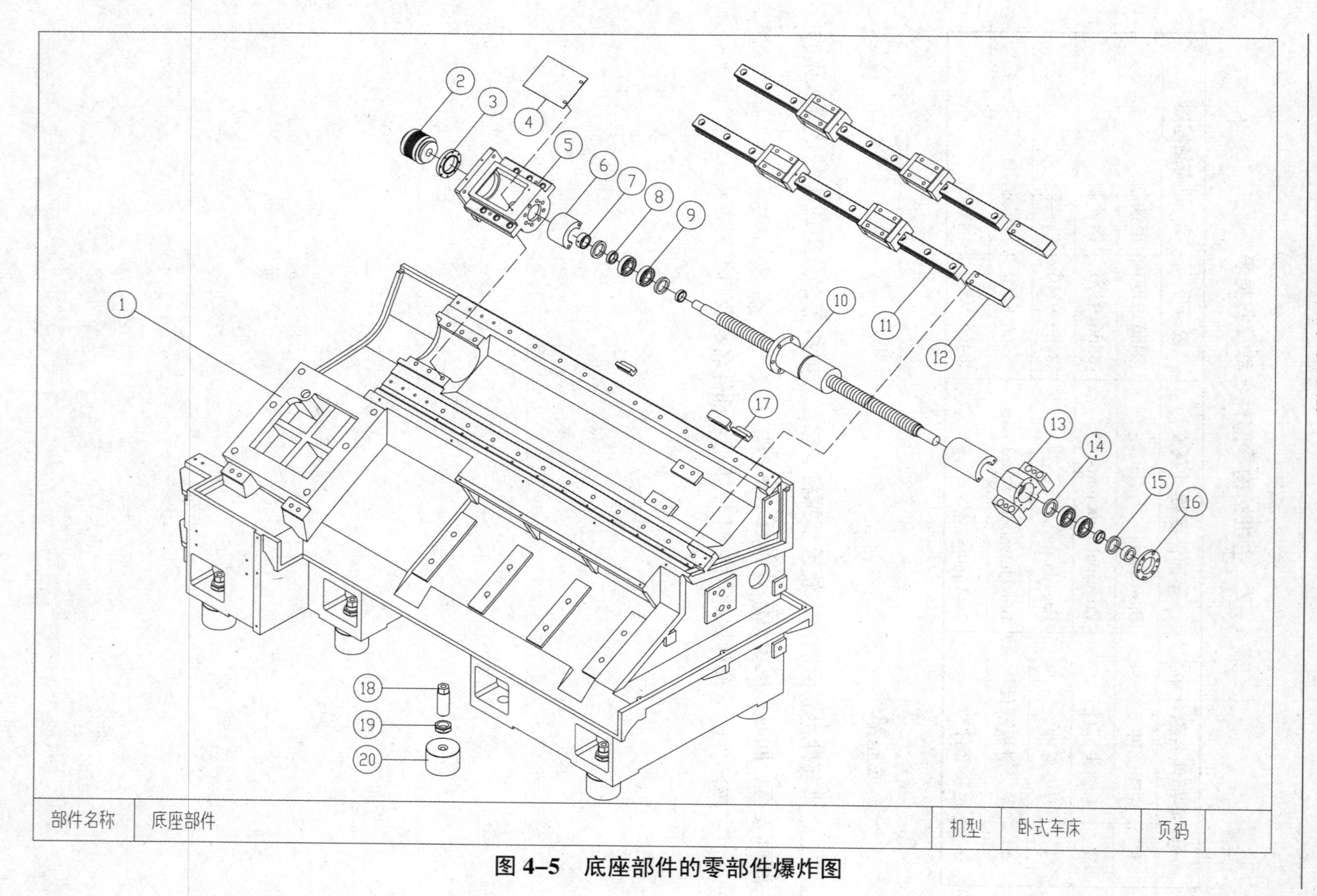


图 4-5 底座部件的零部件爆炸图

**表 4－3　底座部件零部件名称及归类表**

| 序号 | 零部件名称（中文） | 零部件名称（英文） | 税　号 | 商品描述 |
|---|---|---|---|---|
| 1 | 底座 | Base | 8466.9390 | 铸铁制 |
| 2 | 联轴器 | Coupling | 8483.6000 | 钢铁制 |
| 3 | 轴承盖 | Bearing cover | 8466.9390 | 钢铁制 |
| 4 | 封盖 | Cover | 8466.9390 | 钢铁制 |
| 5 | 马达座 | Transmission seat | 8466.9390 | 铸铁制 |
| 6 | 螺杆保护套 | Screw protective casing | 4016.9910 | 橡胶制 |
| 7 | 锁紧螺帽 | Fix nut | 7318.1600 | 钢铁制 |
| 8 | 间隔环 | Spacer | 8466.9390 | 钢铁制 |
| 9 | 滚珠螺杆用轴承 | Ballscrew bearing | 8482.1030 | 钢铁制，角接触 |
| 10 | 滚珠螺杆副 | Ballscrew | 8483.4090 | 钢铁制 |
| 11 | 线性滑轨 | Linear guide | 8466.9390 | 钢铁制 |
| 12 | 延长块 | Block | 8466.9390 | 钢铁制 |
| 13 | 尾端座 | Tail end seat | 8466.9390 | 铸铁制 |
| 14 | 油封（35×50×08） | Oile seal | 8487.9000 | 硫化橡胶制，金属加强 |
| 15 | 油封（40×55×08） | Oil seal | 8487.9000 | 硫化橡胶制，金属加强 |
| 16 | 轴承压盖 | Cover | 8466.9390 | 钢铁制 |
| 17 | 微动开关支架 | Jiggle switch bracket | 8466.9390 | 钢铁制 |
| 18 | 地基调整螺栓 | Foundation adjusting bolt | 7318.1590 | 钢铁制，抗拉强度在800兆帕以下 |
| 19 | 地基调整螺母 | Foundation adjusting nut | 7318.1600 | 钢铁制 |
| 20 | 地基垫块 | Foundation block | 8466.9390 | 钢铁制 |

## 二、鞍座滑板部件

鞍座滑板部件主要由鞍座、滑板、X轴螺杆、轨道、轴承、电机等部分组成，是刀塔的固定基础，同时形成了机床的X轴直线运动。

鞍座滑板部件的零部件爆炸图见图4－6，零部件名称及归类见表4－4。

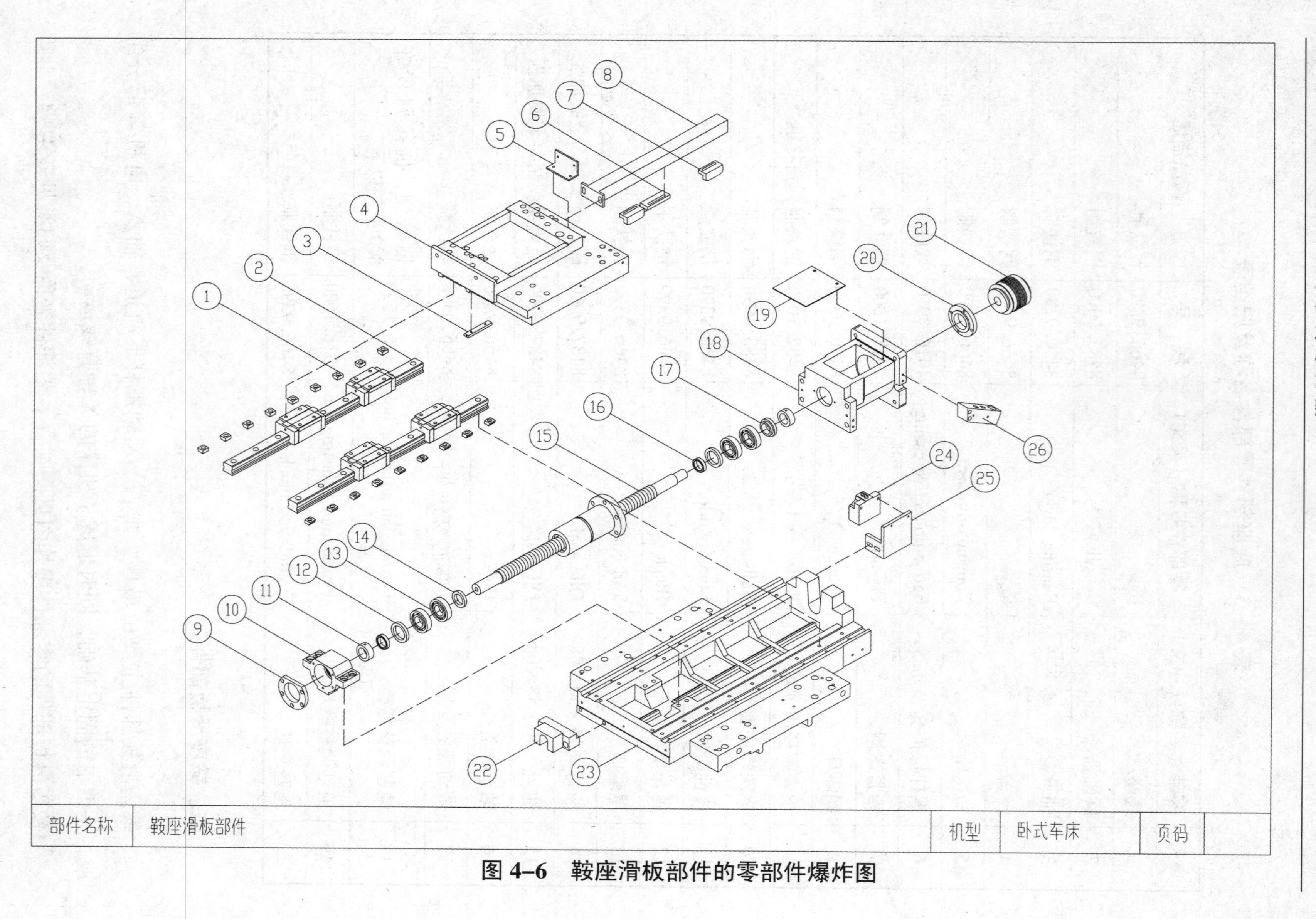


图 4-6 鞍座滑板部件的零部件爆炸图

## 表4－4　鞍座滑板部件零部件名称及归类表

| 序号 | 零部件名称（中文） | 零部件名称（英文） | 税　号 | 商品描述 |
|---|---|---|---|---|
| 1 | 线性滑轨 | Linear guide | 8466.9390 | 钢铁制 |
| 2 | 滚珠螺杆副 | Ballscrew | 8483.4090 | 钢铁制 |
| 3 | 滑块斜楔（B） | Angular wedge（B） | 7318.2400 | 钢铁制 |
| 4 | 滑板 | Slide | 8466.9390 | 铸铁制 |
| 5 | 分油座固定架 | | 8466.9390 | 钢铁制 |
| 6 | 碰块 | Dog | 8466.9390 | 钢铁制 |
| 7 | 碰块 | Dog | 8466.9390 | 钢铁制 |
| 8 | 碰块座 | Dog seat | 8466.9390 | 钢铁制 |
| 9 | 轴承压盖 | Cover | 8466.9390 | 钢铁制 |
| 10 | 尾端座 | Tail end seat | 8466.9390 | 钢铁制 |
| 11 | 锁紧螺帽 | Fix nut | 7318.1600 | 钢铁制 |
| 12 | 油封（40×55×08） | TC oil seal | 8487.9000 | 硫化橡胶制，金属加强 |
| 13 | 滚珠螺杆用轴承 | Ballscrew bearing | 8482.1030 | 钢铁制，角接触 |
| 14 | 油封（35×50×08） | TC oile seal | 8487.9000 | 硫化橡胶制，金属加强 |
| 15 | 滚珠螺杆副 | Ballscrew | 8483.4090 | |
| 16 | 间隔环 | Spacer | 8466.9390 | 钢铁制 |
| 17 | 间隔环 | Spacer | 8466.9390 | 钢铁制 |
| 18 | 马达座（A12） | Motor seat | 8466.9390 | 钢铁制 |
| 19 | 封盖 | Cover | 8466.9390 | 钢铁制 |
| 20 | 盖（X，Y，Z 轴） | Cap | 8466.9390 | 钢铁制 |
| 21 | 联轴器 | Coupling | 8483.6000 | |
| 22 | 可程式尾座连接器 | Joint block | 8466.9390 | 钢铁制 |
| 23 | 鞍座 | Saddle | 8466.9390 | 铸铁制 |
| 24 | 微动开关 | Limit switch | 8536.5000 | 用于220伏线路 |
| 25 | 极限开关座 | Limit switch seat | 8466.9390 | 钢铁制 |
| 26 | 分油块 | Distributor block | 8481.8040 | 阀门组 |

## 三、主轴头部件

主轴头部件主要由主轴单元、夹头、回转液压缸、主轴电机及主轴头等组成，构成了机床的主轴旋转运动。

主轴头部件的零部件爆炸图见图4－7，零部件名称及归类见表4－5。

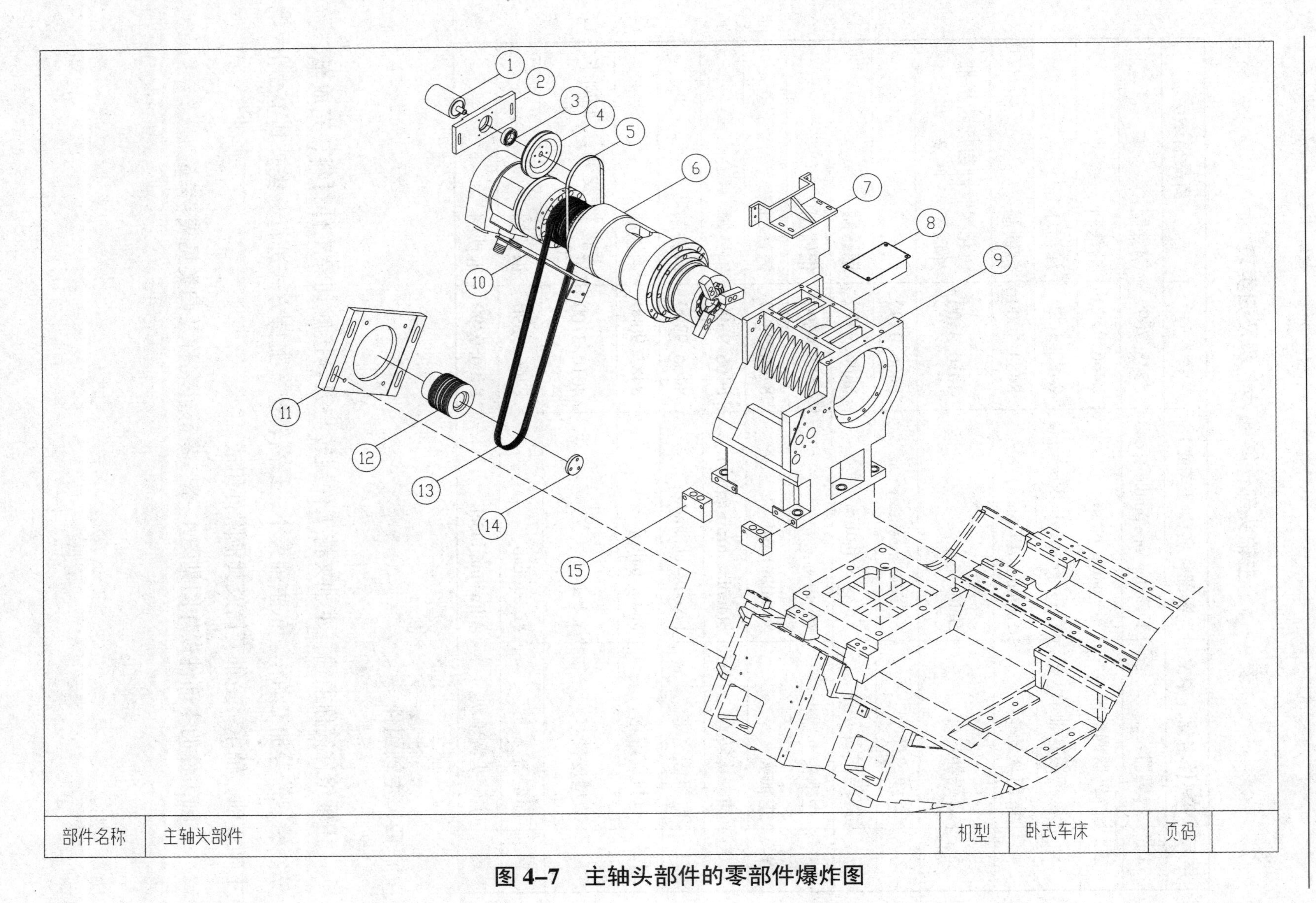


图 4-7　主轴头部件的零部件爆炸图

**表 4－5　主轴头部件零部件名称及归类表**

| 序号 | 零部件名称（中文） | 零部件名称（英文） | 税　号 | 商品描述 |
|---|---|---|---|---|
| 1 | 解码器 | Encoder for spindle speed | 8543.7099 | 钢铁制 |
| 2 | 解码器调整板 | Adjusting plate | 8466.9390 | 钢铁制 |
| 3 | 深槽滚珠轴承 | Deep groove ball bearing | 8482.1020 | 深沟球 |
| 4 | 解码从动轮 | Encoder driven wheel | 8483.9000 | 钢铁制 |
| 5 | 解码器皮带 | Belt | 4010.3500 | 硫化橡胶制齿形同步带，外周长 85 厘米 |
| 6 | 主轴部件 | Spindle assembly | 8466.9390 | |
| 7 | 解码器固定座 | Encoder fixture | 8466.9390 | 钢铁制 |
| 8 | 主轴头上盖板 | Upper cover | 8466.9390 | 钢铁制 |
| 9 | 主轴头 | Spindle head | 8466.9390 | 铸铁制 |
| 10 | 油缸止转臂 | Stopping turning arm | 8466.9390 | 钢铁制 |
| 11 | 电机固定座 | Fixed seat, motor | 8466.9390 | 钢铁制 |
| 12 | 电机皮带轮 | Motor pulley | 8483.9000 | 钢铁制 |
| 13 | V 型皮带 | V belt | 4010.3100 | 硫化橡胶制，外周长 120 厘米 |
| 14 | 固定盖 | Fixing cap | 8466.9390 | 钢铁制 |
| 15 | 主轴头调整块 | Adjusting block | 8466.9390 | 钢铁制 |

## 四、主轴组件

主轴组件简称主轴，主轴夹持工件旋转与刀具接触切除工件材料，完成车、钻、镗、铰等加工动作。依主轴大小、最高转速、夹持方式进行分类。其主要由主轴心轴、轴承、主轴套筒及其他附件组成。

主轴组件的零部件爆炸图见图 4－8，零部件名称及归类见表 4－6。

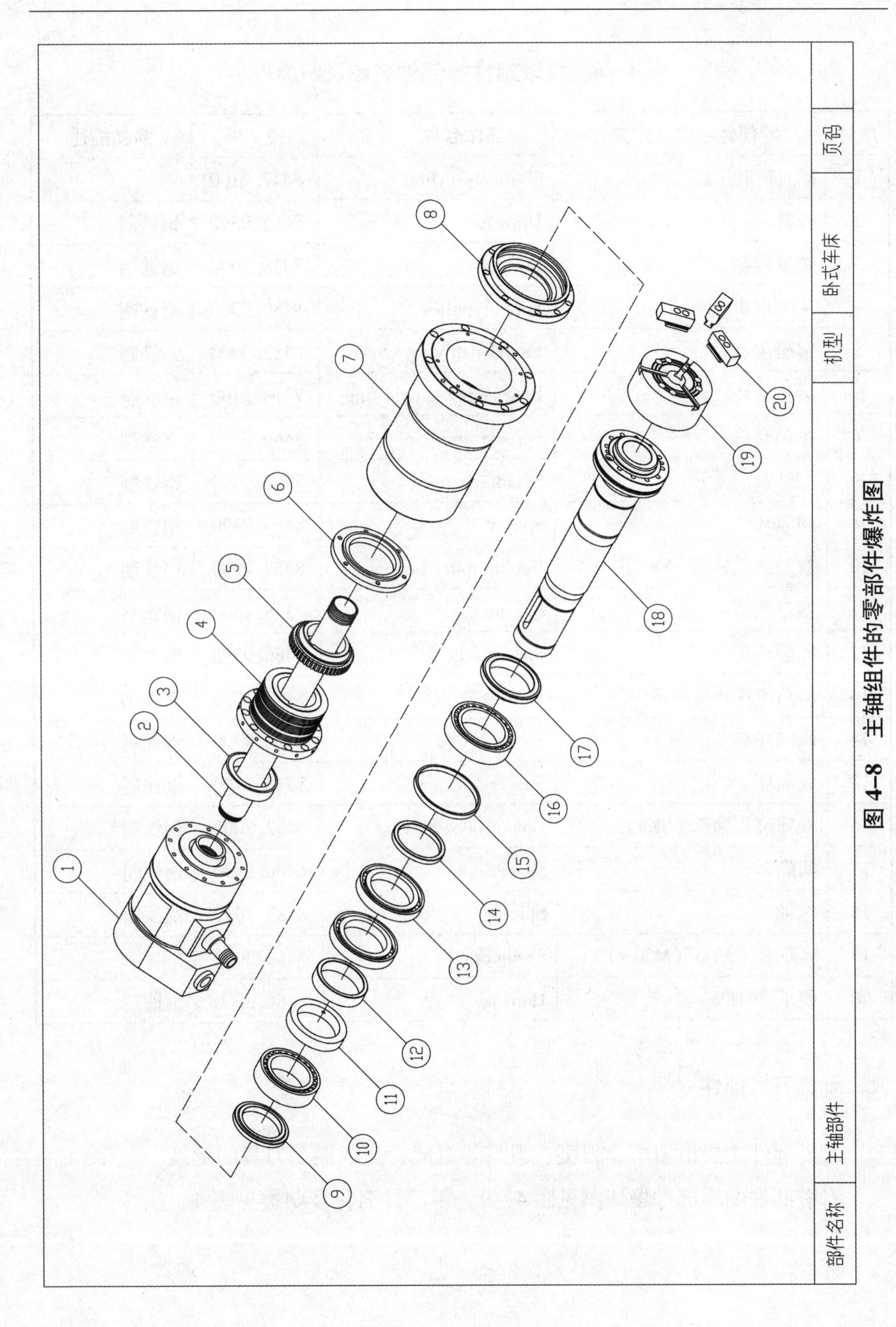


图 4-8　主轴组件的零部件爆炸图

**表 4－6　主轴组件零部件名称及归类表**

| 序号 | 零部件名称（中文） | 零部件名称（英文） | 税　号 | 商品描述 |
| --- | --- | --- | --- | --- |
| 1 | 8″回转液压缸 | 8″ Rotary cylinder | 8412. 2100 | |
| 2 | 拉管 | Draw tube | 8466. 9390 | 钢铁制 |
| 3 | 锁紧螺帽 | Fix nut | 7318. 1600 | 钢铁制 |
| 4 | 主轴皮带轮 | Spindle pulley | 8483. 9000 | 钢铁制 |
| 5 | 解码主动轮 | Encoder driving wheel | 8483. 9000 | 钢铁制 |
| 6 | 后止轴环 | Rear stopping axle ring | 7318. 2100 | 钢铁制 |
| 7 | 主轴套管 | Spindle quill | 8466. 9390 | 钢铁制 |
| 8 | 主轴盖 | Spindle cover | 8466. 9390 | 钢铁制 |
| 9 | 间隔环 | Spacer | 8466. 9390 | 钢铁制 |
| 10 | 双列滚筒轴承（SKF） | Double roller bearing | 8482. 2000 | 钢铁制 |
| 11 | 锁紧螺帽 | Fix nut | 7318. 1600 | 钢铁制 |
| 12 | 间隔环 | Spacer | 8466. 9390 | 钢铁制 |
| 13 | 斜角滚珠止推轴承 | Bearing | 8482. 1030 | 钢铁制 |
| 14 | 间隔环 | Spacer | 8466. 9390 | 钢铁制 |
| 15 | 间隔环 | Spacer | 7318. 2100 | 钢铁制 |
| 16 | 双列滚筒轴承（SKF） | Doule roller bearing | 8482. 2000 | 钢铁制 |
| 17 | 间隔环 | Spacer | 8466. 9390 | 钢铁制 |
| 18 | 芯轴 | Spindle | 8483. 1090 | 钢铁制 |
| 19 | 8″夹头［A2-6（M60×P2）］ | 8″ chuck | 8466. 3000 | |
| 20 | 硬爪（HJ08） | Hard jaw | 8466. 3000 | 钢铁制 |

## 五、刀塔部件

刀塔部件主要由刀塔、刀座、刀具等组成，完成加工刀具的更换。

刀塔部件的零部件爆炸图见图 4－9，零部件名称及归类见表 4－7。

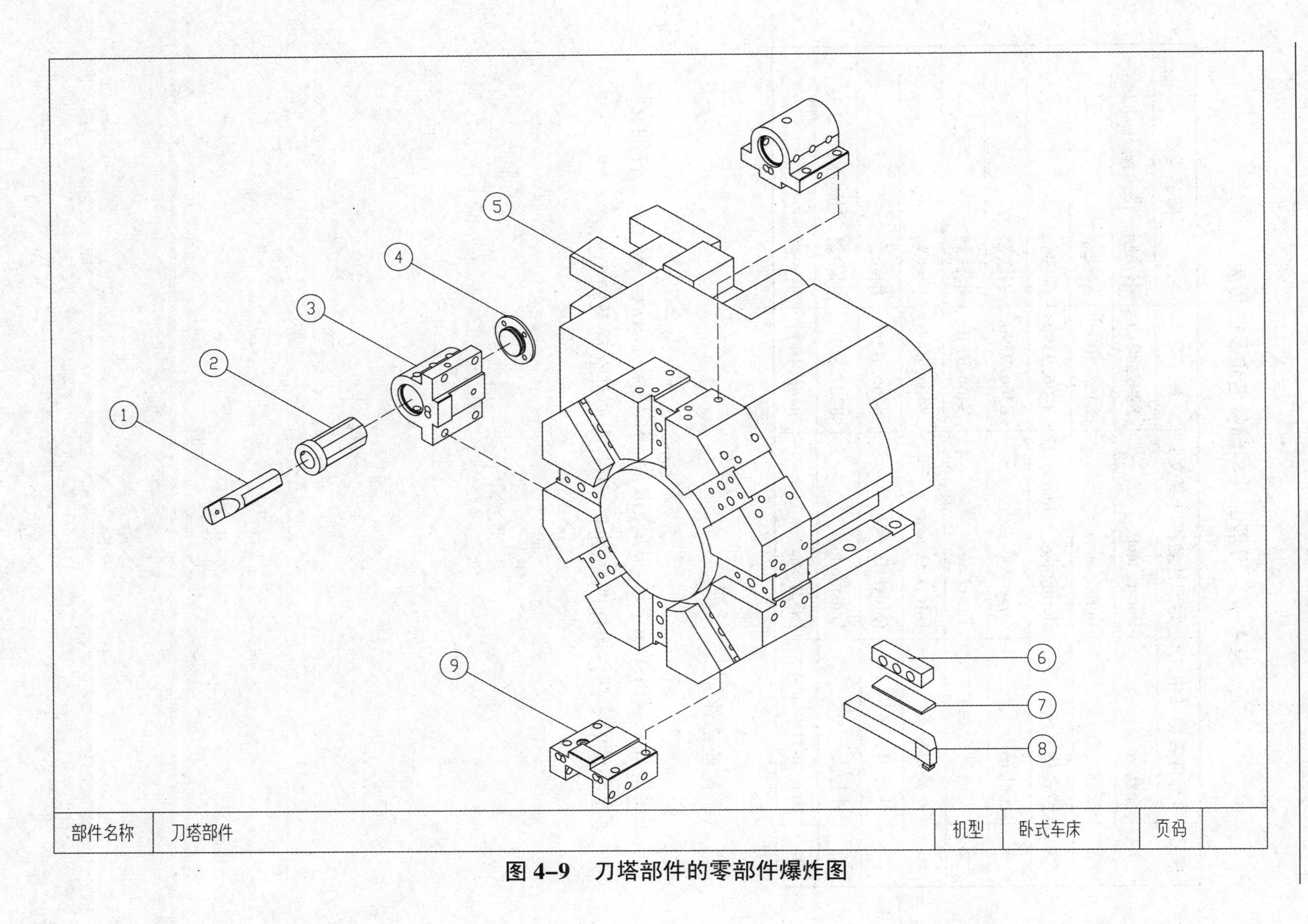


图 4-9 刀塔部件的零部件爆炸图

**表 4 –7　刀塔部件零部件名称及归类表**

| 序号 | 零部件名称（中文） | 零部件名称（英文） | 税　号 | 商品描述 |
|---|---|---|---|---|
| 1 | 镗孔刀 | Boring tool | 8207. 8010 | 钢铁制，带金刚石刀头 |
| 2 | 镗孔套筒 | Boring sleeve | 8466. 1000 | 钢铁制 |
| 3 | 镗孔持刀座 | Boring tool holder | 8466. 9390 | 钢铁制 |
| 4 | 深孔钻盖 | Cover | 8466. 9390 | 钢铁制 |
| 5 | 刀塔（公制） | Turret disc | 8466. 9310 | 钢铁制 |
| 6 | 外径刀崁条 | Gib O. D. tool | 8466. 1000 | 钢铁制 |
| 7 | 外径刀崁条片 | Gib O. D. tool | 8466. 1000 | 钢铁制 |
| 8 | 外径刀 | Outside tool | 8207. 8010 | 钢铁制，带金刚石刀头 |
| 9 | 内径持刀座（公） | INER.  tool holder | 8466. 1000 | 钢铁制 |

## 六、尾座部件

尾座部件主要由尾座单元、尾座滑板、尾座架等组成，用于长工件的支撑。尾座部件的零部件爆炸图见图 4 – 10，零部件名称及归类见表 4 – 8。

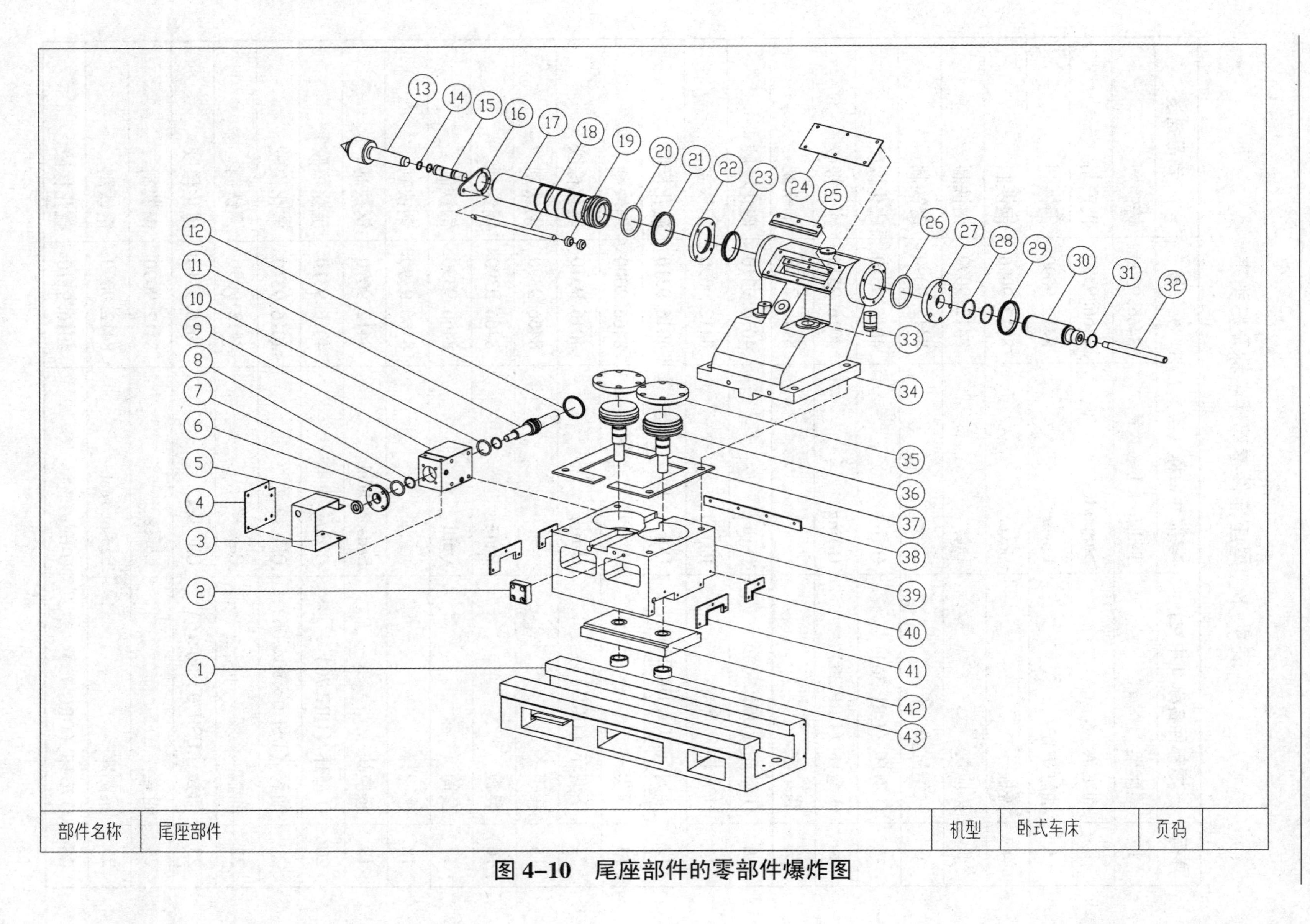


图 4-10　尾座部件的零部件爆炸图

## 表 4-8　尾座部件零部件名称及归类表

| 序号 | 零部件名称（中文） | 零部件名称（英文） | 税　号 | 商品描述 |
|---|---|---|---|---|
| 1 | 尾座架 | Tailstock bracket | 8466.9390 | 铸铁制 |
| 2 | 固定板 | Support | 8466.9390 | 钢铁制 |
| 3 | 油缸护盖 | Cover | 8412.9090 | 钢铁制 |
| 4 | 盖板 | Cover | 8412.9090 | 钢铁制 |
| 5 | 感应块 | Dog | 8412.9090 | 钢铁制 |
| 6 | 联结缸盖 | Cover | 8412.9090 | 钢铁制 |
| 7 | O 型环（ORP 36） | O-ring | 4016.9310 | 硫化橡胶 |
| 8 | O 型环（ORP 25） | O-ring | 4016.9310 | 硫化橡胶 |
| 9 | 联结缸 |  | 8412.2100 | 钢铁制 |
| 10 | O 型环（ORP 34） | O-ring | 4016.9310 | 硫化橡胶 |
| 11 | 活塞杆 | Piston | 8412.9090 | 钢铁制 |
| 12 | 油封（NOK DKI25） | Oile seal | 4016.9310 | 硫化橡胶 |
| 13 | 顶尖 |  | 8466.2000 | 钢铁制 |
| 14 | O 型环（ORP 18） | O-ring | 4016.9310 | 硫化橡胶 |
| 15 | 棒子 |  | 8466.9390 | 钢铁制 |
| 16 | 梨板 | Plate | 8466.9390 | 钢铁制 |
| 17 | 套筒 | Quill | 8466.9390 | 钢铁制 |
| 18 | 感应棒 |  | 8466.9390 | 钢铁制 |
| 19 | 感应块 | Sensor block | 8412.9090 | 钢铁制 |
| 20 | O 型环（ORP 70） | O-ring | 4016.9310 | 硫化橡胶 |
| 21 | 油封（DSI70×80×06） | Oile seal | 4016.9310 | 硫化橡胶 |
| 22 | 前盖 | Cover | 8412.9090 | 钢铁制 |
| 23 | 油封（USH70×80×6） | Oile seal | 4016.9310 | 硫化橡胶 |
| 24 | 封盖 | Cover | 8412.9090 | 钢铁制 |
| 25 | 感测座 | Sensor seat | 8412.9090 | 钢铁制 |
| 26 | O 型环（ORG 75） | O-ring | 4016.9310 | 硫化橡胶 |

表4－8　续

| 序号 | 零部件名称（中文） | 零部件名称（英文） | 税　号 | 商品描述 |
|---|---|---|---|---|
| 27 | 后盖 | Cover | 8412.9090 | 钢铁制 |
| 28 | O型环（ORG 45） | O-ring | 4016.9310 | 硫化橡胶 |
| 29 | 油封（USH50×60×6） | Oile seal | 4016.9310 | 硫化橡胶 |
| 30 | 中滑捍 | | 8412.9090 | 钢铁制 |
| 31 | C型扣环 | Snap ring | 7318.2900 | 钢铁制 |
| 32 | 冲棒 | | 8466.9390 | 钢铁制 |
| 33 | 封盖 | Cover | 8412.9090 | 钢铁制 |
| 34 | 尾座 | Tail stock | 8466.9390 | 铸铁制 |
| 35 | 油缸盖 | Cover | 8412.9090 | 钢铁制 |
| 36 | 活塞 | Piston | 8412.9090 | 钢铁制 |
| 37 | 垫块 | Washer | 8466.9390 | 钢铁制 |
| 38 | 尾座前防屑板 | Chip guard | 8466.9390 | 钢铁制 |
| 39 | 尾座滑板 | Tailstock sliding | 8466.9390 | 钢铁制 |
| 40 | 前左防屑板 | Front left plate | 8466.9390 | 钢铁制 |
| 41 | 后右防屑板 | Rear right plate | 8466.9390 | 钢铁制 |
| 42 | 夹紧块 | Clamping block | 8466.9390 | 钢铁制 |
| 43 | 锁紧螺帽 | Fix nut | 7318.1600 | 钢铁制 |

## 第三节　电气系统

电气系统含数控系统、人机界面及电气控制元件，主要由操作单元、电控单元及电机单元组成。

电气系统的零部件爆炸图见图4－11，零部件名称及归类见表4－9。

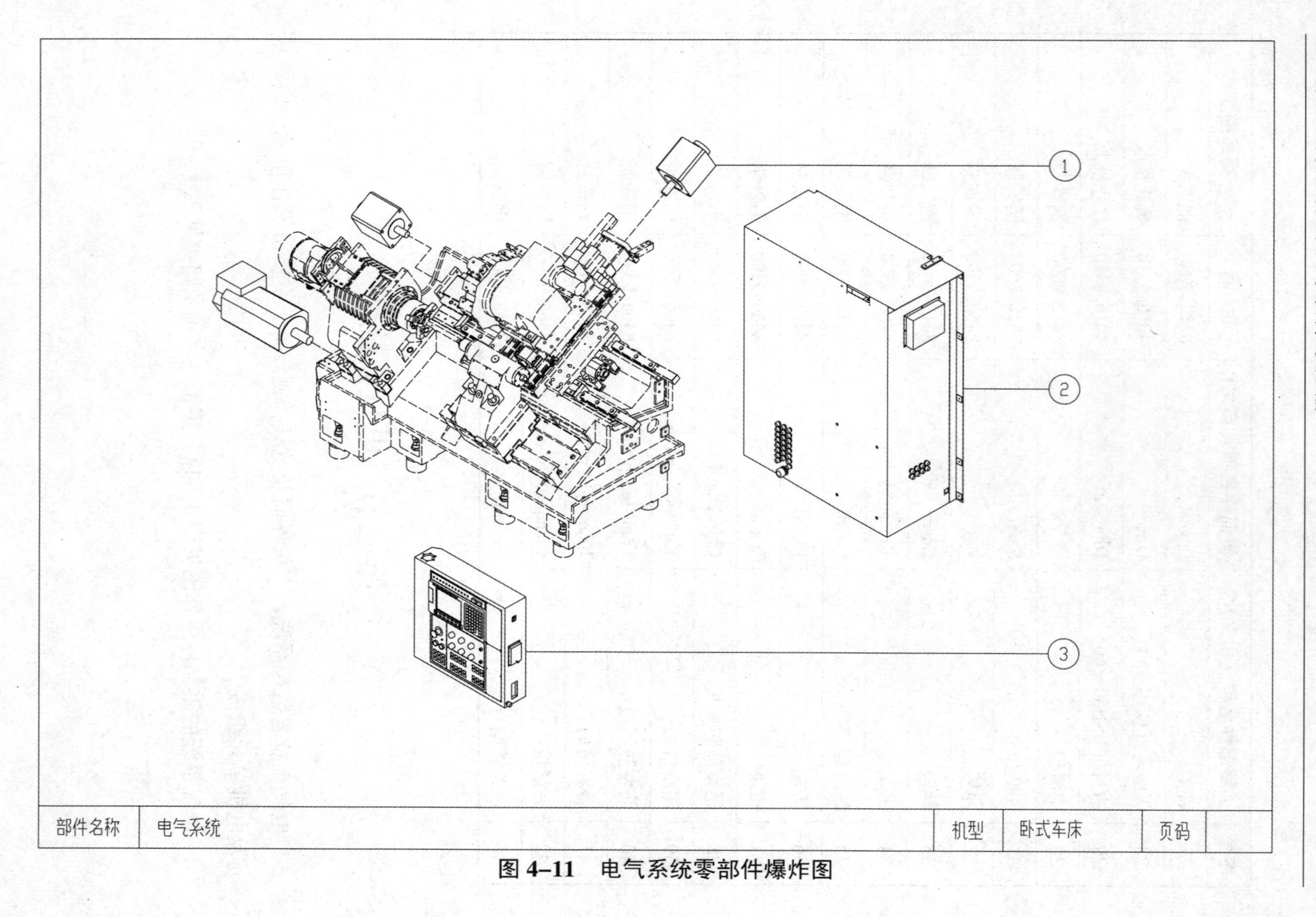


图 4–11　电气系统零部件爆炸图

表 4-9　电气系统零部件名称及归类表

| 序号 | 零部件名称（中文） | 零部件名称（英文） | 税　号 | 商品描述 |
|---|---|---|---|---|
| 1 | 电机单元 | Motor unit | 8501.5200 | 三相交流输出功率 7.5 千瓦 |
| 2 | 电控单元 | Electronic control unit | 8537.1019 | 用于 380 伏线路 |
| 3 | 操作单元 | Operation unit | 8537.1019 | |

## 一、电机单元

电机单元是机床的动力源，主要由主轴电机及伺服电机组成，主轴电机带动主轴作旋转运动，伺服电机带动二轴进给系统作直线运动。

电机单元的零部件爆炸图见图 4-12，零部件名称及归类见表 4-10。

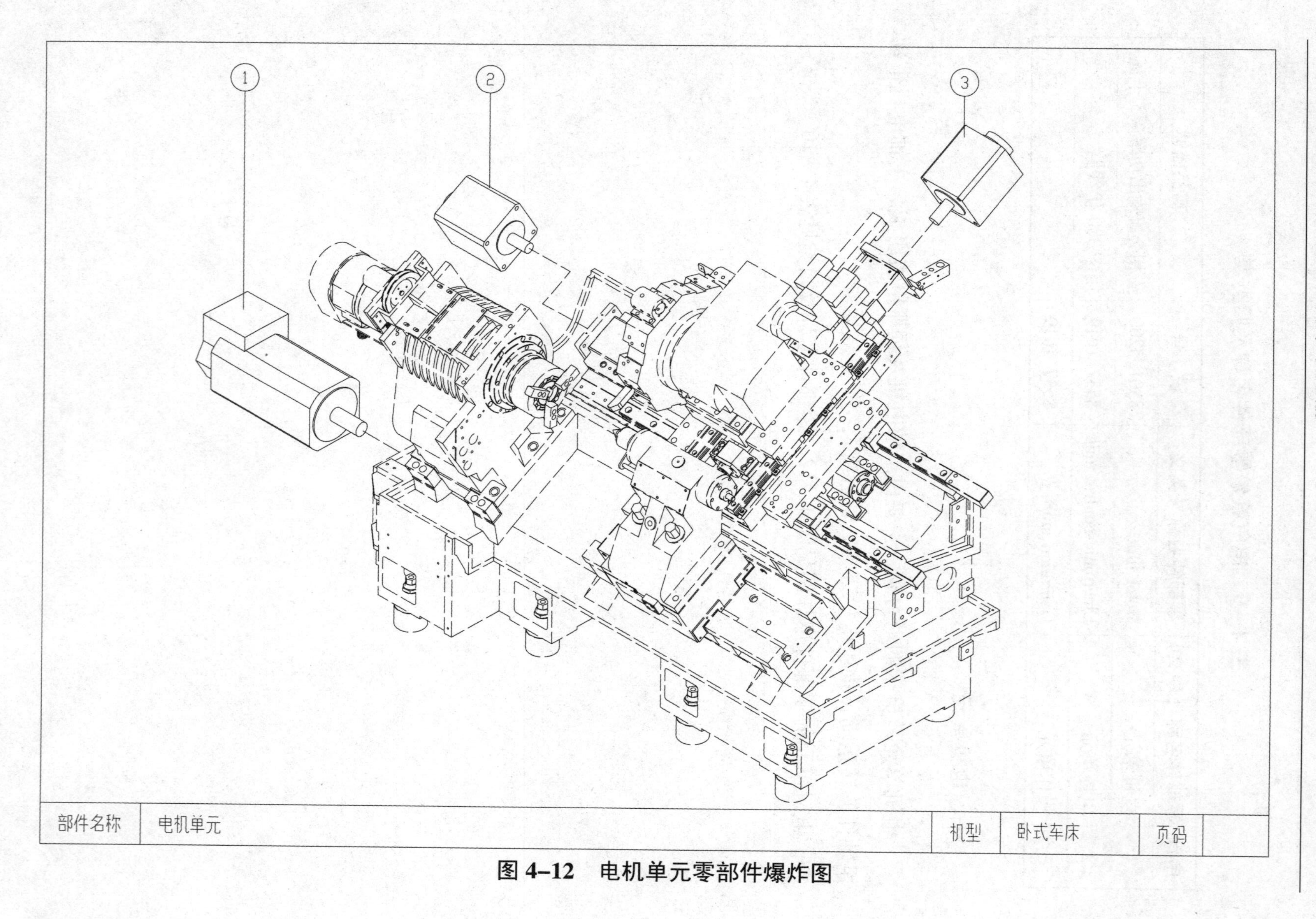


图 4-12 电机单元零部件爆炸图

**表 4－10　电机单元零部件名称及归类表**

| 序号 | 零部件名称（中文） | 零部件名称（英文） | 税　号 | 商品描述 |
|---|---|---|---|---|
| 1 | 主轴电机 | Spindle motor | 8501.5200 | 三相交流输出功率 7.5 千瓦 |
| 2 | Z 轴伺服电机 | Z-axis sevor motor | 8501.5200 | 三相交流输出功率 4 千瓦 |
| 3 | X 轴伺服电机 | X-axis sevor motor | 8501.5200 | 三相交流输出功率 4 千瓦 |

## 二、电控单元

电控单元通过伺服系统及电气元件来执行操作单元发出的指令，完成机床的运动。其主要由电源模块、主轴/伺服模块、I/O 模块及各类电气元件组成。

电控单元的零部件爆炸图见图 4－13，零部件名称及归类见表 4－11。

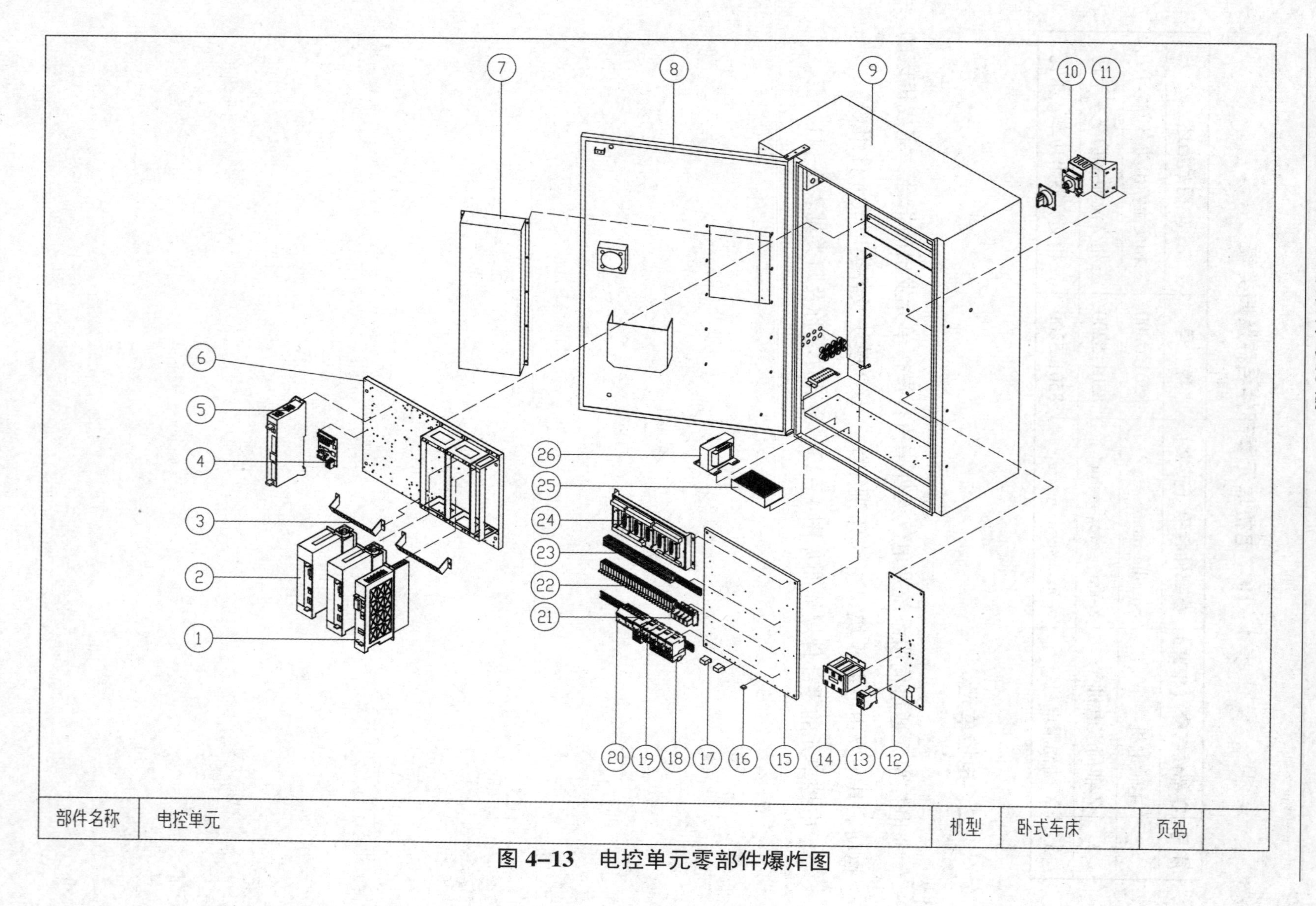


图 4-13　电控单元零部件爆炸图

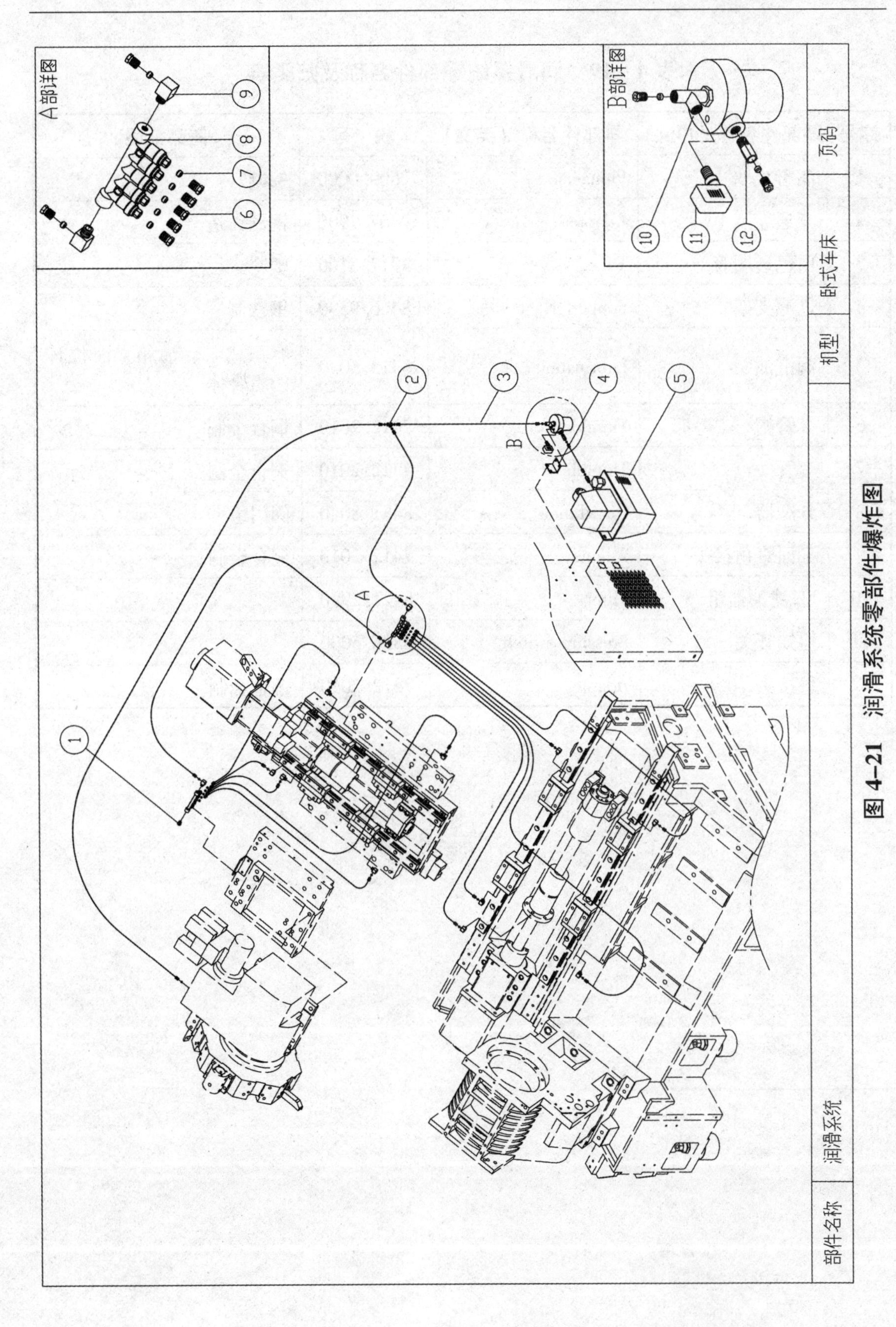


图 4–21　润滑系统零部件爆炸图

**表 4-19　润滑系统零部件名称及归类表**

| 序号 | 零部件名称（中文） | 零部件名称（英文） | 税　号 | 商品描述 |
|---|---|---|---|---|
| 1 | 润滑止塞 | Plunger | 7609.0000 | 铝制 |
| 2 | 三通 | Adapter | 7307.1900 | 钢铁铸造 |
| 3 | 白色透明管 | Tube | 3917.3100 | 塑料 |
| 4 | 过滤支架 | Supporter | 8466.9390 | 钢铁制 |
| 5 | 润滑油泵 | Lubrication | 8413.5039 | 容积式泵、油箱、液位计的组合体 |
| 6 | 套管帽 | Thimble nut | 7412.2010 | 铜合金制 |
| 7 | 套管 | Thimble | 7412.2010 | 铜合金制 |
| 8 | 分配器 | Distributor | 8481.8040 | 阀门组 |
| 9 | 平面直角接头 | Adapter | 7412.2010 | 铜合金制 |
| 10 | FL 滤油器组 | Filter | 8421.2990 | |
| 11 | 检知开关 | Pressure switch | 8536.5000 | |
| 12 | 直接头 | Adapter | 7412.2010 | 铜合金制 |

# 第五章 立式数控车床

DI-WU ZHANG LISHI SHUKONG CHECHUANG

# 第一节　整机结构

根据第四章开篇的描述，立式数控车床是指主轴轴线与地面位置垂直的一类车床（图示见图5－1）。其主要由主机结构、电气系统、防护系统、冷却系统、排屑系统、夜压系统、润滑系统等七个部分组成（见图5－2）。

**图5－1　立式数控车床图示**

立式数控车床的整机零部件爆炸图见图5－3，零部件名称及归类见表5－1。

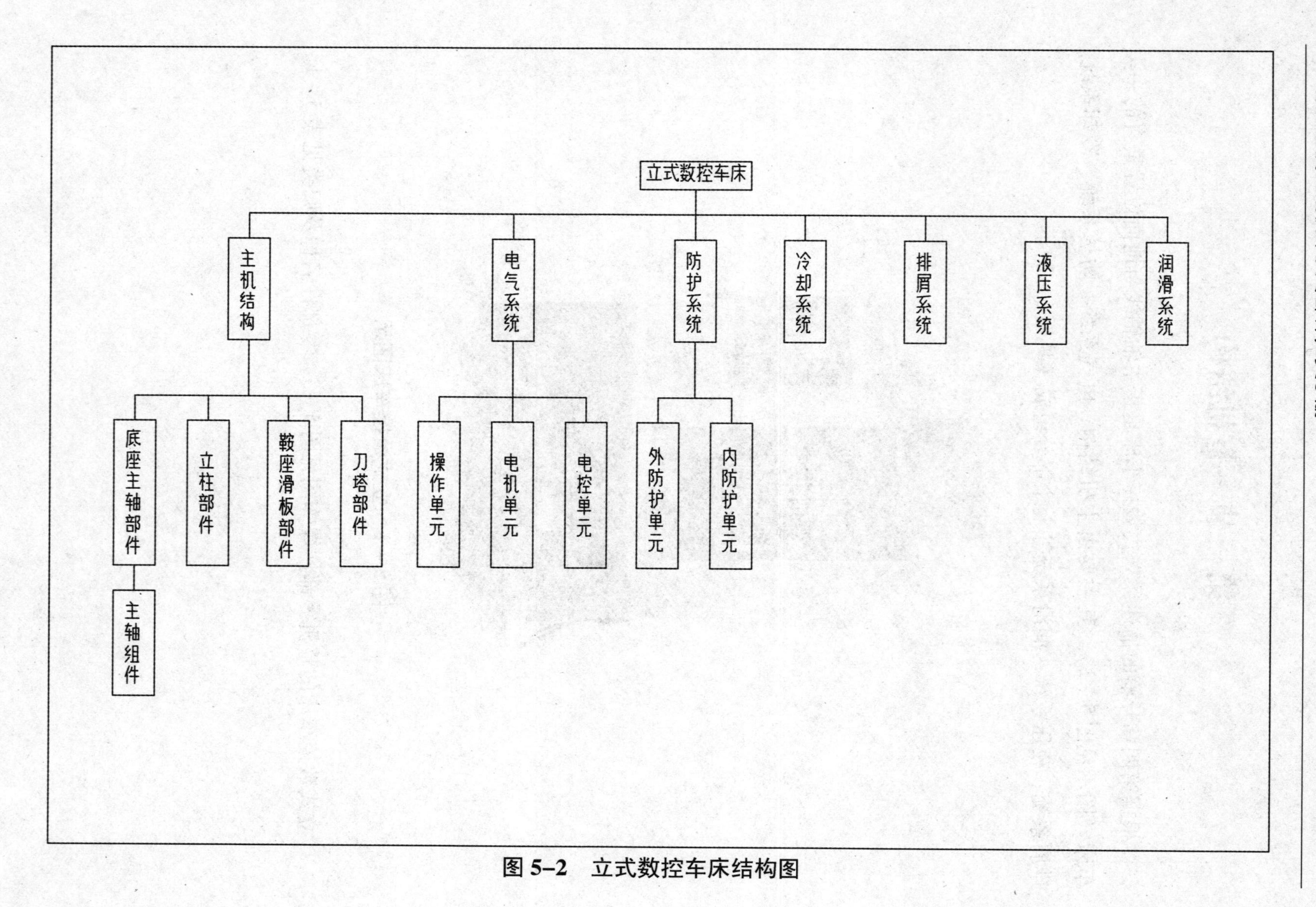


图 5–2　立式数控车床结构图

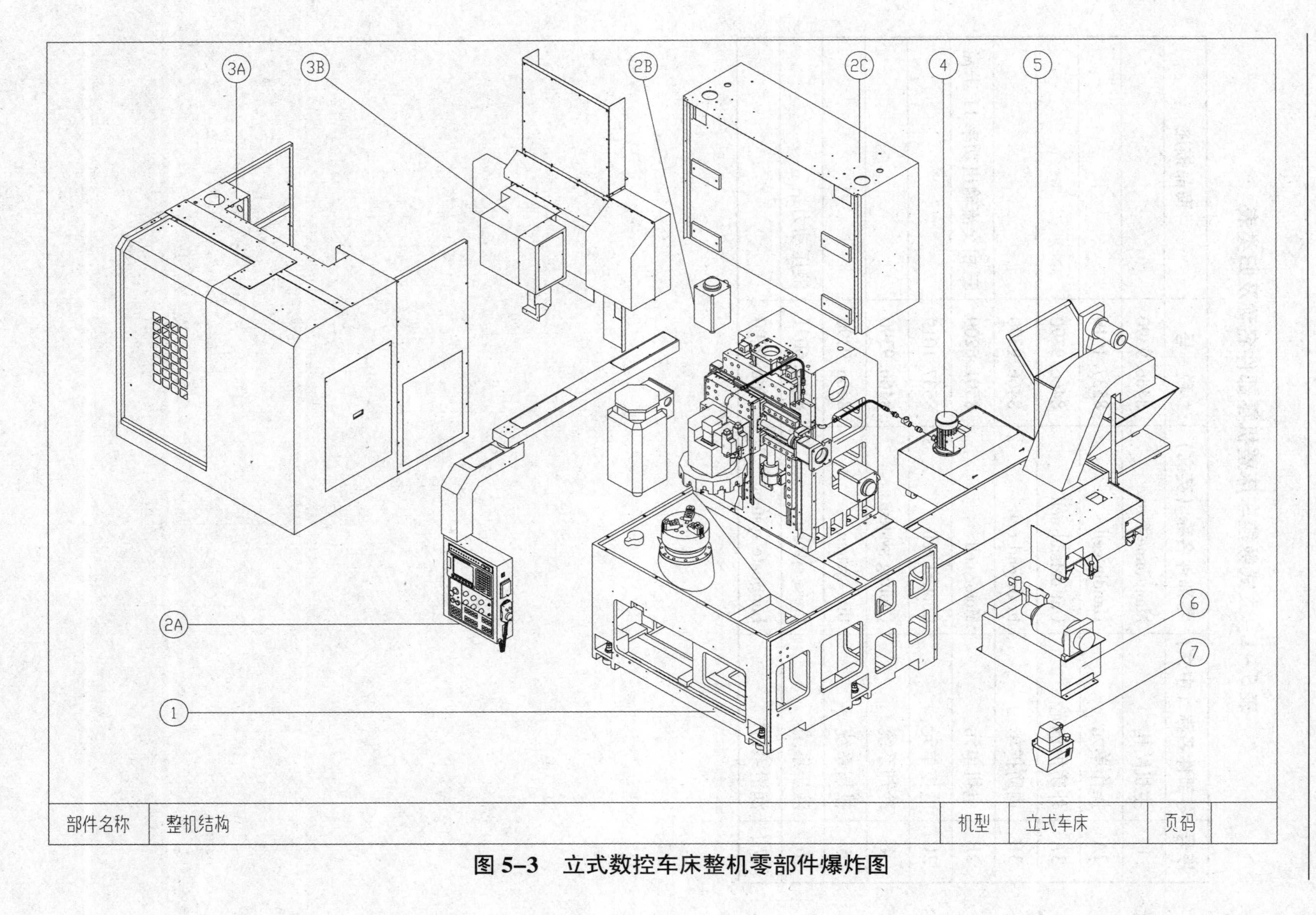


| 部件名称 | 整机结构 | 机型 | 立式车床 | 页码 | |
|---|---|---|---|---|---|

图 5-3 立式数控车床整机零部件爆炸图

**表 5－1　立式数控车床整机零部件名称及归类表**

| 序号 | 零部件名称（中文） | 零部件名称（英文） | 税　号 | 商品描述 |
|---|---|---|---|---|
| 1 | 主机结构 | Mainframe frame | 8466.9390 | |
| 2A | 操作单元 | Handle cell | 8537.1019 | |
| 3A | 外防护单元 | Out defend cell | 8466.9390 | |
| 3B | 内防护单元 | In defend cell | 8466.9390 | |
| 2B | 电机单元 | Motor cell | 8501.5200 | 三相交流输出功率 11 千瓦 |
| 2C | 电控单元 | Control cell | 8537.1019 | |
| 4 | 冷却系统 | Cooling system | 8466.9390 | |
| 5 | 排屑系统 | Bits system | 8466.9390 | |
| 6 | 液压系统 | Press system | 8413.6031 | 液压动力站 |
| 7 | 润滑系统 | Lubricate system | 8466.9390 | |

## 第二节 主机结构

主机结构是数控车床的主体，包括底座、鞍座、滑板、主轴头、主轴、刀塔、进给结构等机械部件。

立式数控车床的主机结构，构成刀具作 X/Z 两轴的直线运动和主轴夹持工件的旋转运动。

主机结构的零部件爆炸图见图 5-4，零部件名称及归类见表 5-2。

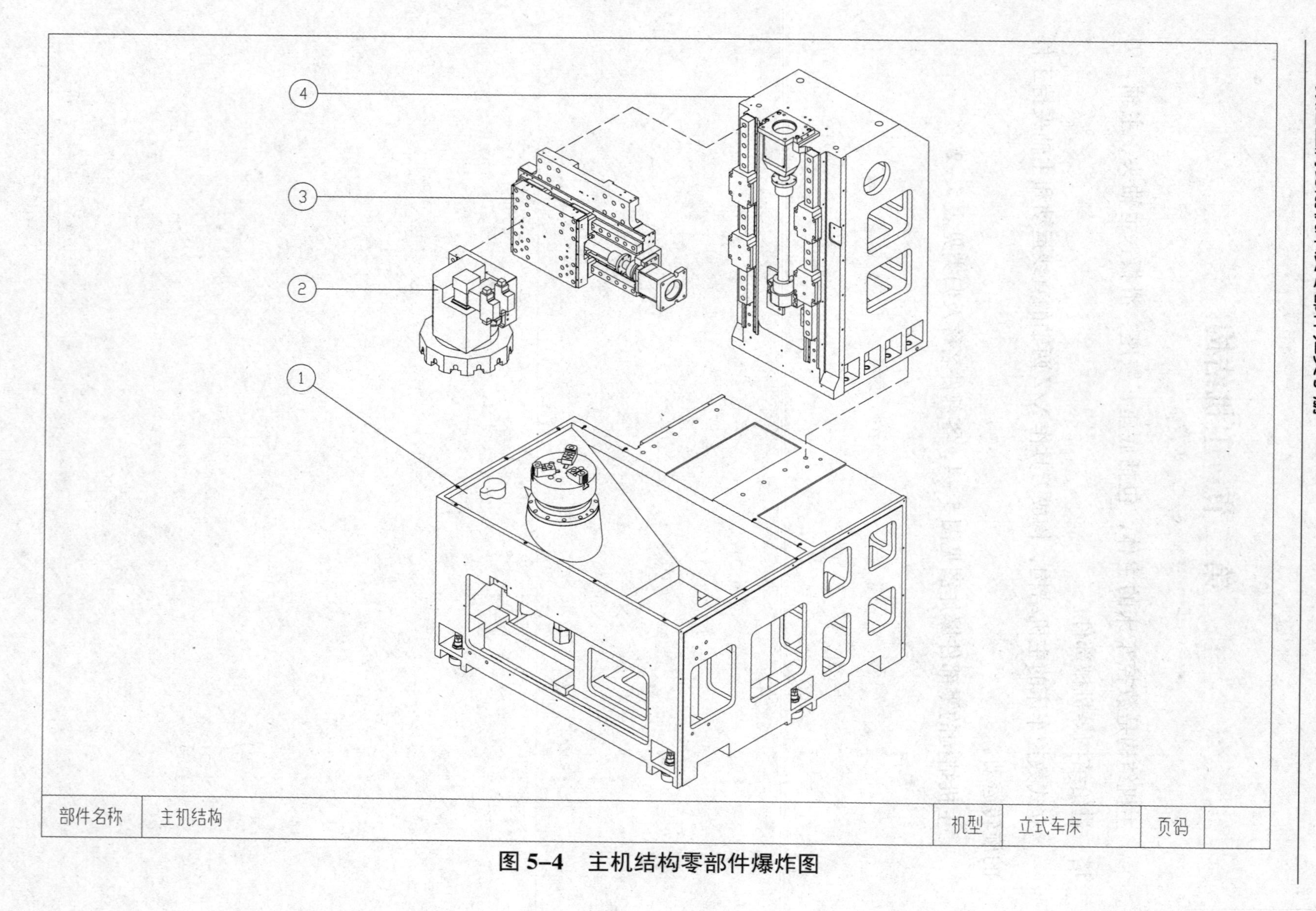


图 5-4 主机结构零部件爆炸图

**表5-2　主机结构零部件名称及归类表**

| 序号 | 零部件名称（中文） | 零部件名称（英文） | 税　号 | 商品描述 |
|---|---|---|---|---|
| 1 | 底座主轴部件 | Base principal axis parts | 8466.9390 | 钢铁制 |
| 2 | 刀塔部件 | Pagoda parts | 8466.9310 | 钢铁制 |
| 3 | 鞍座滑板部件 | Bicycle saddle board parts | 8466.9390 | 钢铁制 |
| 4 | 立柱部件 | Column assembly | 8466.9390 | 钢铁制 |

## 一、底座主轴部件

底座主轴部件主要由底座、主轴单元、夹头、回转液压缸、主轴电机等部分组成，是整个机床的基础支撑。主轴单元固定于底座上，有利于夹头夹持工件作主旋转运动。

底座主轴部件的零部件爆炸图见图5-5，零部件名称及归类见表5-3。

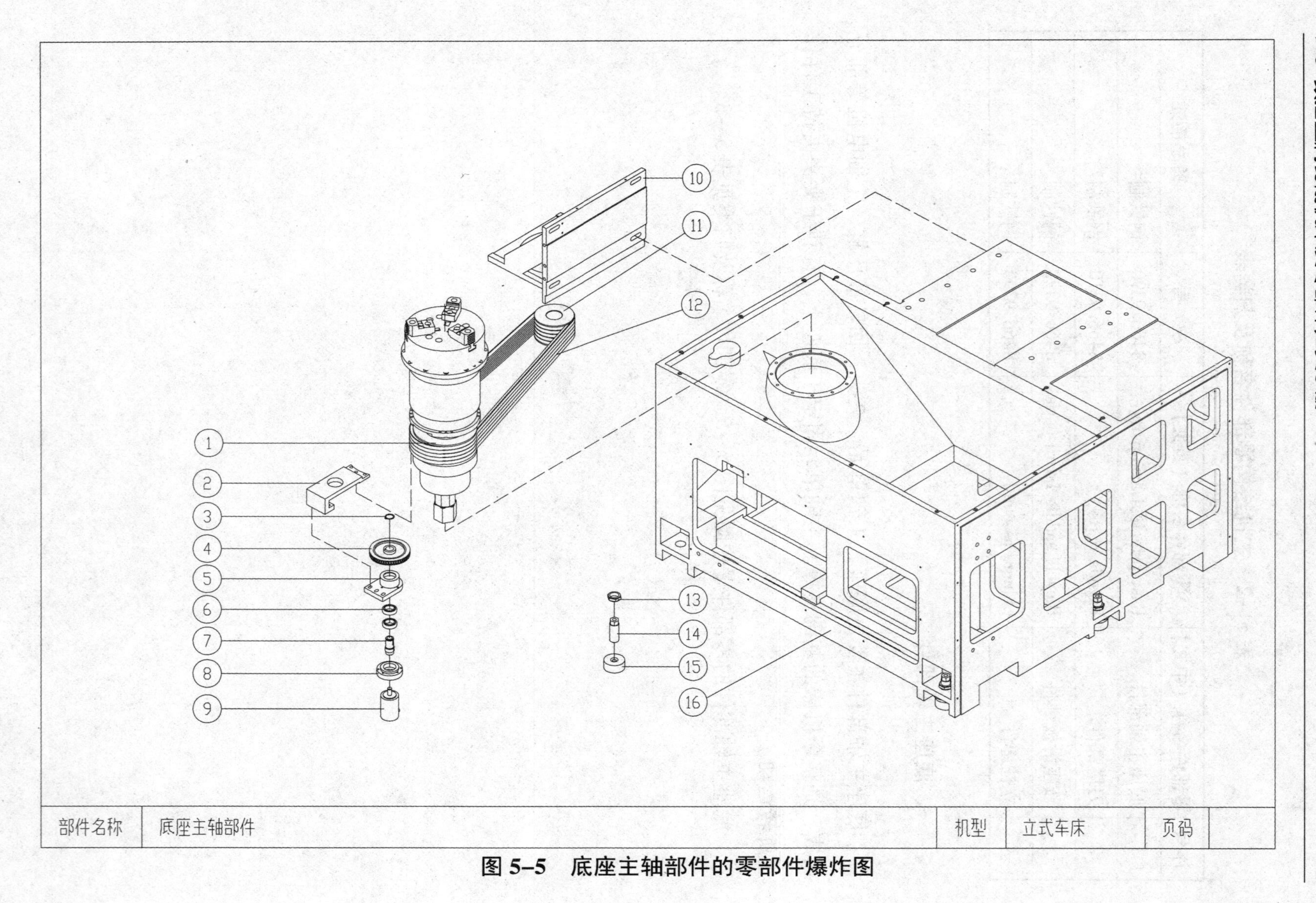


| 部件名称 | 底座主轴部件 | 机型 | 立式车床 | 页码 | |
|---|---|---|---|---|---|

图 5-5　底座主轴部件的零部件爆炸图

**表 5-3　底座主轴部件零部件名称及归类表**

| 序号 | 零部件名称（中文） | 零部件名称（英文） | 税　号 | 商品描述 |
|---|---|---|---|---|
| 1 | 主轴部件 | Spindle | 8466.9390 | 钢铁制 |
| 2 | 解码固定座 | Encoder fixed seat | 8466.9390 | 钢铁制 |
| 3 | 轴用 C 型扣环 | Snap ring | 7318.2900 | 钢铁制 |
| 4 | 解码从动轮 | Encoder driven wheel | 8483.9000 | 钢铁制 |
| 5 | 轴承固定座 | Fixed seat | 8466.9390 | 钢铁制 |
| 6 | 深槽滚珠轴承 | Bearing | 8482.1020 | 深沟球 |
| 7 | 解码连接心轴 | | 8483.1090 | 钢铁制 |
| 8 | 解码固定块 | Encoder fixed block | 8466.9390 | 钢铁制 |
| 9 | 解码器 | Encoder for spindle speed | 8543.7099 | 光栅解码 |
| 10 | 主马达固定座 | Motor fixed seat | 8466.9390 | 钢铁制 |
| 11 | 主轴马达皮带轮 | Motor pulley | 8483.9000 | 钢铁制 |
| 12 | V 型皮带 | | 4010.3100 | 外周长 85 厘米 |
| 13 | 地基调整螺母 | Foundation adjusting nut | 7318.1600 | 钢铁制 |
| 14 | 地基调整螺栓 | Foundation adjusting bolt | 7318.1590 | 钢铁制，抗拉强度在 800 兆帕以下 |
| 15 | 地基垫块 | Foundation block | 8466.9390 | 钢铁制 |
| 16 | 底座 | Base | 8466.9390 | 钢铁制 |

## 二、主轴组件

主轴组件简称主轴，主轴夹持工件旋转与刀具接触切除工件材料，完成车、钻、镗、铰等加工动作。依主轴大小、最高转速进行分类。其主要由主轴心轴、轴承、主轴套筒及其他附件组成。

主轴组件的零部件爆炸图见图 5-6，零部件名称及归类见表 5-4。

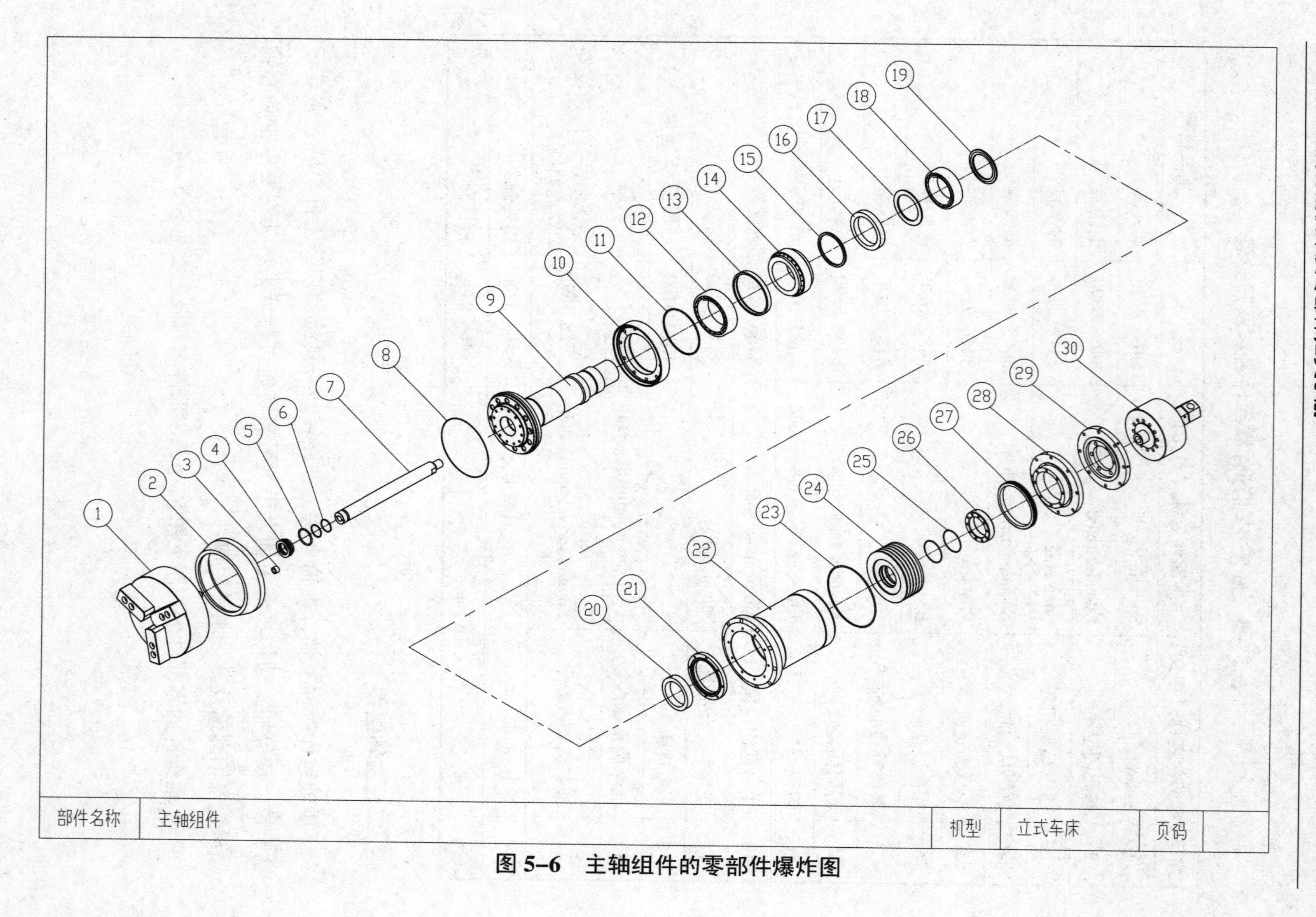


图 5-6 主轴组件的零部件爆炸图

### 表5－4　主轴组件零部件名称及归类表

| 序号 | 零部件名称（中文） | 零部件名称（英文） | 税　号 | 商品描述 |
|---|---|---|---|---|
| 1 | 15″夹头［A2-6（M60×P2）］ | 15″ Chuck | 8466. 3000 | |
| 2 | 鼻端防水罩 | End waterproof | 8466. 9390 | 钢铁制 |
| 3 | 主轴端键 | Axis end key | 8483. 9000 | 钢铁制 |
| 4 | 挡水环 | Block ring | 8466. 9390 | |
| 5 | O 型环（ORP70） | O-ring | 4016. 9310 | 硫化橡胶制 |
| 6 | O 型环（ORG55） | O-ring | 4016. 9310 | 硫化橡胶制 |
| 7 | 拉管 | Draw tube | 8466. 9390 | 钢铁制 |
| 8 | 自接式 O 型环 | O-ring | 4016. 9310 | 硫化橡胶制 |
| 9 | 芯轴 | Spindle | 8483. 1090 | 钢铁制 |
| 10 | 主轴前盖 | Axis former cover | 8466. 9390 | 钢铁制 |
| 11 | O 型环（ORG210） | O-ring | 4016. 9310 | 硫化橡胶制 |
| 12 | 双列滚筒轴承 | Double roller bearing | 8482. 2000 | 锥形滚子轴承 |
| 13 | 间隔环 | Spacer | 8466. 9390 | 钢铁制 |
| 14 | 斜角滚珠止推轴承 | Bearing | 8482. 1030 | 钢铁制，角接触 |
| 15 | 间隔环 | Spacer | 8466. 9390 | 钢铁制 |
| 16 | 锁紧螺帽 | Fix nut | 7318. 1600 | 钢铁制 |
| 17 | 间隔环 | Spacer | 8466. 9390 | 钢铁制 |
| 18 | 双列滚筒轴承 | Doule roller bearing | 8482. 2000 | 锥形滚子轴承 |
| 19 | 间隔环 | Spacer | 8466. 9390 | 钢铁制 |
| 20 | 锁紧螺帽 | Fix nut | 7318. 1600 | 钢铁制 |
| 21 | 主轴盖 | Spindle cover | 8466. 9390 | 钢铁制 |
| 22 | 主轴套管 | Spindle quill | 8466. 9390 | 钢铁制 |
| 23 | O 型环（G280） | O-ring | 4016. 9310 | 硫化橡胶制 |
| 24 | 主轴皮带轮 | Spindle pulley | 8483. 9000 | 钢铁制 |
| 25 | O 型环（ORG100） | O-ring | 4016. 9310 | 硫化橡胶制 |
| 26 | 迫紧环 | Close ring | 8466. 9390 | |

表5－4　续

| 序号 | 零部件名称（中文） | 零部件名称（英文） | 税　号 | 商品描述 |
|---|---|---|---|---|
| 27 | 解码主动轮 | Decode driver | 8483.9000 | 钢铁制 |
| 28 | 皮带轮法兰 | Strap flange | 7307.2100 | 不锈钢铁制 |
| 29 | 液压缸法兰 | Oil press urn flange | 7307.2100 | 不锈钢铁制 |
| 30 | 15″回转液压缸 | 15″ Rotary cylinder | 8412.2100 | |

## 三、立柱部件

立柱部件主要由立柱及轨道、螺杆、电机、轴承等组成，形成了机床的Z轴直线运动。

立柱部件的零部件爆炸图见图5－7，零部件名称及归类见表5－5。

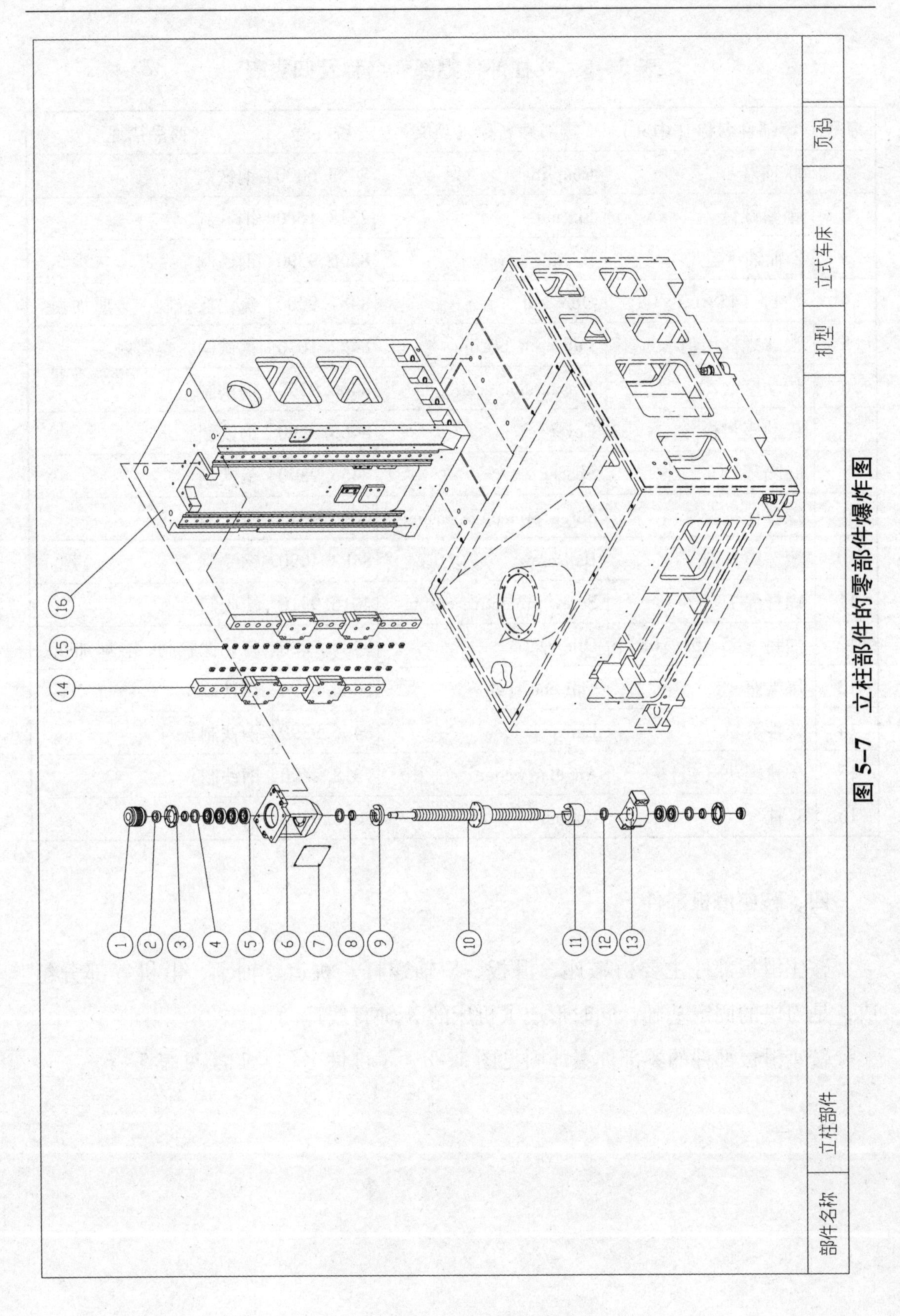


图 5-7　立柱部件的零部件爆炸图

**表5-5　立柱部件零部件名称及归类表**

| 序号 | 零部件名称（中文） | 零部件名称（英文） | 税　号 | 商品描述 |
|---|---|---|---|---|
| 1 | 联轴器 | Coupling | 8483.6000 | 钢铁制 |
| 2 | 锁紧螺母 | Fix nut | 7318.1600 | 钢铁制 |
| 3 | Z 轴轴承盖 | Bearing cover | 8466.9390 | 钢铁制 |
| 4 | 油封（45×60×08） | Oile seal | 8487.9000 | 硫化橡胶制，金属加强 |
| 5 | 滚珠螺杆用轴承 | Ballscrew bearing | 8482.1030 | 钢铁制，角接触 |
| 6 | 传动座（Z） | Trasmission seat | 8466.9390 | 钢铁制 |
| 7 | 传动座封板 | Cover | 8466.9390 | 钢铁制 |
| 8 | 间隔环 | Spacer | 8466.9390 | 钢铁制 |
| 9 | 螺杆保护套 | Screw protective casing | 4016.9910 | 橡胶制 |
| 10 | 滚珠螺杆副 | Ballscrew | 8483.4090 | 钢铁制 |
| 11 | 螺杆保护套 | Screw protective casing | 4016.9910 | 橡胶制 |
| 12 | 油封（45×55×08） | Oile seal | 8487.9000 | 硫化橡胶制，金属加强 |
| 13 | 尾端座 | Tail end seat | 8466.9390 | 钢铁制 |
| 14 | 线性滑轨 | Linear guide | 8466.9390 | 钢铁制 |
| 15 | 滑轨楔块（初） | Angular wedge | 7318.2400 | 钢铁制 |
| 16 | 立柱 | Collum | 8466.9390 | 钢铁制 |

## 四、鞍座滑板部件

鞍座滑板部件主要由鞍座、滑板、X 轴螺杆、轨道、轴承、电机等部分组成，是刀塔的固定基础，同时形成了机床的 X 轴直线运动。

鞍座滑板部件的零部件爆炸图见图5-8，零部件名称及归类见表5-6。

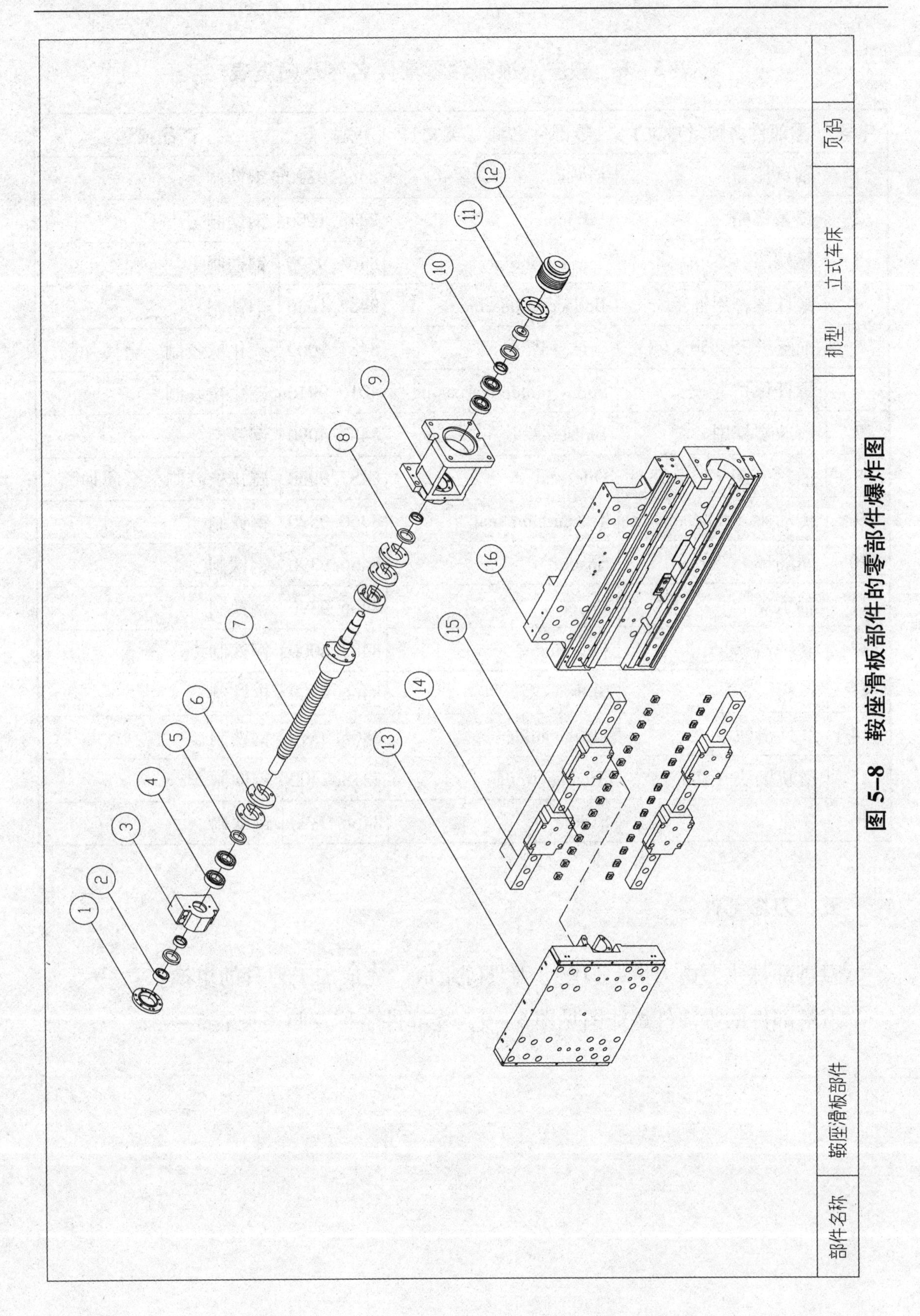


图 5-8　鞍座滑板部件的零部件爆炸图

表5-6 鞍座滑板部件零部件名称及归类表

| 序号 | 零部件名称（中文） | 零部件名称（英文） | 税　号 | 商品描述 |
|---|---|---|---|---|
| 1 | 轴承压盖 | Cover | 8466.9390 | 钢铁制 |
| 2 | 锁紧螺帽 | Fix nut | 7318.1600 | 钢铁制 |
| 3 | 尾端座（X） | Trasmission seat | 8466.9390 | 钢铁制 |
| 4 | 滚珠螺杆用轴承 | Ballscrew bearing | 8482.1030 | 钢铁制 |
| 5 | 油封（35×50×08） | Oile seal | 8487.9000 | 硫化橡胶制，金属加强 |
| 6 | 螺杆保护套 | Screw protective casing | 4016.9910 | 硫化橡胶制 |
| 7 | 滚珠螺杆副 | Ballscrew | 8483.4090 | 钢铁制 |
| 8 | 油封（40×55×08） | Oile seal | 8487.9000 | 硫化橡胶制，金属加强 |
| 9 | 传动座（X） | Trasmission seat | 8466.9390 | 钢铁制 |
| 10 | 间隔环 | Spacer | 8466.9390 | 钢铁制 |
| 11 | 轴承盖 | Cover | 8466.9390 | 钢铁制 |
| 12 | 联轴器 | Coupling | 8483.6000 | 钢铁制 |
| 13 | 滑板 | Slide | 8466.9390 | 钢铁制 |
| 14 | 线性滑轨 | Linear guide | 8466.9390 | 钢铁制 |
| 15 | 滑轨楔块（初） | Angular wedge | 7318.2400 | 钢铁制 |
| 16 | 鞍座 | Saddle | 8466.9390 | 钢铁制 |

## 五、刀塔部件

刀塔部件主要由刀塔、刀座、刀具等组成，完成加工刀具的更换。

刀塔部件的零部件爆炸图见图5-9，零部件名称及归类见表5-7。

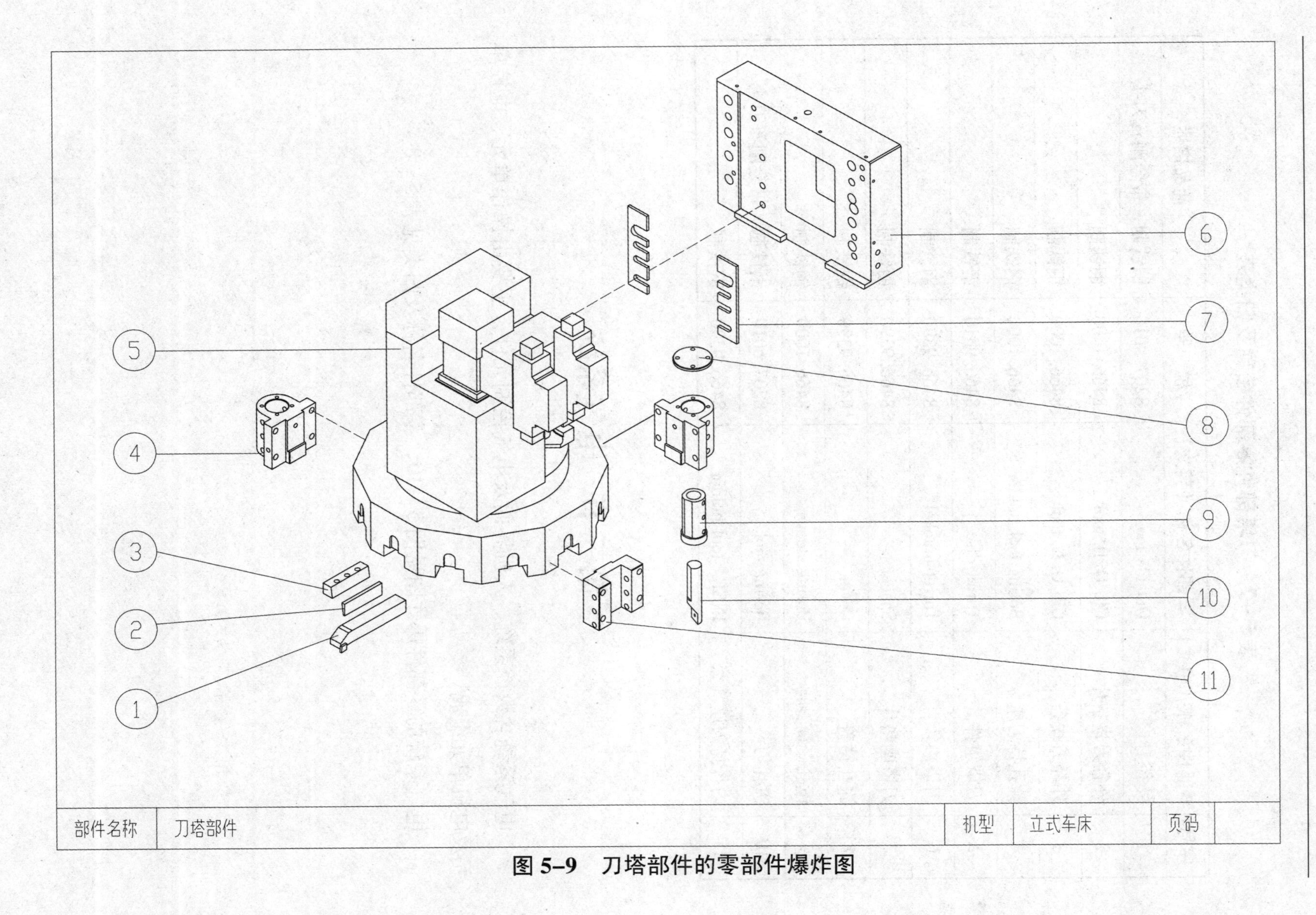


图 5–9　刀塔部件的零部件爆炸图

表5-7　刀塔部件零部件名称及归类表

| 序号 | 零部件名称（中文） | 零部件名称（英文） | 税　号 | 商品描述 |
|---|---|---|---|---|
| 1 | 外径刀 | Outside tool | 8207.8010 | 钢铁制，带金刚石刀头 |
| 2 | 外径刀崁条片 | Gib O. D. tool | 8466.1000 | 钢铁制 |
| 3 | 外径刀崁条 | Gib O. D. tool | 8466.1000 | 钢铁制 |
| 4 | 镗孔持刀座 | Boring tool holder | 8466.1000 | 钢铁制 |
| 5 | 刀塔组件 | Turret disc | 8466.9310 | 钢铁制 |
| 6 | 刀塔垫块 | Turret bracket | 8466.9390 | 钢铁制 |
| 7 | 刀塔座垫片 | Spacer | 8466.9390 | 钢铁制 |
| 8 | 深孔钻盖 | Cover | 8466.9390 | 钢铁制 |
| 9 | 镗孔套筒 | Boring sleeve | 8466.1000 | 钢铁制 |
| 10 | 镗孔刀 | Boring tool | 8207.6010 | 钢铁制，带金刚石刀头 |
| 11 | 内径持刀座（公） | INER.  tool holder | 8466.9390 | 钢铁制 |

# 第三节　电气系统

电气系统含数控系统、人机界面及电气控制元件，主要由操作单元、电控单元及电机单元组成。

电气系统的零部件爆炸图见图5-10，零部件名称及归类见表5-8。

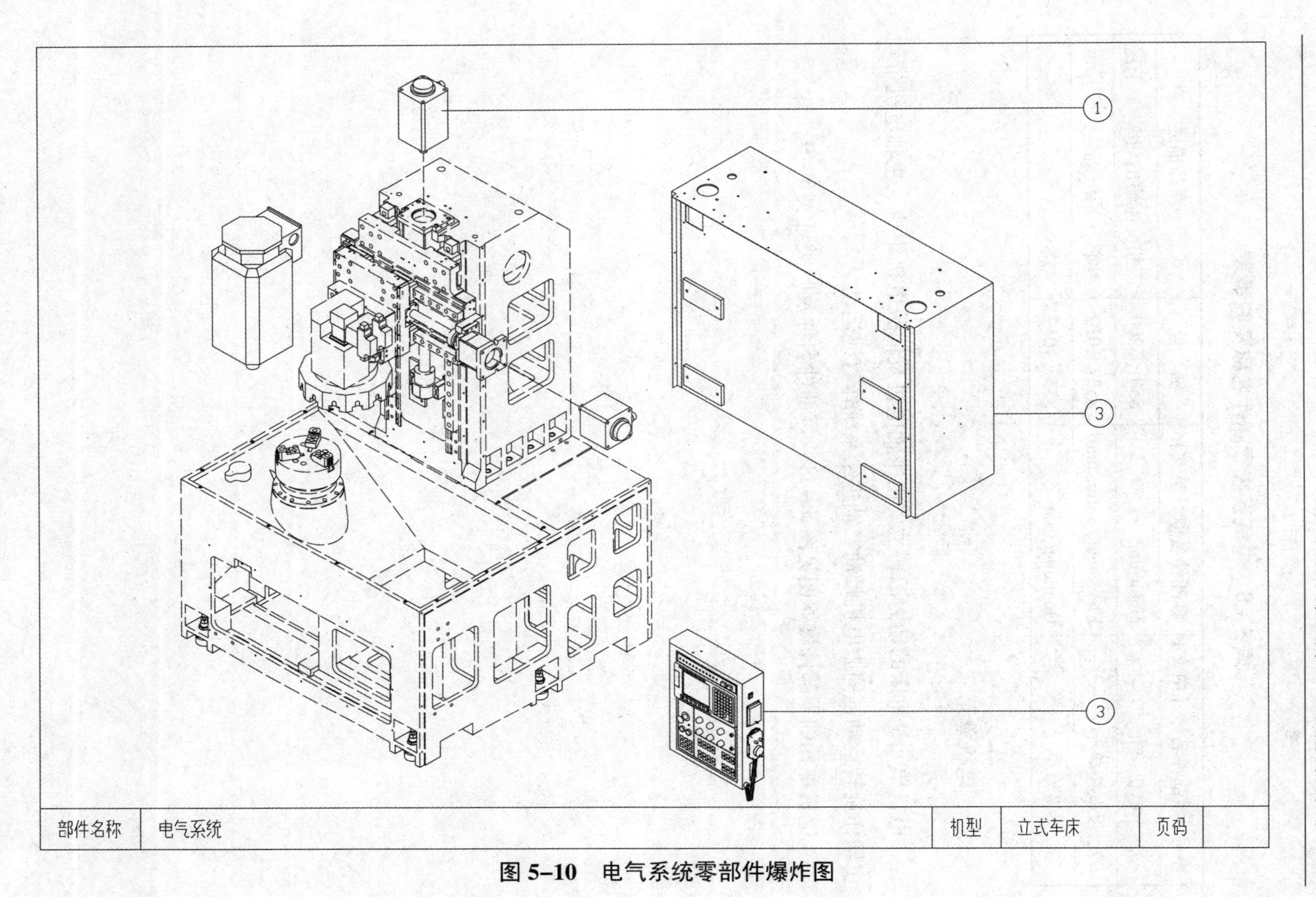


图 5–10　电气系统零部件爆炸图

表5－8　电气系统零部件名称及归类表

| 序号 | 零部件名称（中文） | 零部件名称（英文） | 税　号 | 商品描述 |
| --- | --- | --- | --- | --- |
| 1 | 电机单元 | Motor unit | 8501.5200 | 三相交流输出功率11千瓦 |
| 2 | 电控单元 | Electronic control unit | 8537.1019 | 用于380伏线路 |
| 3 | 操作单元 | Operation unit | 8537.1019 | |

## 一、电机单元

电机单元是机床的动力源，主要由主轴电机及伺服电机组成，主轴电机带动主轴作旋转运动，伺服电机带动二轴进给系统作直线运动。

电机单元的零部件爆炸图见图5－11，零部件名称及归类见表5－9。

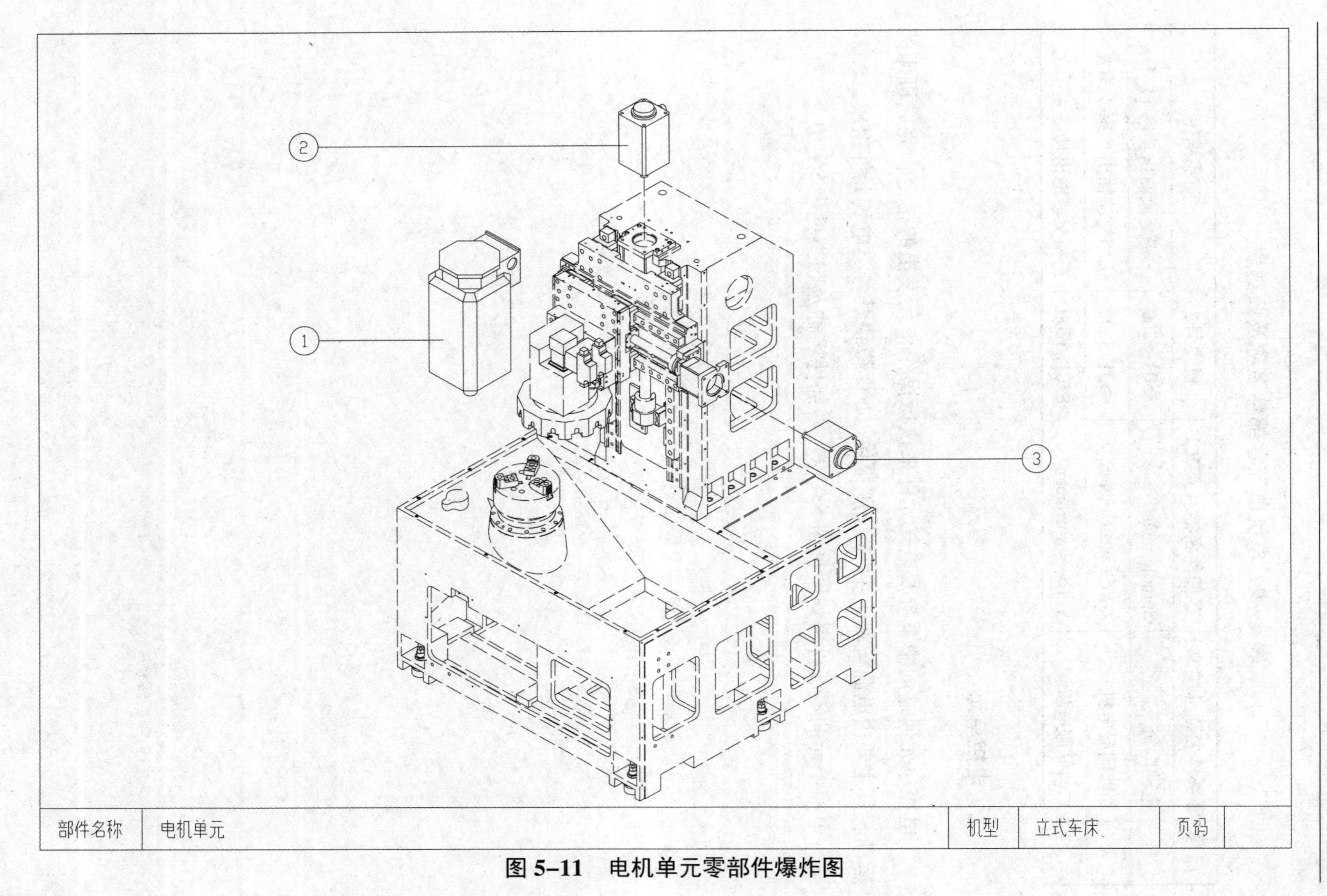


图 5-11　电机单元零部件爆炸图

**表 5-9 电机单元零部件名称及归类表**

| 序号 | 零部件名称（中文） | 零部件名称（英文） | 税 号 | 商品描述 |
|---|---|---|---|---|
| 1 | 主轴电机 | Spindle motor | 8501.5200 | 三相交流输出功率 11 千瓦 |
| 2 | Z 轴伺服电机 | Z-axis sevor motor | 8501.5200 | 三相交流输出功率 4 千瓦 |
| 3 | X 轴伺服电机 | X-axis sevor motor | 8501.5200 | 三相交流输出功率 4 千瓦 |

## 二、电控单元

电控单元通过伺服系统及电气元件来执行操作单元发出的指令，完成机床的运动。其主要由电源模块、主轴/伺服模块、I/O 模块及各类电气元件组成。

电控单元的零部件爆炸图见图 5-12，零部件名称及归类见表 5-10。

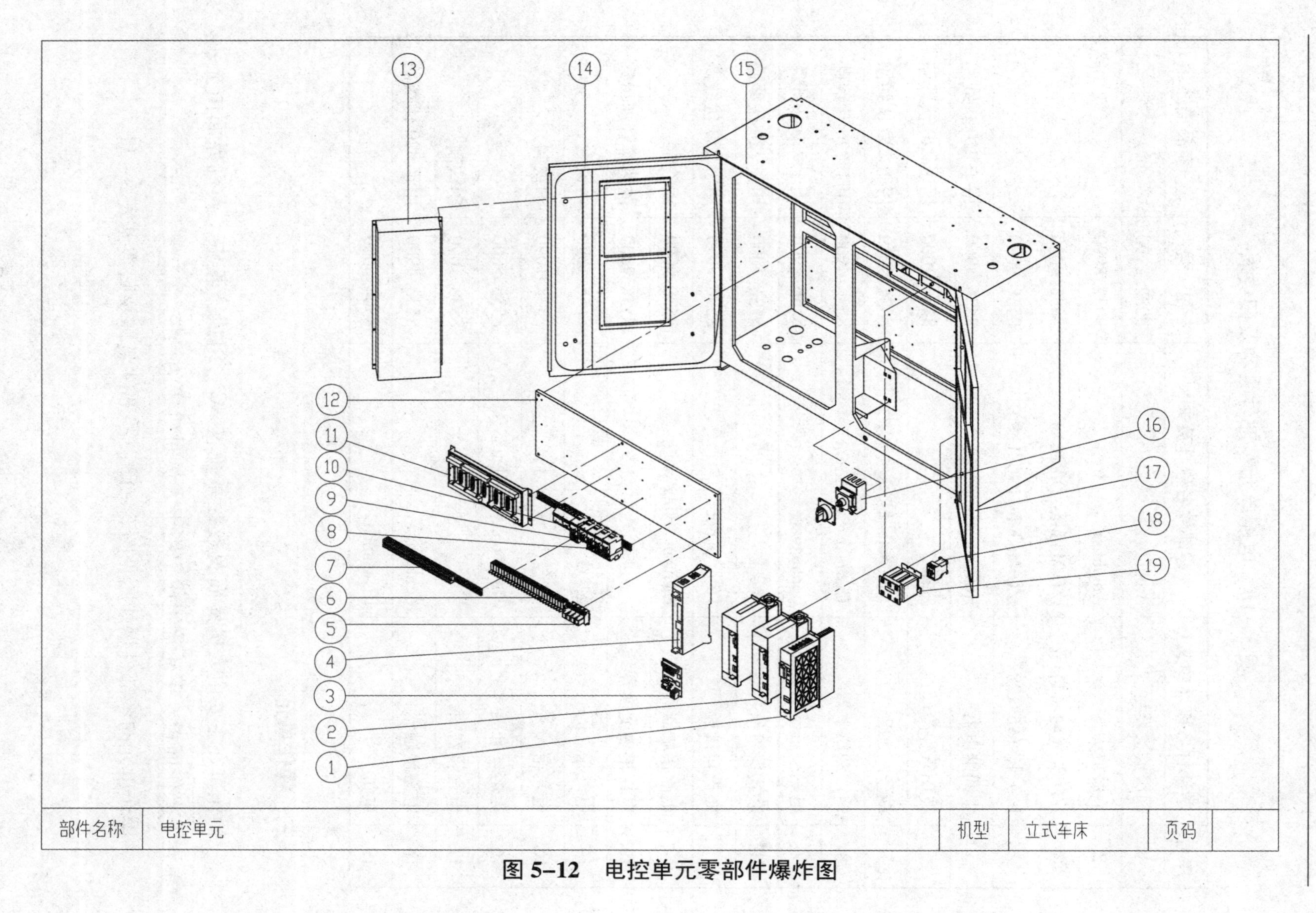


图 5-12　电控单元零部件爆炸图

**表 5 - 10　电控单元零部件名称及归类表**

| 序号 | 零部件名称（中文） | 零部件名称（英文） | 税　号 | 商品描述 |
|---|---|---|---|---|
| 1 | 伺服放大器 | Amplifier | 9032.8990 | |
| 2 | 伺服放大器 | Amplifier | 9032.8990 | |
| 3 | I/O 卡（48/64） | I/O Module（48/64） | 8538.9000 | |
| 4 | I/O 卡（96/128） | I/O Module（96/128） | 8538.9000 | |
| 5 | 中间继电器 | Relays | 8536.4900 | 用于 220 伏线路 |
| 6 | 玻璃管保险丝组合 | Fuse | 8536.1000 | 用于 220 伏线路 |
| 7 | 端子（50P） | Terminals block（50P） | 8536.9019 | 用于 220 伏线路 |
| 8 | 热过载继电器 | Thermal overcurrent releases | 8536.4900 | 用于 220 伏线路 |
| 9 | 电磁接触器 1A110V | Contactors | 8536.4900 | 用于 220 伏线路 |
| 10 | 欧式保险丝 | Fuse | 8536.1000 | 用于 220 伏线路 |
| 11 | 面板转接板 | Turm panel | 8536.9090 | 用于 220 伏线路 |
| 12 | 电磁接触器固定板 | Element fixing plate | 8538.9000 | 钢铁制 |
| 13 | 电控柜热交换器 | | 8538.9000 | 散热排管加风扇 |
| 14 | 电气箱左门 | | 8538.1090 | 钢铁制 |
| 15 | 电气箱 | | 8538.1090 | 钢铁制 |
| 16 | 无熔丝开关 | Three-pole Breakers | 8536.5000 | |
| 17 | 电气箱右门 | | 8538.1090 | 钢铁制 |
| 18 | 电磁接触器 | Contactors | 8536.4900 | 用于 220 伏线路 |
| 19 | 电抗 | Reactance | 8504.5000 | |

## 三、操作单元

操作单元主要由人机界面及数控系统（NC）组成。其中，人机界面由显示单元、操作面板、手轮等组成，用于人员对机床的操控。

操作单元的零部件爆炸图见图 5 - 13，零部件名称及归类见表 5 - 11。

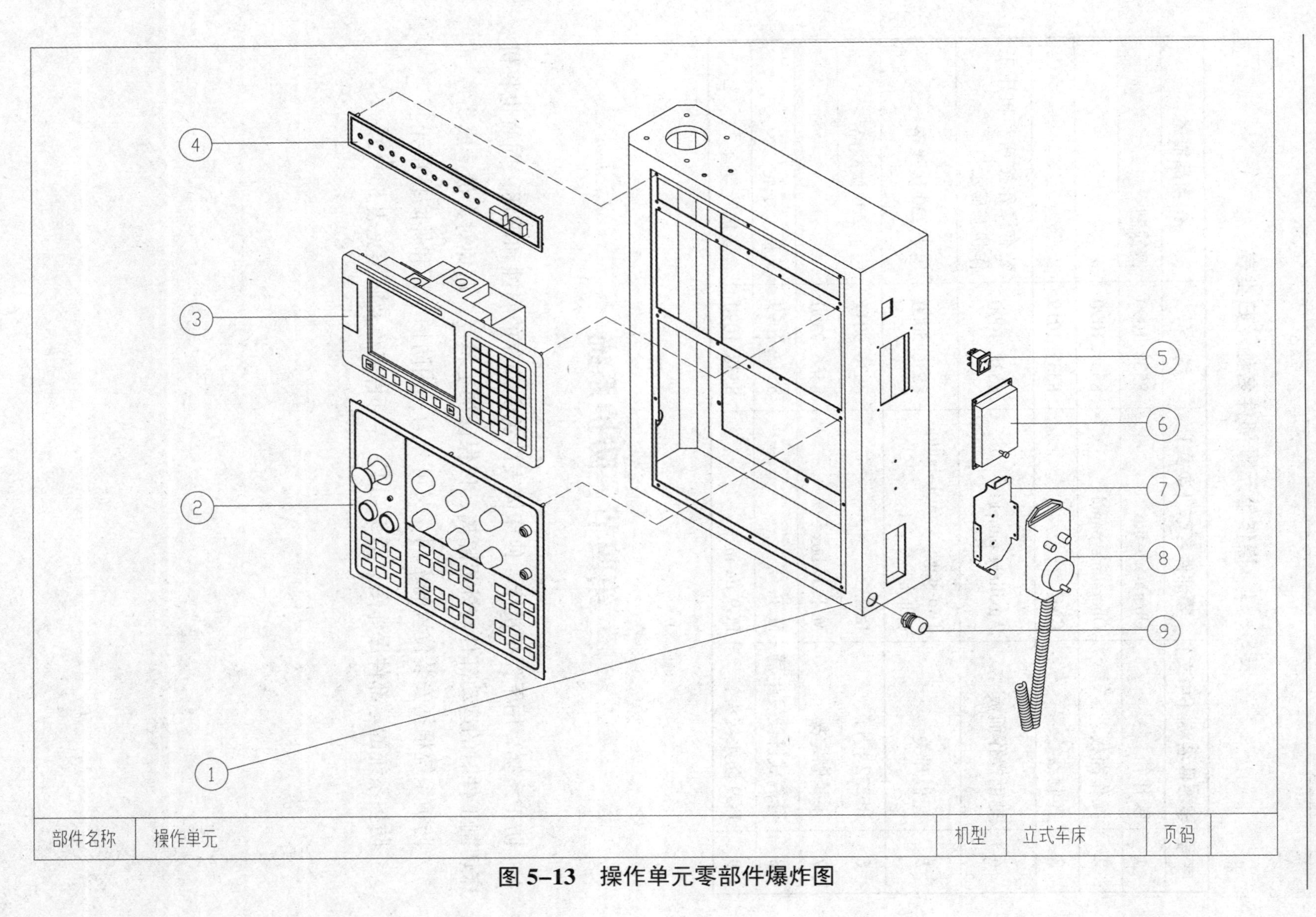


图 5-13　操作单元零部件爆炸图

表 5－11　操作单元零部件名称及归类表

| 序号 | 零部件名称（中文） | 零部件名称（英文） | 税　号 | 商品描述 |
| --- | --- | --- | --- | --- |
| 1 | 操作箱 | Operator's box | 8538.1090 | 钢铁制 |
| 2 | 操作面板 | Operator's panel | 8537.1090 | |
| 3 | 控制器 | CNC | 8537.1019 | |
| 4 | 辅助操作面板 | Auxiliary panel | 8538.1090 | 装有操作按钮和机床工作状态显示灯 |
| 5 | 翘板开关 | Two-stage push-button switch | 8536.5000 | 用于 220 伏线路 |
| 6 | RS232 接口 | RS232 | 8536.9011 | 用于 220 伏线路 |
| 7 | 手轮固定架 | M. P. G box | 8466.9390 | |
| 8 | 分离式脉波发生器 | M. P. G | 8543.7099 | 又称“手轮” |
| 9 | PG9 防水接头 | PG9 tie-in | 8538.1090 | 金属橡胶复合 |

## 第四节　防护系统

防护系统，用于保护机床，使床体表面免受外界的腐蚀和破坏；同时也将机床切割工件时的运动部件与外界隔离，以保证加工精度，避免对人员造成伤害。

防护系统根据安装位置的不同，又可分为：内防护单元和外防护单元。

防护系统的零部件爆炸图见图 5－14，零部件名称及归类见表 5－12。

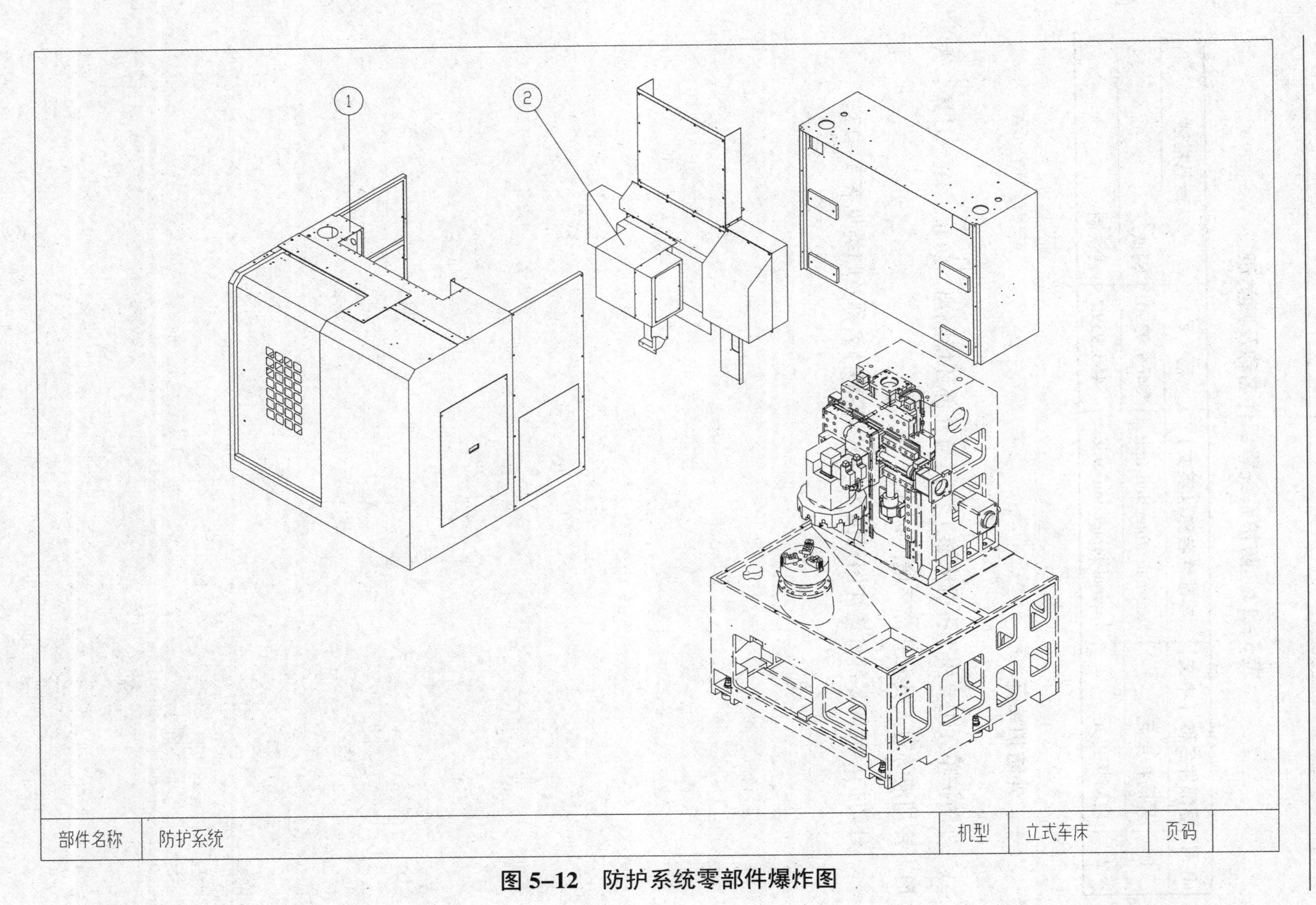


图 5-12　防护系统零部件爆炸图

**表 5－12　防护系统零部件名称及归类表**

| 序号 | 零部件名称（中文） | 零部件名称（英文） | 税　号 | 商品描述 |
|---|---|---|---|---|
| 1 | 外防护单元 | External protection unit | 8466. 9390 | 钢铁制 |
| 2 | 内防护单元 | Internal protection unit | 8466. 9390 | 钢铁制 |

## 一、外防护单元

外防护单元主要用于将机床加工环境与外部环境隔离，防止工件、刀具、铁屑、冷却液等对人员及外部环境的损坏。

外防护单元的零部件爆炸图见图 5－15，零部件名称及归类见表 5－13。

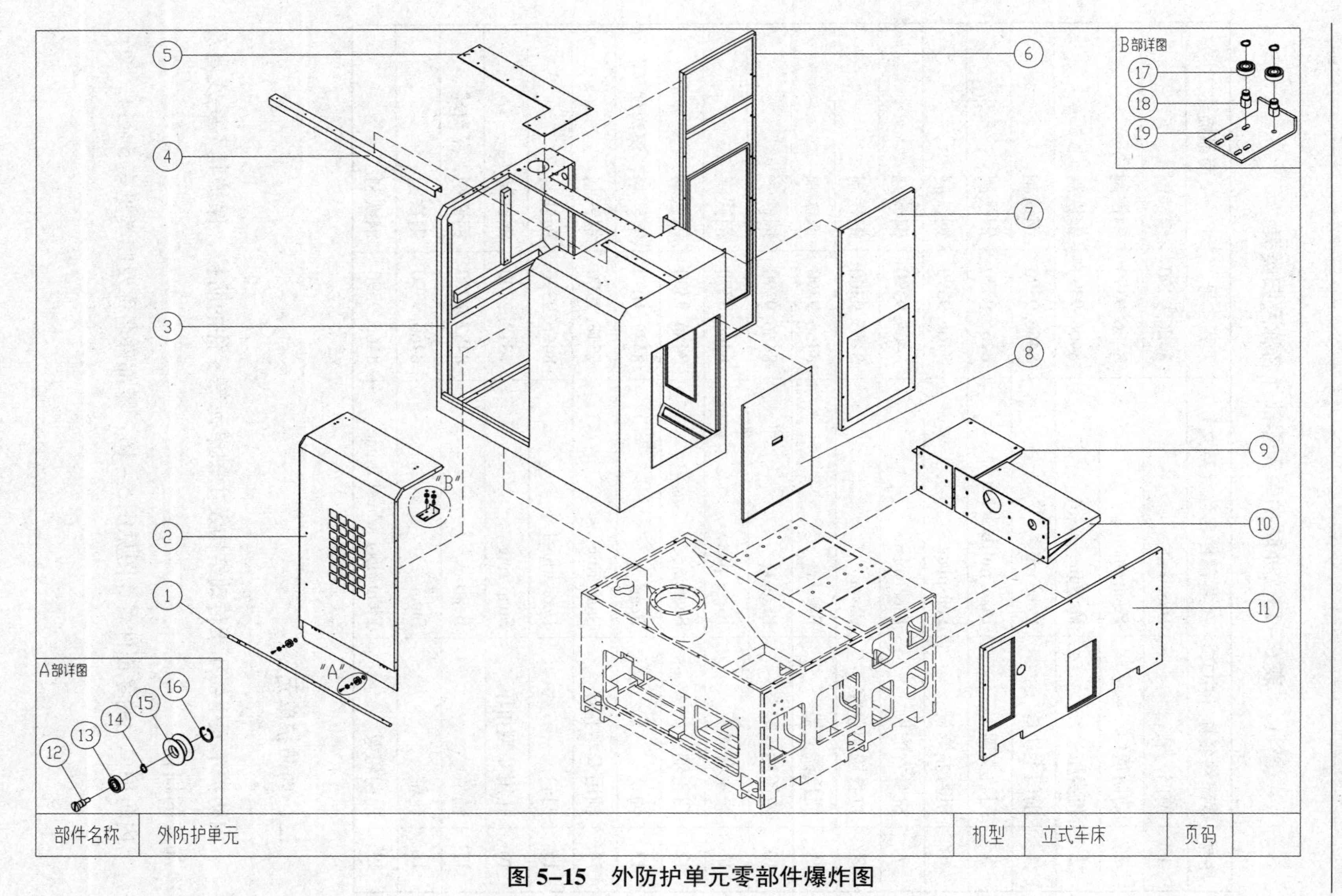


图 5-15　外防护单元零部件爆炸图

**表 5-13　外防护单元零部件名称及归类表**

| 序号 | 零部件名称（中文） | 零部件名称（英文） | 税　号 | 商品描述 |
|---|---|---|---|---|
| 1 | 前门门轨 | Door rail | 8466.9390 | 钢铁制 |
| 2 | 前防屑门 | Front door | 8466.9390 | 钢铁制 |
| 3 | 机身罩 | Machine guard | 8466.9390 | 钢铁制 |
| 4 | 前门上轨道 | Door rail | 8466.9390 | 钢铁制 |
| 5 | 门轨支架 | Door rail bracket | 8466.9390 | 钢铁制 |
| 6 | 机身左饰板 | Left plate | 8466.9390 | 钢铁制 |
| 7 | 机身右饰板 | Right plate | 8466.9390 | 钢铁制 |
| 8 | 机身罩侧盖板 | Cover | 8466.9390 | 钢铁制 |
| 9 | 变压器支架 | Bracket | 8466.9390 | 钢铁制 |
| 10 | 液压站支架 | Bracket | 8466.9390 | 钢铁制 |
| 11 | 底座右饰板 | Right plate | 8466.9390 | 钢铁制 |
| 12 | 门轮轴 | Shaft | 8466.9390 | 钢铁制 |
| 13 | 轴承 | Bearing | 8482.1020 | 钢铁制，深沟球 |
| 14 | 轴用 C 型扣环 | Snap ring | 7318.2900 | 钢铁制 |
| 15 | 门轮 | Door wheel | 8466.9390 | 钢铁制 |
| 16 | 孔用 C 型扣环 | Snap ring | 7318.2900 | 钢铁制 |
| 17 | 轴承 | Bearing | 8482.1020 | 钢铁制，深沟球 |
| 18 | 轮轴 | Shaft | 8466.9390 | 钢铁制 |
| 19 | 前门轮架 | Front door wheel frame | 8466.9390 | 钢铁制 |

## 二、内防护单元

内防护单元主要用于传动结构及主轴单元等零件的防护，保护其不受残屑及冷却液的损伤。

内防护单元的零部件爆炸图见图 5-16，零部件名称及归类见表 5-14。

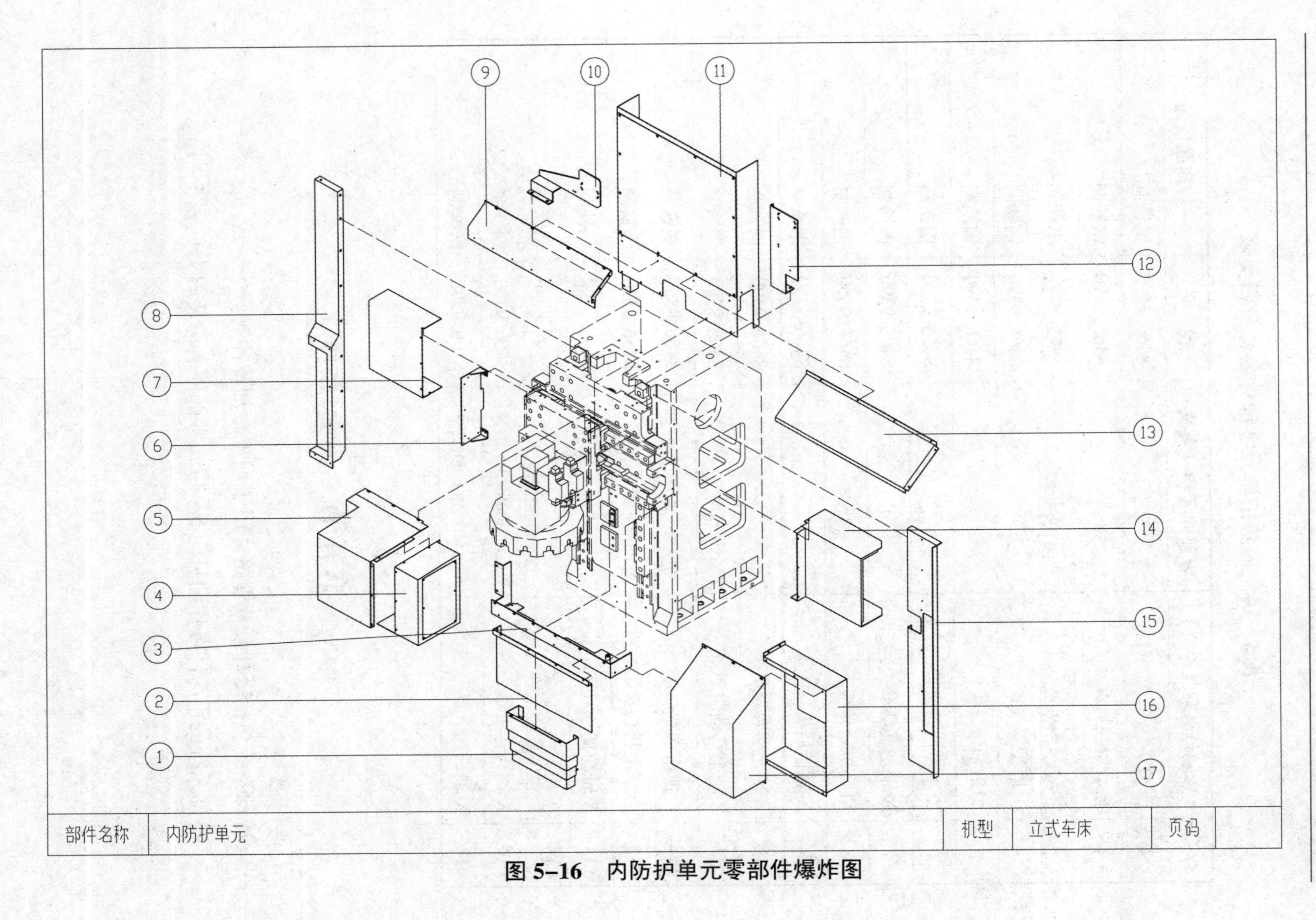


图 5-16　内防护单元零部件爆炸图

表 5－14　内防护单元零部件名称及归类表

| 序号 | 零部件名称（中文） | 零部件名称（英文） | 税　号 | 商品描述 |
|---|---|---|---|---|
| 1 | 振动罩 |  | 8466.9390 | 钢铁制 |
| 2 | 振动罩挡屑板 |  | 8466.9390 | 钢铁制 |
| 3 | 褶动罩固定板（上） |  | 8466.9390 | 钢铁制 |
| 4 | 刀塔护罩（B） |  | 8466.9390 | 钢铁制 |
| 5 | 刀塔护罩（A） |  | 8466.9390 | 钢铁制 |
| 6 | X 轴左后防屑板 |  | 8466.9390 | 钢铁制 |
| 7 | X 轴左移动罩 |  | 8466.9390 | 钢铁制 |
| 8 | 机身罩延伸板 |  | 8466.9390 | 钢铁制 |
| 9 | X 轴挡屑板（上） |  | 8466.9390 | 钢铁制 |
| 10 | Z 轴连动管固定架 |  | 8466.9390 | 钢铁制 |
| 11 | Z 轴上移动防屑罩 | Z-axis cover | 8466.9390 | 钢铁制 |
| 12 | Z 轴连动管托架 |  | 8466.9390 | 钢铁制 |
| 13 | 刀塔上排屑板 |  | 8466.9390 | 钢铁制 |
| 14 | X 轴防屑罩（R） |  | 8466.9390 | 钢铁制 |
| 15 | 立柱右后防屑板 |  | 8466.9390 | 钢铁制 |
| 16 | X 轴马达下罩 | X-axis motor cover | 8466.9390 | 钢铁制 |
| 17 | X 轴马达上罩 | X-axis motor cover | 8466.9390 | 钢铁制 |

## 第五节　冷却系统

冷却系统包括冷却泵及管路，用于加工冷却及冲屑。

冷却系统的零部件爆炸图见图 5－17，零部件名称及归类见表 5－15。

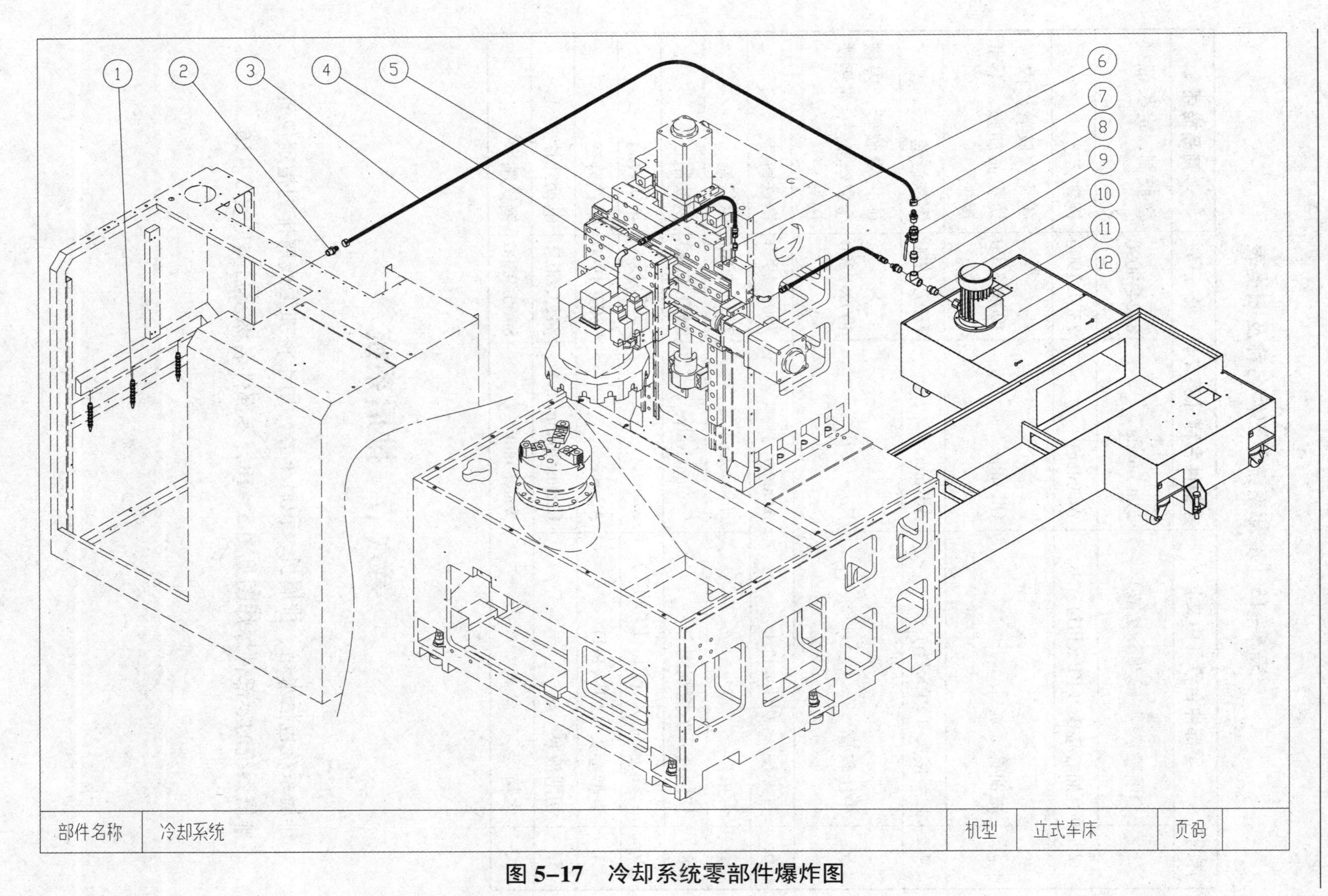


图 5-17 冷却系统零部件爆炸图

表 5 – 15　冷却系统零部件名称及归类表

| 序号 | 零部件名称（中文） | 零部件名称（英文） | 税　号 | 商品描述 |
|---|---|---|---|---|
| 1 | 扁嘴喷水管（3/8″×9 节） | Flat nozzle | 8424.9090 | 橡胶制，定长带接头 |
| 2 | 直插心接头（PT×PH） | Adapter | 7307.1900 | 钢铁铸造 |
| 3 | 耐油管 | Oil tube | 4009.3100 | 硫化橡胶管，内嵌纺织品加强，不带接头 |
| 4 | L 型接头（PT×PS） | Adapter | 7307.1900 | 钢铁铸造 |
| 5 | 中压软管 | Hose | 4009.2200 | 硫化橡胶管，内嵌金属丝加强，带钢铁接头 |
| 6 | 直型接头（PT×PS） | Adapter | 7307.1900 | 钢铁铸造 |
| 7 | 管束 | Hose clip | 7326.9010 | 钢铁制 |
| 8 | 切削液开关控制阀 | Coolant valve | 8481.8040 | 钢铁制 |
| 9 | 三通［3/4″×（PT×PT×PT）］ | Adapter | 7307.1900 | 钢铁铸造 |
| 10 | 直型接头（PT×PH） | Adapter | 7307.1900 | 钢铁铸造 |
| 11 | 切削液泵 | Coolant pump | 8413.6031 | 电动叶片式 |
| 12 | 水箱 | Water tank | 8466.9390 | 钢铁制 |

## 第六节　排屑系统

排屑系统包括水箱、排屑机、积屑车等，用于将加工残屑排到指定位置。

排屑系统的零部件爆炸图见图 5 – 18，零部件名称及归类见表 5 – 16。

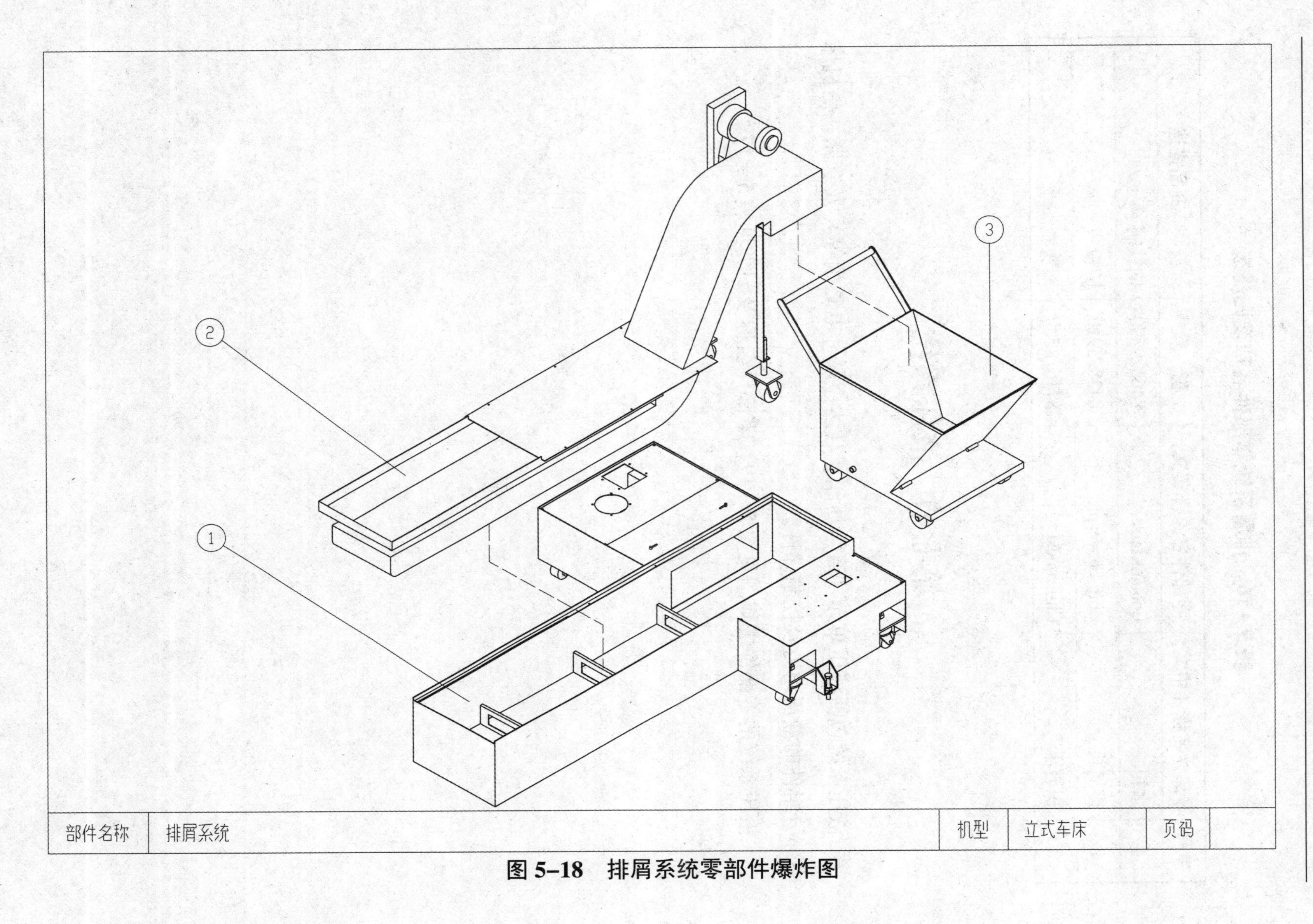


图 5-18　排屑系统零部件爆炸图

表 5－16　排屑系统零部件名称及归类表

| 序号 | 零部件名称（中文） | 零部件名称（英文） | 税　号 | 商品描述 |
| --- | --- | --- | --- | --- |
| 1 | 水箱 | Coolant tank | 8466.9390 | 钢铁制 |
| 2 | 排屑机 | Chip conveyor | 8428.3910 | 链板式 |
| 3 | 积屑车 | Chip bucket | 8716.8000 | 钢铁制 |

## 第七节　液压系统

液压系统包括液压单元（含液压箱、马达、泵、电磁阀等）及管路，是机床中部分组件的液压动力及控制部件。

液压系统的零部件爆炸图见图 5－19，零部件名称及归类见表 5－17。

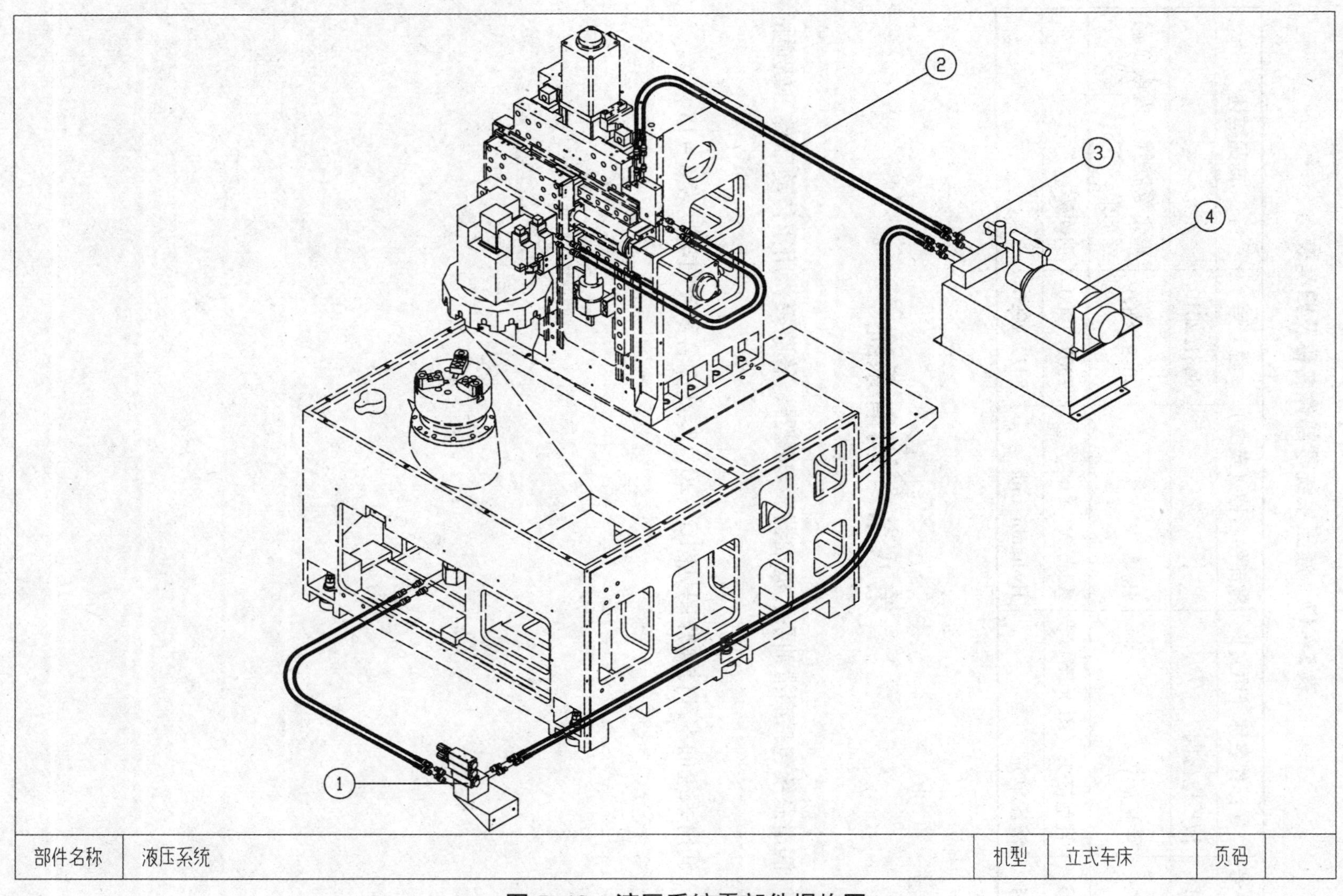


图 5-19　液压系统零部件爆炸图

表 5－17　液压系统零部件名称及归类表

| 序号 | 零部件名称（中文） | 零部件名称（英文） | 税　号 | 商品描述 |
|---|---|---|---|---|
| 1 | 液压电磁阀 | | 8481.2010 | |
| 2 | 中压软管 | Hose | 4009.2200 | 硫化橡胶管，内嵌金属丝加强，带钢铁接头 |
| 3 | 直型接头（PT×PS） | Adapter | 7307.1900 | 钢铁铸造 |
| 4 | 液压单元 | Hydraulic unit | 8412.2990 | |

## 第八节　润滑系统

润滑系统包括润滑油泵、滤油器、分配器、管路等，用于传动部件、轨道的润滑。

润滑系统的零部件爆炸图见图 5－20，零部件名称及归类见表 5－18。

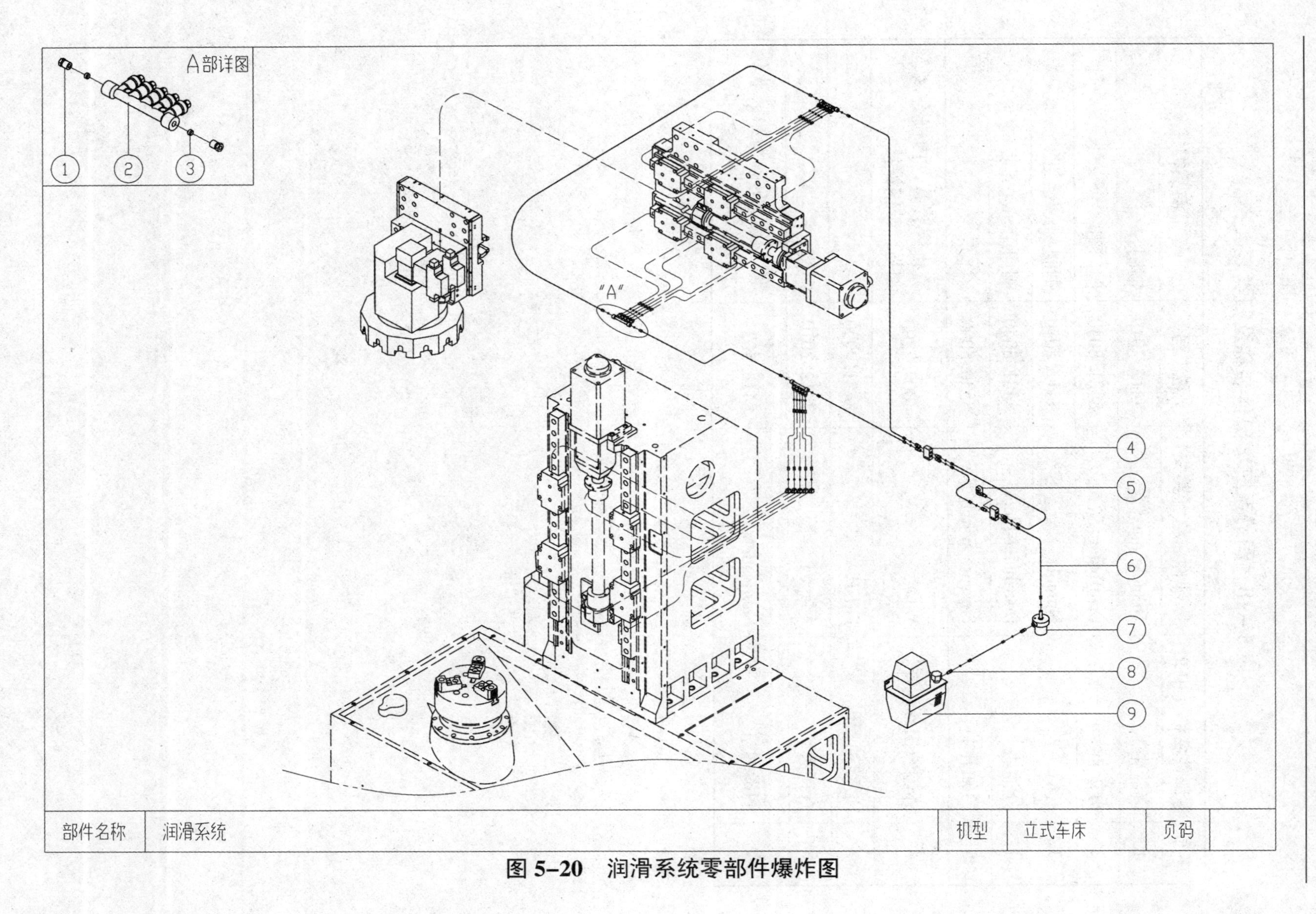


图 5-20　润滑系统零部件爆炸图

## 表5-18　润滑系统零部件名称及归类表

| 序号 | 零部件名称（中文） | 零部件名称（英文） | 税　号 | 商品描述 |
|---|---|---|---|---|
| 1 | 套管帽 | Thimble nut | 7412.2010 | 铜制 |
| 2 | 分配器 | Distributor | 8481.8040 | 阀门组 |
| 3 | 套管 | Thimble | 7412.2010 | 铜制 |
| 4 | 分油块 | Distributor block | 8481.8040 | 阀门组 |
| 5 | 检知开关 | Pressure switch | 8536.5000 | |
| 6 | 外编织钢丝软管 | Tube | 4009.2200 | 硫化橡胶管，内嵌金属丝加强，带钢铁接头 |
| 7 | FL 滤油器组 | Filter | 8421.2990 | |
| 8 | 直接头 | Adapter | 7412.2010 | 铜制 |
| 9 | 润滑油泵 | Lubrication | 8413.5031 | 液压柱塞泵、油箱、液位计的组合体 |

# 附录

FULU

# 附录一 机床及零部件归类决定选编

| 序号 | 1 | 归类决定编号 | Z2006－1352 | 公告编号 | 2007年第70号 |
|---|---|---|---|---|---|
| 商品税则号列 | | 8457.1020 | | 发布日期 | 2007年12月5日 |
| 商品名称 | 加工中心用主机通用床体 | | | | |
| 英文名称 | Base units for the machining centers | | | | |
| 其他名称 | 加工中心用三座标柔性单元模块部分 | | | | |
| 商品描述 | 该加工中心用主机通用床体，型号：OP－50－C.D，主要由床身、十字滑台（非工作台）、机床X、Z向轴坐标移动部分、床身立柱构成的Y向轴坐标移动部分、防尘放屑的滑动罩、数控操作面板壳体、空刀架（无刀夹及无刀具）、走线槽/管路等构成，行业内简称“三坐标（X，Y，Z）柔性单元模块”。 | | | | |
| 归类决定 | 该商品的主要构件床身、滑台等已组装成一体，超出了机床零件的范围，已具备卧式加工中心完整品的基本特征，根据《税则》归类总规则二及六，应按卧式加工中心归入税则号列8457.1020。 | | | | |

<table>
<tr><td>序号</td><td>2</td><td>归类决定编号</td><td>Z2006 - 0615</td><td>公告编号</td><td>2006 年第 69 号</td></tr>
<tr><td colspan="2">商品税则号列</td><td colspan="2">8458. 1100</td><td>发布日期</td><td>2006 年 11 月 22 日</td></tr>
<tr><td colspan="2">商品名称</td><td colspan="4">单轴纵切数控自动车床</td></tr>
<tr><td colspan="2">英文名称</td><td colspan="4"></td></tr>
<tr><td colspan="2">其他名称</td><td colspan="4"></td></tr>
<tr><td colspan="2">商品描述</td><td colspan="4">该机床以冷拉或磨光的棒料为坯料，棒料除旋转外，还随主轴箱作纵向进给，可获得较高的加工精度。该机床固定被加工工件的主轴平行于水平面。该机床与普通卧式机床的区别在于该机床的加工工件可作纵向进给，而普通机床的加工工件仅做旋转运动。<br>在《机械工程手册》中，车床按其用途和结构的不同分为以下几种类型：<br>1. 仪表车床、卧式车床、落地车床、数控卧式车床和卧式车削中心；<br>2. 单轴自动车床；<br>3. 卧式多轴自动车床、数控卧式多轴车床；<br>4. 立式多轴办自动车床；<br>5. 转塔车床和回轮车床；<br>6. 仿形车床；<br>7. 卡盘多刀车床；<br>8. 立式车床、数控立式车床和立式车削中心；<br>9. 其他车床（专业化车床和专用车床）。</td></tr>
<tr><td colspan="2">归类决定</td><td colspan="4">《税则》税目 84. 58 项下所列“卧式车床”的英文原文为“Horizontal lathes”，即是指固定被加工工件的机床主轴平行于水平面的车床，因此，所报商品属于《税则》中的卧式车床，因其又是数控车床，故应归入税则号列 8458. 1100。</td></tr>
</table>

| 序号 | 3 | 归类决定编号 | Z2008－0173 | 公告编号 | 2008 年第 83 号 |
| --- | --- | --- | --- | --- | --- |
| 商品税则号列 | | 8458.1100 | | 发布日期 | 2008 年 11 月 24 日 |
| 商品名称 | 旧数控车挤压车床 | | | | |
| 英文名称 | | | | | |
| 其他名称 | | | | | |
| 商品描述 | 该机床专门用于曲轴止推轴径的车削、挤压复合加工。主轴方向：水平，1993 年生产，HEGENSCHEIDT 牌。控制方式：采用西门子 810T 控制系统对机床动作进行控制及精确补差。该机床对曲轴工件的止推轴进行车削、挤压加工复合加工，加工至工序工艺尺寸（完成整个加工过程）。工件有上料装置自动带动到位，左右顶尖顶紧之后，通过电机驱动装置带动旋转。采用马波斯 E3 测量仪实现精确对中，通过西门子数控系统完成加工动作。该机床带有刀库，可自动换刀完成对曲轴工件的加工。“主轴偏心”的定义：曲轴的连杆颈回转中心与机床主轴回转中心有一个偏心，通过机床、夹具及控制系统使连杆颈曲轴线与主轴回转轴线重合，这样连杆颈轴颈的回转中心就调整到和机床主轴的回转中心重合，实现对曲轴工件的稳态、精确加工。 | | | | |
| 归类决定 | 该商品具有车削、挤压复合加工功能。参考《机械工程手册》，其挤压实际为车削表面的滚压加工，属于车削加工的辅助工艺。该商品的主要功能为车削功能，符合《税则》税目 84.58 的商品描述。该车床加工主轴为水平方向，采用西门子数控系统，根据归类总规则一及六，应作为数控卧式车床归入税则号列 8458.1100。 | | | | |

| 序号 | 4 | 归类决定编号 | Z2008－0174 | 公告编号 | 2008 年第 83 号 |
|---|---|---|---|---|---|
| 商品税则号列 | 8458.9110 | | | 发布日期 | 2008 年 11 月 24 日 |
| 商品名称 | 全自动五轴连动数控加工生产线 | | | | |
| 英文名称 | | | | | |
| 其他名称 | | | | | |
| 商品描述 | 该生产线由两台车轮加工中心组成。车轮加工中心为五轴连动立式复合车削中心。工作原理为对预加工的车轮进行车削精加工，以及镗孔的粗或精加工。能够在一台加工中心上完成车轮所有部位的加工。加工完车轮内侧面后，翻转 180 度加工车轮外侧面；镗孔加工可以在相同的加工中心上进行。该设备为全自动操作，不需要人工干预和操作，只需检查车轮表面质量和更换刀库中的刀具。 | | | | |
| 归类决定 | 该商品实为两台 NSH 牌 RQQ 型五轴连动立式车削中心。根据预设程序自动加工，带刀库、可自动换刀，能实现对火车车轮的车削精加工和镗孔的粗或精加工。加工完车轮内侧面后，翻转 180 度即可加工车轮外侧面。该商品属五轴连动立式车削中心，符合《税则》税目 84.58 及其子目条文的描述，根据归类总规则一及六，应按立式数控车床归入税则号列 8458.9100。 | | | | |

| 序号 | 5 | 归类决定编号 | Z2006－0616 | 公告编号 | 2006年第69号 |
|---|---|---|---|---|---|
| 商品税则号列 | 84.59 | | | 发布日期 | 2006年11月22日 |
| 商品名称 | 数控镗床零件 | | | | |
| 英文名称 | | | | | |
| 其他名称 | | | | | |
| 商品描述 | 进口数控卧式镗床的工作台、主轴箱、带立柱的床身等三个零件基本构成镗床的机械部分，进口后配备数控装置和其他小型零配件就构成整机。 | | | | |
| 归类决定 | 该商品由镗床的工作台、主轴箱、带立柱的床身等三个零件构成，进口后配备数控装置和其他小型零配件就构成整机，根据《税则注释》品目84.59的子目注释的规定：“如果数控机床不是与上述控制装置同时报验，只要这些机床具备以上所列的数控机床特征，仍应作为数控机床归类”，由于上述商品在机械部分仅缺少一些小型配件，已具备了数控镗床机械部分的基本特征，应按数控镗床的整机进行归类。<br>上述商品属于数控镗床的不完整品，已具备了完整品的基本特征，根据《税则》归类总规则二，应按数控镗床归入税目84.59。 | | | | |

| 序号 | 6 | 归类决定编号 | Z2006－0617 | 公告编号 | 2006年第69号 |
|---|---|---|---|---|---|
| 商品税则号列 | | 8459.2900 | | 发布日期 | 2006年11月22日 |
| 商品名称 | 深孔加工机 | | | | |
| 英文名称 | | | | | |
| 其他名称 | | | | | |
| 商品描述 | 深孔加工机，型号：TMG－1000、TMG－350－2S、THG－1200，是切削金属的程控深孔钻床，该批机床的主要控制装置由可编程序控制器及变频调速器构成，其三个坐标方向驱动均为普通电机，未用步进电机或伺服电机，也无步进电机或伺服电机驱动器，孔的加工深度由PLC和行程开关控制；型号TMG－1000、THG－1200的机床上装有数显装置，是用来对所加工孔的位置进行显示定位。 | | | | |
| 归类决定 | 该批机床为PLC控制深孔加工机床，型号为TMG－1000、TMG－350－2S、THG－1200，其主要控制装置由PLC可编程控制器、行程开关等构成，无数控操作系统及步进电机或伺服电机。由机械工业机床产品质量检测中心（上海）进行检测认定，该批机床属于程序控制机床而非数控机床（同时广东省机械技术情报站也给出了相同结论）。<br>根据机械工业机床产品质量检测中心（上海）和广东省机械技术情报站给出的鉴定报告，该批机床属于程序控制钻床而非数控钻床，应归入税则号列8459.2900。 | | | | |

| 序号 | 7 | 归类决定编号 | Z2008 - 0065 | 公告编号 | 2008 年第 76 号 |
|---|---|---|---|---|---|
| 商品税则号列 | | 8459.4010 | | 发布日期 | 2008 年 10 月 28 日 |
| 商品名称 | 刮削滚光设备 | | | | |
| 英文名称 | Skiving roller burnishing machine | | | | |
| 其他名称 | | | | | |
| 商品描述 | 刮削滚光设备为卧式数控机床，型号为 2007 Sierra USA，用于钢管内孔的加工，主要适用于液压油缸内表面加工，使钢筒内壁光滑。该商品由床身、尾架、夹紧装置、头架、滚柱丝杆、液压系统冷却装置、数控系统及专用刀具等主要部件构成。加工孔径范围：40 ~ 200 毫米，最大加工长度 2 米，最大加工重量 300 千克。工作时，设备将加工的钢管夹紧在工作台上，通过刀杆深入钢管内作水平行进，同时刀杆作高速旋转，带动刀头对钢管内壁先后做刮削和滚光加工，一次走刀完成加工。该设备使用的刀具为专利刀具，同时具有刮削和滚压功能，在刀具前端是刮削刀，后端是滚柱，两种刀头同时固定在刀杆上，加工时无须更换刀头即可进行两种加工。该商品备有多种直径不同的刀头，可视加工要求更换。在刀杆水平行进的同时，刀杆高速旋转带动刀头高速旋转，前端的刮削刀分粗刮削刀和精刮削刀两种，主要是处理零件内表面上前道工序加工后留下的铁屑和毛刺，后端的滚柱是对刮削刀加工后的零件内表面作滚压，用高速旋转的滚柱挤压工件表面，进一步提高工件表面的光滑度。刮削刀和滚柱都使用压力补偿式刀具，可调节、可收缩。它能通过调节液压来控制刀具工作时的状态，避免过度切削或滚压造成工件损伤，保证所加工的工件光洁度一致。 | | | | |
| 归类决定 | 该商品不带刀库，不能根据加工需求自动更换刀具，是一种带有一定挤压（切削加工的一种）辅助功能的数控镗床，符合《税则》税目 84.59 及其子目条文的描述，根据归类总规则一及六，应按其他数控镗床归入税则号列 8459.4010。 | | | | |

| 序号 | 8 | 归类决定编号 | Z2006－0618 | 公告编号 | 2006 年第 69 号 |
|---|---|---|---|---|---|
| 商品税则号列 | 8459.6990 | | | 发布日期 | 2006 年 11 月 22 日 |
| 商品名称 | 电路板刻制机 | | | | |
| 英文名称 | | | | | |
| 其他名称 | | | | | |
| 商品描述 | 电路板刻制机的型号为 LPKF Protomat M60，主要功能为：精密钻孔、铣型。该机可用于：（1）试验用双层或多层电路板的铣外型、钻孔、铣制电路；（2）阻焊膜的刻制；（3）刻制金属铭牌；（4）刻制有机玻璃、塑料；（5）射频及微波技术用基材的加工；（6）用薄膜雕刻掩膜底版；（7）用薄膜铣制膏漏印版、贴片；（8）刚柔结合电路板加工；（9）分切、返修裸板及载件板；（10）壳体、盒体加工。其主要组成包括：工作台、移动架和加工头等，其中加工头是由高速电机和刀具组成，使用的刀具有钻头或铣刀。加工头只能安装一个刀具，并固定在移动架上，可以在工作台的 Y 轴方向移动。主要工作原理：该机通常与计算机连接使用，在计算机的控制下，对固定在工作台上的表面敷铜的 FR4 电路板基材进行操作，安装上钻头则可以在电路板上精确定位、钻孔；安装上铣刀则能够沿着线路和焊盘铣掉电路板基材上不需要的铜箔；安装上外型铣刀则可以按照预定的外型尺寸将刻制好的电路板从基材上铣下来；安装上精细铣刀可以刻制阻焊膜，将阻焊膜上焊盘对应的位置铣掉。 | | | | |
| 归类决定 | 该电路板刻制机具有精密钻、雕、半铣、透铣功能，适合对多种材料进行精密加工，属于多功能和多用途机器，其涉及《税则》第十六类类注三（关于多功能机器）和第八十四章章注七（关于多用途机器）两款归类规定。由于第八十四章章注七规定：“具有一种以上用途的机器在归类时，其主要用途可作为唯一的用途对待。除本章章注二、第十六类类注三另有规定的以外……均应归入税目 84.79……”由于在此款章注中已经明确排除了第十六类类注三，也就是规定第十六类类注三应优先考虑，因此，对于既是多功能又是多用途的机器，应该根据第十六类类注三确定其归类，而不是第八十四章章注七。由于该电路板刻制机具有钻、雕、铣等多种功能，但仍以对电路板上的铜箔进行铣制为其主要功能，根据《税则》归类总规则一和六，应归入税则号列 8459.6990。 | | | | |

<table>
<tr><td>序号</td><td>9</td><td>归类决定编号</td><td>Z2006 - 0619</td><td>公告编号</td><td>2006 年第 69 号</td></tr>
<tr><td colspan="2">商品税则号列</td><td colspan="2">84. 60</td><td>发布日期</td><td>2006 年 11 月 22 日</td></tr>
<tr><td colspan="2">商品名称</td><td colspan="4">涡杆和螺纹磨床</td></tr>
<tr><td colspan="2">英文名称</td><td colspan="4">CNC thread grinding machine</td></tr>
<tr><td colspan="2">其他名称</td><td colspan="4"></td></tr>
<tr><td colspan="2">商品描述</td><td colspan="4">该数控机床牌名为莱斯豪尔 REISHAUER，型号为 RG500，为 8 轴多处理机数控磨床，分别由两套 CNC 数控系统控制，其中 5 个轴用于控制工件动作，3 个轴用于控制蝶形金刚石修整轮的动作，分别可实现 4 轴联动和 3 轴联动。加工精度和柔性化程度高较，广泛用于工具和机械零件的加工制造。</td></tr>
<tr><td colspan="2">归类决定</td><td colspan="4">根据《中国大百科全书·机械工程卷》关于螺纹磨床的定义：“螺纹磨床用成型砂轮作为磨具加工精米螺纹的螺纹加工机床。主要用于机器制造业的生产车间和工具车间，以刀具厂和量具厂中生产螺纹加工工具和螺纹量具的车间中用得最多。”机床与上述定义相符，应参照《税则注释》品目 84. 60 列举（三）的“各种类型的磨床”中的“螺纹磨床”归入品目 84. 60 项下相应子目。即机床在任一座标的定位精度至少是 0. 01 毫米时，应归入税则号列 8460. 2190；机床在任一座标的定位精度小于 0. 01 毫米时，应归入税则号列 8460. 9090。</td></tr>
</table>

<table>
<tr><td>序号</td><td>10</td><td>归类决定编号</td><td>Z2008-0175</td><td>公告编号</td><td>2008 年第 83 号</td></tr>
<tr><td colspan="2">商品税则号列</td><td colspan="2">8460.2120</td><td>发布日期</td><td>2008 年 11 月 24 日</td></tr>
<tr><td colspan="2">商品名称</td><td colspan="4">多工位高精度网纹加工设备</td></tr>
<tr><td colspan="2">英文名称</td><td colspan="4">High-precision multi-station reticle machine</td></tr>
<tr><td colspan="2">其他名称</td><td colspan="4"></td></tr>
<tr><td colspan="2">商品描述</td><td colspan="4">该商品为轿车柴油机缸体（材料为铸铁）网纹加工定制的专用设备，工件在设备上可自动输送。设备分为两个工位：第一个工位采用立式加工方式加工缸孔的网纹；第二个工位采用卧式加工方式加工曲轴孔。网纹加工的刀具为砂条，设备采用 Gehring 公司开发的专用控制系统及软件控制砂条的涨缩、涨刀压力、旋转速度和往复行程速度及主轴上下折返点位置精度，确保缸孔和曲轴孔具有稳定的表面网纹效果。</td></tr>
<tr><td colspan="2">归类决定</td><td colspan="4">多工位高精度网纹加工设备是一种数控机床，利用砂条磨削加工发动机缸体的曲轴孔和缸孔。该商品虽然具有两个工位，但仅具有磨削一种加工操作，不符合《税则注释》品目 84.57 多工位组合机床“必须可进行多种机械加工操作”的描述，不能归入《税则》税目 84.57 项下。该商品为磨削加工，不符合税目 84.61“切削机床”的描述，也不能归入税目 84.61 项下。该商品符合税目 84.60 的商品描述，用于内圆加工，精度高于 0.01 毫米，根据归类总规则一及六，应归入税则号列 8460.2120。</td></tr>
</table>

<table>
<tr><td>序号</td><td>11</td><td>归类决定编号</td><td>Z2006－0620</td><td>公告编号</td><td>2006 年第 69 号</td></tr>
<tr><td colspan="2">商品税则号列</td><td colspan="2">8460. 4010</td><td>发布日期</td><td>2006 年 11 月 22 日</td></tr>
<tr><td colspan="2">商品名称</td><td colspan="4">气缸体活塞孔精整加工机床</td></tr>
<tr><td colspan="2">英文名称</td><td colspan="4">Honing machine</td></tr>
<tr><td colspan="2">其他名称</td><td colspan="4"></td></tr>
<tr><td colspan="2">商品描述</td><td colspan="4">该机床用于对冰箱压缩机气缸体的活塞孔内表面进行精整加工。加工方式为工件不动，刀具自上而下配合旋转运动进行加工，加工的刀具结构为铜条外覆 1 毫米厚的金刚衣。</td></tr>
<tr><td colspan="2">归类决定</td><td colspan="4">该设备为珩磨机床，应归入税则号列 8460. 4010。</td></tr>
</table>

| 序号 | 12 | 归类决定编号 | Z2006-0621 | 公告编号 | 2006年第69号 |
|---|---|---|---|---|---|
| 商品税则号列 | 8461.9000 [8461.9090 (2014年版)][①] | | | 发布日期 | 2006年11月22日 |
| 商品名称 | 数控乙炔焰切割机 | | | | |
| 英文名称 | CNC cutting machine | | | | |
| 其他名称 | | | | | |
| 商品描述 | 由昆山梅塞尔·格里斯海姆公司生产，主要有OMNIMAT，FHOENIX DP，COMCUT等系列和型号的数控切割机，由数控装置驱动割炬切割材料。<br>是用高温的乙炔火焰对材料专门进行切割的设备，虽然可选配等离子切割头，但由于进口时该设备并未装配，不具有等离子切割的功能。该切割机是专用于切割金属的设备。 | | | | |
| 归类决定 | 根据《税则注释》对品目84.68的解释，切割专用的机器应归入其相应税号，故该切割机应作为其他金属切割机床归入税则号列8461.9000 [8461.9090 (2014年版)]。 | | | | |

① “2014年版”表示该商品2014年归入的税则号列以《中华人民共和国进出口税则（2014年）》为准。附录中其余各处“2014年版”所表示的意义同此。

| 序号 | 13 | 归类决定编号 | Z2006－0622 | 公告编号 | 2006年第69号 |
|---|---|---|---|---|---|
| 商品税则号列 | 8462.1090 | | | 发布日期 | 2006年11月22日 |
| 商品名称 | 铭牌机 | | | | |
| 英文名称 | Metal 2000 | | | | |
| 其他名称 | | | | | |
| 商品描述 | 该铭牌机是工厂生产的最后一道工序，用于制作可固定于生产设备的铭牌，有固定的工作位和专门的操作人员。工作原理为先将未加工的工件（特定规格的不锈钢片）放入机器的入料盒中，机器通过一台电机带动冲击锤产生冲击力，将字模冲压在工件下表面，在工件上产生凸出的字体，并驱动字模盘连续转动，按设定的参数连续冲压，将所需的数字或字母（产品的规格、型号及各种使用参数）冲压在工件上。机器自动将冲压好的工件送至出料口处。 | | | | |
| 归类决定 | 根据《税则注释》关于品目84.72的解释，该品目所含商品应为办公室用机器，“所称‘办公室用机器’，其含义较广，包括在办公室、商店、工厂、车间、学校、火车站、旅馆等场所用于‘办公室工作’（即有关书信、文件、表格、记录、账目等的书写、记录、分类、归档等工作）的各种机器”。该商品并非用于“办公室工作”，不能归入税目84.72，应作为金属冲压机床归入税则号列8462.1090。 | | | | |

| 序号 | 14 | 归类决定编号 | Z2008－0066 | 公告编号 | 2008 年第 76 号 |
|---|---|---|---|---|---|
| 商品税则号列 | 8462. 3190 | | | 发布日期 | 2008 年 10 月 28 日 |
| 商品名称 | 波形裁剪机 | | | | |
| 英文名称 | | | | | |
| 其他名称 | | | | | |
| 商品描述 | 该商品由入口段解卷机、镜面检查台、压平轮、冲床式裁剪机、铁皮输送机、收料台、出料台、取样台、操作及控制台、铁皮表面侦测器、厚度检测仪架构、换模机、置模架、测量台、钨钢刀具、LOT 输送台车等组成。原理：裁剪机采用数控原理，铁皮卷连续运转，通过波形裁刀，转变成波形裁片。波形裁剪机的刀座是类似一种三维接触的构造，本身具有 X、Y、Z 三个接触面，刀具处理精度达到 0. 015 毫米，以达到波形产品的形状与精度。波形裁剪机刀具的运行并非旋转方式的结构，而是变频马达利用飞轮的直径及旋转角度及线速度与设定的裁长后，再利用三角函数的原理，经由电控系统控制住输出速度后，带动上刀座的移动运行，使之裁剪出高精度的波形铁片。用途：使铁片裁剪成为波形铁皮，使得所产生的成品再经冲模加工时能精确的符合圆形罐模冲盖用，使冲盖后铁皮剩料达到最少。 | | | | |
| 归类决定 | 该波形裁剪机采用数控方式对钢材板带进行横向波形裁剪，以使钢材板带在用于圆形裁剪时能够最大限度的利用材料。该商品为剪切机床的一种，符合《税则》税目 84. 62 的商品描述，由于其工作方式不同于单纯的纵剪和横剪，根据归类总规则一及六，应归入税则号列 8462. 3190。 | | | | |

| 序号 | 15 | 归类决定编号 | Z2008－0067 | 公告编号 | 2008年第76号 |
|---|---|---|---|---|---|
| 商品税则号列 | | 8462.4119 | | 发布日期 | 2008年10月28日 |
| 商品名称 | 高速冲床线 FIX－100 | | | | |
| 英文名称 | High-speed fin press line equipment & fin die | | | | |
| 其他名称 | 日精高机 | | | | |
| 商品描述 | 该生产线主要由开卷机、翅片冲床、模具托架、叠片装置等组成，主要制成品为空调热交换器中的热交换片（翅片）。工艺流程：开卷机将成卷铝箔展开，通过翅片冲床，将其高速冲压成规格型号的翅片制成品。其中的模具托架放置在冲床内部，托架内安装有模具。冲床工作时冲孔、剪切同时完成。生产好的翅片由叠片装置进行整理收集。整套设备的控制装置都安装在翅片冲床的控制面板上。 | | | | |
| 归类决定 | 该设备是由高速冲床、连续冲压模具和开卷机等装置组成的成套冲压专用装备，符合《税则》税目84.62的商品描述。该设备配置了VF专用数控系统，对进给的速度和子模具的调用等进行程序控制，符合数控要求；其虽然有剪裁的功能，但主要是靠模具的设计来完成的，有别于通常的冲剪机床。根据归类总规则一及六，应作为数控冲床归入税则号列8462.4119。 | | | | |

| 序号 | 16 | 归类决定编号 | Z2006－0623 | 公告编号 | 2006年第69号 |
|---|---|---|---|---|---|
| 商品税则号列 | | 8463.3000 | | 发布日期 | 2006年11月22日 |
| 商品名称 | SISMA快速单双扣织链机 | | | | |
| 英文名称 | | | | | |
| 其他名称 | | | | | |
| 商品描述 | 该商品的规格为：SGV/TD，它是贵金属首饰生产加工设备，可用于生产单套、双套和三套马鞭链，用该机生产的金属链做为母链，经变形加工后可形成各种形状产品。 | | | | |
| 归类决定 | 快速单双扣织链机可将金属丝加工成单套、双套等链条，根据《税则注释》对品目84.63的规定，该设备应按金属的非切削加工机床归入税则号列8463.3000。 | | | | |

| 序号 | 17 | 归类决定编号 | Z2008－0177 | 公告编号 | 2008 年第 83 号 |
|---|---|---|---|---|---|
| 商品税则号列 | 8464.2090 | | | 发布日期 | 2008 年 11 月 24 日 |
| 商品名称 | 双面研磨抛光系统 | | | | |
| 英文名称 | Speedfam double side lapping plolishing machine | | | | |
| 其他名称 | | | | | |
| 商品描述 | 该商品的工作原理：采用变频调速和电子数字控制技术，根据不同材料设定不同加工程序，实现自动化加工。通过上下盘的转动配以相关的化学原辅料，可对各种晶体材料、光学玻璃材料、半导体材料进行高效快速的化学机械研磨和抛光。 | | | | |
| 归类决定 | 该商品可以对晶体材料、光学玻璃材料、半导体材料等多种材料进行化学机械研磨和抛光。该企业网上资料显示其主要产品为激光晶体和非线性光学晶体，因此该系统并非《税则》税目 84.86 所称“专用于或主要用于制造半导体单晶柱或圆片、半导体器件……的机器或装置”，不能归入税目 84.86。由于其主要用于含硅材料（包括玻璃）的研磨抛光，符合税目 84.64 的商品描述，根据归类总规则一及六，应归入税则号列 8464.2090。 | | | | |

<table>
<tr><td>序号</td><td>18</td><td>归类决定编号</td><td>Z2006－0624</td><td>公告编号</td><td>2006年第69号</td></tr>
<tr><td colspan="2">商品税则号列</td><td colspan="2">8465.9100</td><td>发布日期</td><td>2006年11月22日</td></tr>
<tr><td colspan="2">商品名称</td><td colspan="4">高速数控优选机</td></tr>
<tr><td colspan="2">英文名称</td><td colspan="4">Opticut 200 elite</td></tr>
<tr><td colspan="2">其他名称</td><td colspan="4"></td></tr>
<tr><td colspan="2">商品描述</td><td colspan="4">结构：<br>1. 进料及缺陷标识工作台，驱动式，侧面支撑台面可安置两个操作工，5米长，最大进料长度6.3米；<br>2. 长度测量装置带3级荧光扫描头；<br>3. 到达横截锯7米长传送带；<br>4. 优选横截锯，内带排尘气吹装置，电脑数控中心（触摸屏）；<br>5. 出料传送带，20米长，驱动带宽度250毫米；<br>6. 标准配备有8个安装在出料传送带上的重型顶料器。<br>工作原理：通过装置对原材料进行选料，标识材料本身缺陷，通过驱动式工作台将材料送至长度测量装置区，通过识别测量再进入优选横截锯，经过横锯后，再通过传送带和八个分料推料器根据规格的不同从不同的位置出料。<br>工艺流程：人工木材缺陷标识→测量缺陷→优选锯切→按规格分类摆放。</td></tr>
<tr><td colspan="2">归类决定</td><td colspan="4">该商品为木材加工机床，其功能为：通过人工对木材进行缺陷标示，由机床的扫描装置对标示进行扫描，机床根据接收到的扫描信息计算出最佳锯切尺寸后进行切割，最后将木材按不通尺寸从不同的位置推出。<br>该商品为具备前期扫描、后期分类的木材锯切机床，木材锯切是其主要功能，根据《税则》归类总规则一及六，应将其归入税则号列8465.9100。</td></tr>
</table>

| 序号 | 19 | 归类决定编号 | Z2007－0057 | 公告编号 | 2007 年第 71 号 |
|---|---|---|---|---|---|
| 商品税则号列 | 8465. 9200 | | | 发布日期 | 2007 年 12 月 5 日 |
| 商品名称 | CNC PBC 成型机 | | | | |
| 英文名称 | | | | | |
| 其他名称 | | | | | |
| 商品描述 | 该成型机为印刷电路板的切割成型机器，型号为 TL－RU4BⅡ。其主要工作原理：根据事先设置的成型路径和坐标，通过三只配有自动换刀系统的高转速主轴带动刀具，对已加工装配部分电子器件的电路板基板进行铣边和形状切削，不对电路板的线路、铜箔及阻焊基膜进行雕、钻等加工。 | | | | |
| 归类决定 | CNC PBC 成型机用于对硬质塑料的电路板基板进行铣成型加工，符合《税则》税目 84.65 的商品描述，根据归类总规则一及六，应归入税则号列 8465. 9200。 | | | | |

| 序号 | 20 | 归类决定编号 | Z2006 - 0625 | 公告编号 | 2006 年第 69 号 |
|---|---|---|---|---|---|
| 商品税则号列 | 8465. 9400 | | | 发布日期 | 2006 年 11 月 22 日 |
| 商品名称 | 液压短周期压帖生产线 | | | | |
| 英文名称 | | | | | |
| 其他名称 | | | | | |
| 商品描述 | 该生产线主要用于强化地板的三聚氰胺浸滞纸热压贴面。通过热压使三聚氰胺失水而形成高分子结合体，主要包括电离、热压和输送装置。<br>工艺流程如下：<br>纤维板上线→除尘→定位→平衡纸上线→底面电离→铺装饰纸→铺耐磨纸→电离→送入压机→热压→卸料→下线。 | | | | |
| 归类决定 | 液压短周期压贴生产线主要由电离、热压和输送等装置组成，组合后的功能是对人造板（中密度纤维板）进行三聚氰胺浸渍纸表面热压贴面，属于税则号列 8465. 9400 所列“装配机器”的功能，根据《税则》第十六类注释四关于功能机组的定义，应按其功能归入税则号列 8465. 9400。 | | | | |

| 序号 | 21 | 归类决定编号 | Z2006－0626 | 公告编号 | 2006年第69号 |
|---|---|---|---|---|---|
| 商品税则号列 | 8465.9600 | | | 发布日期 | 2006年11月22日 |
| 商品名称 | "Matrix 2360" 可编程自动切割机 | | | | |
| 英文名称 | "Matrix 2360" Programmable shear | | | | |
| 其他名称 | | | | | |
| 商品描述 | 货物型号："Matrix 2360" 可编程自动切割机。<br>规格：110/220伏，50/60赫兹，10安培。<br>尺寸：（体积）46厘米×43厘米×30厘米。<br>生产速度：360条/分钟。<br>净重：34千克。<br>用途：用于"乙型肝炎表面病毒胶体金测试条" 的制备。（该测试条由硝酸纤维膜，玻璃膜，PVC底基等组成，用于快速检测乙肝、丙肝等传染性病原。30微升人血标本可在5分钟内判断结果）<br>性能：该设备机载有多功能编程键，可自动控制单克隆胶体金抗体的包备量和切割速度及尺寸，能将点样，切割成形，修边一次完成。所用刀具具有自消毒功能。 | | | | |
| 归类决定 | "Matrix 2360" 可编程自动切割机用于生产"乙型肝炎表面病毒胶体金测试条"，该设备可自动控制单克隆胶体金抗体的包备量和切割速度及尺寸，一次完成点样，切割成形，修边。该设备的主要功能是切割，被切割原料的主要成分为硬质塑料，故根据《税则》第十六类类注三的规定应归入税则号列8465.9600。 | | | | |

| 序号 | 22 | 归类决定编号 | Z2007－0058 | 公告编号 | 2007年第71号 |
|---|---|---|---|---|---|
| 商品税则号列 | | 84.66 | | 发布日期 | 2007年12月5日 |
| 商品名称 | 滚动滑轨 | | | | |
| 英文名称 | | | | | |
| 其他名称 | 直线导轨 | | | | |
| 商品描述 | 该商品的型号为SFC16－4000，外观为圆形截面长条状，直径为16～35毫米，长度在4.2～5.6米之间，材质为非合金钢，经冷轧处理。据企业介绍，该商品适用于直接安装在机床的加工平台上，加工平台在滑轨上能来回移动。 | | | | |
| 归类决定 | 滚动滑轨，型号为SFC16－4000，专用于机床，不需进一步加工可直接安装使用，具有明显的零件特征，应按《税则》第十六类类注二的归类原则确定税则号列。上述商品属机床零件，符合《税则》税目84.66及其子目条文的描述，根据归类总规则一及六，应根据其所用机床类型归入税目84.66项下相关税则号列。 | | | | |

| 序号 | 23 | 归类决定编号 | Z2008－0178 | 公告编号 | 2008年第83号 |
|---|---|---|---|---|---|
| 商品税则号列 | 8466.3000 | | | 发布日期 | 2008年11月24日 |
| 商品名称 | 磨床动平衡仪 | | | | |
| 英文名称 | | | | | |
| 其他名称 | | | | | |
| 商品描述 | SBS磨床砂轮在线动平衡系统型号为SBS－4500，主要由传感器、控制器和平衡头（安装在砂轮轴上）组成，用于保证卡盘式磨床砂轮在线动平衡。使用时平衡头安装在砂轮上，传感器将各种震动信号传到控制器，经控制器精确计算后，再将所需调整的数值传输到平衡头，驱动平衡头内的平衡装置时进行调整，保证砂轮在工作中始终保持平衡。 | | | | |
| 归类决定 | 该商品仅用于对砂轮的动平衡进行调整，并非对设备运行轨迹进行控制的数控装置，不符合《税则》税目85.37的商品描述。该商品由传感器、控制器和执行机构（平衡头）组成，根据《税则注释》品目90.32对“自动控制非电量的仪器设备”的描述“各种执行机构应归入其各自相应的品目中。如果自动调节器是与执行机构组装在一起的，整个装置应按照归类总规则的规则一或规则三（二）的规定进行归类”，该商品应根据其功能进行归类。该商品具有保持磨床砂轮动平衡提高工作精度的功能，符合《税则》税目84.66及《税则注释》品目84.66有关机床特种辅助装置“用以提高机床的精确度，但本身并不参与加工操作，包括定心或校平装置……”的描述，根据归类总规则一及六，应归入税则号列8466.3000。 | | | | |

| 序号 | 24 | 归类决定编号 | Z2008－0068 | 公告编号 | 2008 年第 76 号 |
|---|---|---|---|---|---|
| 商品税则号列 | 8466. 9300［8466. 9390（2014 年版）］ | | | 发布日期 | 2008 年 10 月 28 日 |
| 商品名称 | 等离子割据支架 | | | | |
| 英文名称 | | | | | |
| 其他名称 | | | | | |
| 商品描述 | 该商品用于固定等离子割据和带动割据旋转。其中，等离子割据用于等离子切割机，是喷出气体的通道，割据下面有喷嘴，从喷嘴喷出等离子进行钢板切割。该支架为平行四边形，利用平行四边形的不平衡原理带动割据在不同的角度旋转，这样割据就变换了角度，从而进行不同角度切割。 | | | | |
| 归类决定 | 该商品专用于等离子切割机，用于安装切割头和固定切割工件，其功能和结构不符合《税则注释》关于品目 84. 66 项下“工具夹具”的定义，属于等离子切割机的专用附件，符合《税则》税目 84. 66 及其子目条文的描述，根据归类总规则一及六，应按税目 84. 56 所列机器的附件归入税则号列 8466. 9300［8466. 9390（2014 年版）］。 | | | | |

<table>
<tr><td>序号</td><td>25</td><td>归类决定编号</td><td>Z2006－1353</td><td>公告编号</td><td>2007 年第 70 号</td></tr>
<tr><td colspan="2">商品税则号列</td><td colspan="2">8466. 9300［8466. 9390（2014 年版）］</td><td>发布日期</td><td>2007 年 12 月 5 日</td></tr>
<tr><td colspan="2">商品名称</td><td colspan="4">多工位托盘系统 FH6800</td></tr>
<tr><td colspan="2">英文名称</td><td colspan="4"></td></tr>
<tr><td colspan="2">其他名称</td><td colspan="4"></td></tr>
<tr><td colspan="2">商品描述</td><td colspan="4">该多工位托盘系统 FH6800 是生产机床部件的工作台，由夹具、托盘、托盘架板金、导轨护板组成，整套托盘系统由 24 个小托盘构成工作台。其是工件和夹具的基准台面，被加工工件安放在托盘的夹具上。该托盘主要用于放置需要加工的工件，等待移动取物小车提取工件，工件加工结束后再被放回原托盘工作台面。</td></tr>
<tr><td colspan="2">归类决定</td><td colspan="4">该商品是加工中心和柔性制造单元中交换工作台的一种形式，进口时已完成组装，属于加工中心的附件，根据《税则》归类总规则一及六，应将其归入税则号列 8466. 9300［8466. 9390（2014 年版）］。</td></tr>
</table>

| 序号 | 26 | 归类决定编号 | Z2008 - 0179 | 公告编号 | 2008 年第 83 号 |
|---|---|---|---|---|---|
| 商品税则号列 | 8466.9300［8466.9390（2014 年版）］ | | | 发布日期 | 2008 年 11 月 24 日 |
| 商品名称 | 回转工作台 | | | | |
| 英文名称 | Rotary table | | | | |
| 其他名称 | | | | | |
| 商品描述 | 回转工作台是镗铣床的组成部分，安装在镗铣床主体前方，可以沿镗铣机床的“Z”轴方向前后移动。回转工作台由台面、转动部分、滑动部分和导轨四部分组成。台面是承载被加工物体的，上面有“T”型凹槽，提供一个精准的水平面给工件夹具中的支撑物，与多种夹具配合才能将被加工物体（工件）固定在台面上。转动部分是连接台面和滑动部分的，能使台面作回转运动。滑动部分能使台面沿导轨方向作直线运动。 | | | | |
| 归类决定 | 该商品属镗铣床专用零件，符合《税则》税目 84.66 及其子目条文的描述，根据归类总规则一及六，应按税目 84.59 项下商品的零件归入税则号列 8466.9300［8466.9390（2014 年版）］。 | | | | |

| 序号 | 27 | 归类决定编号 | Z2008－0180 | 公告编号 | 2008年第83号 |
| --- | --- | --- | --- | --- | --- |
| 商品税则号列 | 8466.9300［8466.9310（2014年版）］ | | | 发布日期 | 2008年11月24日 |
| 商品名称 | 立式车床用弧形齿盘 | | | | |
| 英文名称 | Curvic coupling | | | | |
| 其他名称 | | | | | |
| 商品描述 | 数控立式车床用弧形齿盘是刀具在数控立式车床的刀架上起定位连接作用的机械部件，在加工过程中保证刀柄不会因扭力过大而偏转。弧形齿盘由上下两部分组成：上齿盘为360度圆弧形齿盘，安装在立式车床的刀架末端；下齿盘为120度的弧形齿盘组，每两个固定在刀库中的一把刀上。在车床更换刀具的过程中，由机械手（或人工）将刀柄从刀库中取出装在刀架上，使上下齿盘的齿相吻合，再由刀架上的液压油缸拉紧刀柄顶端的拉钉从而拉紧上下齿盘，使刀柄固定在刀架上，完成换刀程序。 | | | | |
| 归类决定 | 该商品为立式车床刀架的专用零件，根据《税则》十六类类注二关于零件的归类原则，应按车床零件归入税则号列8466.9300［8466.9310（2014年版）］。 | | | | |

<table>
<tr><td>序号</td><td>28</td><td>归类决定编号</td><td>Z2006－0627</td><td>公告编号</td><td>2006年第69号</td></tr>
<tr><td colspan="2">商品税则号列</td><td colspan="2">8466.9300［8466.9390（2014年版）］</td><td>发布日期</td><td>2006年11月22日</td></tr>
<tr><td colspan="2">商品名称</td><td colspan="4">数控机床用接头</td></tr>
<tr><td colspan="2">英文名称</td><td colspan="4"></td></tr>
<tr><td colspan="2">其他名称</td><td colspan="4"></td></tr>
<tr><td colspan="2">商品描述</td><td colspan="4">该商品安装在数控机床的主轴上，用于主轴与机床的冷却系统连接。该商品一端连接冷却系统，另一端固定在旋转主轴上，冷却气体或液体通过该商品进入主轴使主轴冷却。</td></tr>
<tr><td colspan="2">归类决定</td><td colspan="4">根据《税则注释》对机械密封件的描述“机械密封件（例如，滑动密封环及弹簧密封环）是机械装配件，装于机器或装置上形成平面、旋转面的密封接合，以防止高压泄漏，抵御由于部件运动或振动等产生的压力及应力”，主要用于相对运动件之间的密封。该商品用于连接主轴与冷却系统，主要功能是提供冷却液流动的通道，与《税则注释》对机械密封件的描述不符。根据《税则》第十六类类注二关于零件的归类原则，应将其作为加工中心的零件进行归类，根据《税则》归类总规则一及六，应将其归入税则号列8466.9300［8466.9390（2014年版）］。</td></tr>
</table>

# 附录二　机床及零部件归类决定索引

# 附录三　部分品牌机床归类参照税号

| 序号 | 品牌 | 机型 | | HS 编码 |
|---|---|---|---|---|
| | | 中文名称 | 型号 | |
| 1 | 麦革（MAG） | 卧式车削中心 | VDF 1600 DUS | 8458.1100 |
| 2 | 麦革（MAG） | 卧式车削中心 | VDF 450 TM | 8458.1100 |
| 3 | 麦革（MAG） | 卧式车削中心 | VDF 650 T | 8458.1100 |
| 4 | 麦革（MAG） | 立式车削中心 | DVH 750 | 8458.9110 |
| 5 | 麦革（MAG） | 立式车削中心 | DVT 750 | 8458.9110 |
| 6 | 麦革（MAG） | 立式车削中心 | VDM 2000 | 8458.9110 |
| 7 | 麦革（MAG） | 立式加工中心 | CFV 1300 | 8457.1010 |
| 8 | 麦革（MAG） | 卧式加工中心 | NBH 1200 | 8457.1020 |
| 9 | 麦革（MAG） | 卧式加工中心 | SPECHT 500 DUO | 8457.1020 |
| 10 | 麦革（MAG） | 卧式加工中心 | MAGNUS 1000 | 8457.1020 |
| 11 | 麦革（MAG） | 展成齿轮磨床 | GT 500 H | 8461.4010 |
| 12 | 麦革（MAG） | 齿轮成形磨齿机 | GR 500 H | 8461.4010 |
| 13 | 哈斯（HAAS） | 立式镗铣加工中心 | VF－12/50 | 8457.1010 |
| 14 | 哈斯（HAAS） | 立式镗铣加工中心 | VR－11B | 8457.1010 |
| 15 | 哈斯（HAAS） | 立式镗铣加工中心 | VS－3 | 8457.1010 |
| 16 | 哈斯（HAAS） | 立式镗铣加工中心 | DT－1 | 8457.1010 |
| 17 | 哈斯（HAAS） | 卧式镗铣加工中心 | EC－400PP | 8457.1020 |
| 18 | 哈斯（HAAS） | 卧式镗铣加工中心 | EC－2000 | 8457.1020 |
| 19 | 哈斯（HAAS） | 卧式镗铣加工中心 | ES－5－TR | 8457.1020 |
| 20 | 哈斯（HAAS） | 卧式镗铣加工中心 | HS－7R | 8457.1020 |
| 21 | 哈斯（HAAS） | 数控龙门加工中心 | GR－712 | 8457.1030 |
| 22 | 哈斯（HAAS） | 数控卧式车床 | TL－4 | 8458.1100 |
| 23 | 哈斯（HAAS） | 车削加工中心 | DS－30Y | 8458.1100 |
| 24 | 哈斯（HAAS） | 车削加工中心 | ST－30SSY | 8458.1100 |

| 序号 | 品牌 | 机型 | | HS 编码 |
|---|---|---|---|---|
| | | 中文名称 | 型号 | |
| 25 | 恒轮（HELLER） | 镗铣加工中心（卧式） | HELLER H5000 | 8457.1020 |
| 26 | 爱思迪彩那思（ACE DESIGNERS） | 数控卧式车床 | JOBBER XL | 8458.1100 |
| 27 | 爱思迪彩那思（ACE DESIGNERS） | 数控卧式车床 | SUPER JOBBER 500 | 8458.1100 |
| 28 | 爱思迪彩那思（ACE DESIGNERS） | 数控卧式车床 | VATAGE 800 M | 8458.1100 |
| 29 | 爱思迪彩那思（ACE DESIGNERS） | 数控卧式车床 | JOBBER JUNIOR | 8458.1100 |
| 30 | 爱思迪彩那思（ACE DESIGNERS） | 数控卧式车床 | LT-20 CLASSIC | 8458.1100 |
| 31 | 爱思迪彩那思（ACE DESIGNERS） | 数控立式车床 | VTL-30 | 8458.9110 |
| 32 | 威力铭—马科黛尔（Willemin-Macodel） | 复合车铣 8 轴加工中心 | 508MT | 8457.1090 |
| 33 | 昂科（ANCA） | 数控刃磨机床 | FAST GRIND | 8460.3100 |
| 34 | 昂科（ANCA） | 数控刃磨机床 | GX7 | 8460.3100 |
| 35 | 昂科（ANCA） | 数控刃磨机床 | MX7 | 8460.3100 |
| 36 | 昂科（ANCA） | 数控刃磨机床 | TX7+ | 8460.3100 |